工业和信息化普通高等教育
"十二五"规划教材立项项目

胡国进 谭欣珍 李迎 副主编

刘礼书 刘德生 主编

高等院校通识教育『十二五』规划教材

大学物理（上）

College Physics

U0393916

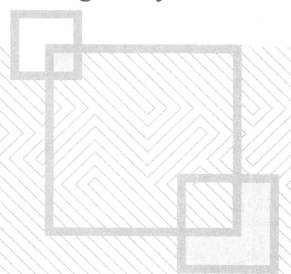

人民邮电出版社

北京

图书在版编目（CIP）数据

大学物理. 上 / 刘礼书，刘德生主编. -- 北京：
人民邮电出版社，2014.9（2019.2重印）
ISBN 978-7-115-35626-0

Ⅰ. ①大… Ⅱ. ①刘… ②刘… Ⅲ. ①物理学—高等
学校—教材 Ⅳ. ①O4

中国版本图书馆CIP数据核字(2014)第195734号

内 容 提 要

本书是根据高等院校非物理类理工学科大学物理课程教学的基本要求，结合作者历年来的教学经验编写而成的。

本书分为上下两册，上册分为 3 个模块，内容包括力学、热学、电磁学，共 10 章。作为非物理专业的大学物理教材，本书一方面注重了基本理论和基本知识，同时又在此基础上联系实际，针对不同学生强化了内容的层次性。

本书可作为普通高校非物理专业本科生学习大学物理的教材，也可作为物理学爱好者阅读的参考资料。

◆ 主　　编　刘礼书　刘德生
　　副 主 编　胡国进　谭欣珍　李　迎
　　责任编辑　马小霞
　　执行编辑　喻智文
　　责任印制　张佳莹　焦志炜
◆ 人民邮电出版社出版发行　　北京市丰台区成寿寺路 11 号
　　邮编　100164　　电子邮件　315@ptpress.com.cn
　　网址　http://www.ptpress.com.cn
　　固安县铭成印刷有限公司印刷
◆ 开本：787×1092　1/16
　　印张：18　　　　　　　　　　2014 年 9 月第 1 版
　　字数：450 千字　　　　　　　2019 年 2 月河北第 7 次印刷

定价：42.00 元
读者服务热线：(010)81055256　印装质量热线：(010)81055316
反盗版热线：(010)81055315

物理学是研究物质的基本结构、基本运动形式、相互作用的自然科学。它的基本理论渗透在自然科学的各个领域，应用于生产技术的许多部门，是其他自然科学和工程技术的基础。

物理学在人类发展史上的扮演着极其重要的角色，其每一次重大发现和突破都会伴随着人类文明的跨越式进步。从古代的"四大发明"到近代的工业革命，再到现在的信息时代，无一不闪烁着物理学的璀璨光芒。在过去的一百年中，物理学不断蓬勃发展，并从其中分化出来一系列新的独立学科，如力学、热学、电磁学、光学、原子物理学、量子物理学等，其大家族不断壮大。联合国命名 2005 年为"国际物理年"，这也是联合国历史上第一次以单一学科命名的国际年。

在人类追求真理、探索未知世界的过程中，物理学展现了一系列科学的世界观和方法论，深刻影响着人类对物质世界的基本认识、人类的思维方式和社会生活，是人类文明发展的基石，在人才的科学素质培养中具有重要的地位。

以物理学基础为内容的大学物理课程，是高等学校理工科各专业学生一门重要的通识性必修基础课。该课程所教授的基本概念、基本理论和基本方法是构成学生科学素养的重要组成部分，是一个科学工作者和工程技术人员所必备的。大学物理课程在为学生系统地打好必要的物理基础，培养学生树立科学的世界观，增强学生分析问题和解决问题的能力，培养学生的探索精神和创新意识等方面，具有其他课程不能替代的重要作用。

本套书是编者结合自己对大学物理的讲授经验，根据教育部《理工科类大学物理课程教学基本要求（2010 年版）》，并充分考虑了现代大学非物理专业学生的实际情况编写而成，可作为普通高校非物理专业大学物理的教材，也可作为物理学爱好者自学的指导用书。本套书特点如下。

（1）注重基础性。针对大学非物理专业学生在物理学习中"内容多而课时量少"的特点，对物理概念进行了重新审视和提炼，并精选了内容。对基本现象、基本概念和基本原理的阐述，做到了深入浅出，增加了典型例题，力争使学生对所学内容一目了然。

（2）注重结合实际。编者针对以往大学物理只注重讲授理论而忽视和生活相结合而导致学生学习积极性不高的缺点，在本套书中加入了一系列实例，并配以插图，力争生动形象、理论结合实际，体现理论的基础作用，并提高学生学习物理的积极性。

（3）注意层次性。为贯彻"因材施教"的原则，针对不同学生学习物理的基础及水平，本套书收集了不同难度的内容和习题，其中难度较大的标以"*"号，作为选讲和自学内容。

本套书分为上下两册，内容共分为力学、热学、电磁学、机械振动和机械波、波动光学和近代物理 6 个模块。建议整书讲授 128 学时，其中，力学模块约为 24 学时，热学模块约为 16 学时，电磁学模块约为 40 学时，机械振动和机械波模块约为 16 学时，波动光学模块约为 18 学时，近代物理模块约为 14 学时。学时数较少的学校可以挑选部分内容讲授。

本书为上册，包括力学、热学和电磁学 3 个模块。

本套教材的整体架构和编写思想由刘礼书和刘德生制定，力学和近代物理模块由刘礼书编写，热学模块由胡国进编写，电磁学模块由刘德生编写，机械振动和机械波模块由谭欣珍编写，波动光学模块由谢润根编写。本书编写期间，参阅了许多兄弟院校的教材，吸取了宝贵经验，甚至引用了部分内容，在此深表感谢。

由于作者水平有限，书中难免存在疏漏之处，敬请读者批评指正。

编　者
2014 年 7 月

目　　录

模块1　力　　学

模块 2 热 学

模块 3 电 磁 学

模块 1 力 学

　　自然界一切物质都处在运动之中，机械运动是物质运动的最基本形式。力学是研究物质机械运动规律的科学，分为运动学、静力学和动力学。

　　运动学：研究物体位置随时间的变化规律，但不涉及变化发生的原因（或物体中各部分相对位置随时间的变化规律）。

　　动力学：研究物体的运动和运动物体间相互作用的联系，从而阐明物体运动状态发生变化的原因。

　　静力学：研究物体相互作用时的平衡问题。

　　本模块主要介绍质点运动学和质点动力学以及刚体的转动。通过两个模型——质点和刚体的建立，得到牛顿运动定律和运动守恒定律等相关定律。

　　本模块研究的对象都是在经典力学的范畴内，即物体做低速运动（$v \ll c$，物体的运动速度远远小于光速）的情况。当物体的运动速度接近光速时，经典力学就不适用了，此时应该用相对论力学来解释。但是由经典力学得出的动量、角动量和能量的守恒定律依然适用。

第 **1** 章　质点运动学

【学习目标】

● 掌握描述质点运动及运动变化的 4 个物理量——位置矢量、位移、速度和加速度。理解这些物理量的矢量性、瞬时性、叠加性和相对性。

● 理解运动方程的物理意义及作用。学会处理两类问题的方法：①运用运动方程确定质点的位置、位移、速度和加速度的方法；②已知质点运动的加速度和初始条件求速度、运动方程的方法。

● 掌握曲线运动的自然坐标表示法。能计算质点在平面内运动时的速度和加速度、质点做圆周运动时的角速度、角加速度、切向加速度和法向加速度。

● 理解伽利略速度变换式，会求简单的质点相对运动问题，并熟悉经典时空观的特征。

学习物理学，应当遵守一定的规律。找出各物体内在的共同特征，然后由简到繁，推广到千差万别的物质世界中。因此，我们先从最简单的质点学起。

1.1　质点　参考系　时间和时刻

自然界一切物体都处于永恒运动中，绝对静止不动的物体是不存在的。机械运动是最简单的一种运动，是描述**物体相对位置或自身各部分的相对位置发生变化的运动**。为了方便研究物体的机械运动，我们需要将自然界中千差万别的运动进行合理的简化，抓住主要特征加以研究。

1.1.1　质点

一切物体都是具有大小、形状、质量和内部结构的物质形态。这些物质形态对于研究物体的运动状态影响很大。为了使得我们的研究简化，我们引进**质点**这一概念。所谓质点，是**指具有一定质量的没有大小或形状的理想物体**。可见，质点是我们抽象出来的理想的物理模型，它具有相对的意义。

并不是所有物体都可以当作质点，质点是相对的，有条件的。只有当物体的大小和形状对运动没有影响或影响可以忽略或物体本身的限度远小于物体的运动路径时，物体才可以当作质点来处理。例如，当研究地球围绕太阳公转时，由于日地之间的距离（$1.5 \times 10^8 \, \text{km}$）要比地球的平均半径（$6.4 \times 10^3 \, \text{km}$）大得多，此时地球上各点的公转速度相差很小，忽略地球自身尺寸的影响，可以作为质点处理，如图 1-1 所示。

但是，当研究地球自转时，由于地球上各点的速度相差很大，因此，地球自身的大小和形状不能忽略，此时，地球不能作为质点处理，如图 1-2 所示。但可把地球无限分割为极小的质元，每个质元都可视为质点，地球的自转就成为无限个质点（即质点系）的运动的总和。做平动的物体，不论大小、形状如何，其体内任一点的位移、速度和加速度都相同，可以用其质心这个点的运动来概括，即物体的平动可视为质点的运动。所以，物体是否被视为质点，完全取决于所研究问题的性质。

图 1-1　公转的地球可以当作质点

图 1-2　自转的地球不可以当作质点

1.1.2　参考系和坐标系

运动是绝对的，自然界中绝对静止的物体是不存在的，大到宇宙星系，小到原子、电子等基本粒子，都处于永恒运动之中。因此，要描述一个物体的机械运动，必须选择另外一个物体或者物体系进行参考，被选作参考的物体称为**参考系**。参考系的选取是任意的。如果物体相对于参考系的位置在变化，则表明物体相对于该参考系运动；如果物体相对于参考系的位置不变，则表明物体相对于该参考系是静止的。同一物体相对于不同的参考系，运动状态可以不同。研究和描述物体运动，只有在选定参考系后才能进行。在运动学中，参考系的选择可以是任意的。但如何选择参考系，必须从具体情况来考虑，主要看问题的性质及研究是否方便而定。例如，一个星际火箭在刚发射时，主要研究它相对于地面的运动，所以把地球选作参照物。但是，当火箭进入绕太阳运行的轨道时，为研究方便，便将太阳选作参考系。研究物体在地面上的运动，选地球作参考系最方便。例如，观察坐在飞机里的乘客，若以飞机为参考系来看，乘客是静止的；以地面为参考系来看，乘客是在运动。因此，选择参考系是研究问题的关键之一。

建立参考系后，为了定量地描述运动物体相对于参考系的位置，我们还需要运用数学手段，在参考系上建立合适的**坐标系**，选取合适的坐标系可以使得物理问题简化，数学表达更为简洁。直角坐标、球坐标系、柱坐标以及自然坐标系是我们最常用的坐标系。

应当指出，**对物体运动的描述决定于参考系而不是坐标系。参考系选定后，选用不同的坐标系对运动的描述是相同的。**

1.1.3　时间和时刻

一个过程对应的时间间隔称为**时间**；而某个时间点，即某个瞬间称为**时刻**。例如，两个

时刻 t_2 和 t_1 之差 $\Delta t = t_2 - t_1$ 是时间。

1.2 位矢 位移 运动方程 速度 加速度

描述机械运动，不仅要有能反映物体位置变化的物理量，也要有反映物体位置变化快慢的物理量。下面一一介绍。

1.2.1 位矢

在坐标系中，用来确定质点所在位置的矢量，叫做位置矢量，简称**位矢**。位矢为从坐标原点指向质点所在位置的有向线段，用矢量 $\vec{r}$ 表示，以直角坐标为例，$\vec{r} = \vec{r}(x, y, z)$。设某时刻质点所在的位置的坐标为 (x, y, z)，x, y, z 分别为 $\vec{r}$ 沿着 3 个坐标轴的分量，$\vec{i}$、$\vec{j}$ 和 $\vec{k}$ 为沿 Ox，Oy 和 Oz 轴的单位矢量，如图 1-3 所示。

$$\vec{r} = x\vec{i} + y\vec{j} + z\vec{k} \tag{1-1}$$

位矢的大小，可由关系式 $r = |\vec{r}| = \sqrt{x^2 + y^2 + z^2}$ 得到。位矢

图 1-3 位矢

在各坐标轴的方向余弦是 $\cos\alpha = \dfrac{x}{r}$，$\cos\beta = \dfrac{y}{r}$，$\cos\gamma = \dfrac{z}{r}$。

1.2.2 位移

图 1-4 位移

设在直角坐标系中，A，B 为质点运动轨迹上任意两点。t_1 时刻，质点位于 A 点，t_2 时刻，质点位于 B 点，则在时间 $\Delta t = t_2 - t_1$ 内，质点位矢的长度和方向都发生了变化，质点位置的变化可用从 A 到 B 的有向线段 $\overrightarrow{AB}$ 来表示，有向线段 $\overrightarrow{AB}$ 称为在 Δt 时间内质点的**位移矢量**，简称**位移**。由图 1-4 可以看出，$\vec{r}_B = \vec{r}_A + \overrightarrow{AB}$，即 $\overrightarrow{AB} = \vec{r}_B - \vec{r}_A$，于是

$$\Delta\vec{r} = (x_B - x_A)\vec{i} + (y_B - y_A)\vec{j} + (z_B - z_A)\vec{k} \tag{1-2}$$

应当注意：位移是表征质点位置变化的物理量，它只表示位置变化的实际效果，并非质点经历的路程。如图 1-4 所示，位移是有向线段 $\overrightarrow{AB}$，是矢量，它的量值 $|\Delta\vec{r}|$ 是割线 AB 的长度。

$$|\Delta\vec{r}| = \sqrt{\Delta x^2 + \Delta y^2 + \Delta z^2} \tag{1-3}$$

而路程是曲线 AB 的长度 Δs，是标量。当质点经历一个闭合路径回到起点时，其位移是零，而路程不为零。只有当时间 Δt 趋近于零时，才可视作 $|\Delta\vec{r}|$ 与 Δs 相等。

1.2.3 运动方程

在一个选定的参考系中，运动质点的位置 $r(x, y, z)$ 是随着时间 t 而变化的，也就是说，

质点位置是时间 t 的函数。这个函数可以表示为

$$x = x(t), \quad y = y(t), \quad z = z(t) \tag{1-4}$$

或

$$\vec{r}(t) = x(t)\vec{i} + y(t)\vec{j} + z(t)\vec{k} \tag{1-4a}$$

式（1-4）或式（1-4a）叫做质点的**运动方程**。知道了运动方程，我们就可以确定任意时刻质点的位置，从而确定质点的运动。例如，斜抛运动方程表示为

$$x = x_0 + v_0 t \cos\theta, \quad y = y_0 + v_0 t \sin\theta - \frac{1}{2}gt^2$$

从质点的运动方程（式（1-4））中消去 t，便会得到质点的轨迹方程。轨迹是直线的，就叫做直线运动；轨迹是曲线的，就叫做曲线运动。

1.2.4　速度和加速度

1. 速度

若质点在 Δt 时间内的位移为 $\Delta\vec{r}$，则定义 $\Delta\vec{r}$ 与 Δt 的比值为质点在这段时间内的**平均速度**，写为 $\overline{v} = \dfrac{\Delta\vec{r}}{\Delta t}$

$$\overline{v} = \frac{\Delta\vec{r}}{\Delta t} = \frac{\Delta x}{\Delta t}\vec{i} + \frac{\Delta y}{\Delta t}\vec{j} + \frac{\Delta z}{\Delta t}\vec{k} \tag{1-5}$$

其分量形式为

由于 $\Delta\vec{r}$ 是矢量，Δt 是标量，所以平均速度 $\overline{v}$ 也是矢量，且与 $\Delta\vec{r}$ 方向相同。此外，把路程 Δs 和 Δt 的比值称作质点在时间 Δt 内的平均速率。平均速率是标量，等于质点在单位时间内通过的路程，而不考虑其运动的方向。

如图 1-5 所示，当 $\Delta t \to 0$ 时，P_2 点将向 P_1 点无限靠拢，此时，平均速度的极限值叫做**瞬时速度**，简称**速度**，用符号"$\vec{v}$"表示，即

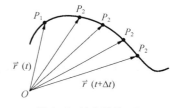

图 1-5　速度推导用图

$$\vec{v} = \lim_{\Delta t \to 0} \frac{\vec{r}(t+\Delta t) - \vec{r}(t)}{\Delta t} = \lim_{\Delta t \to 0} \frac{\Delta\vec{r}}{\Delta t} = \frac{\mathrm{d}\vec{r}}{\mathrm{d}t} \tag{1-6}$$

速度是矢量，其方向为：$\Delta t \to 0$ 时位移 $\Delta\vec{r}$ 的极限方向，即，**沿着轨道上质点所在的切线并指向质点前进的方向**。考虑到位矢 $\vec{r}$ 在直角坐标轴上的分量大小分别为 x, y, z，所以速度也可写成

$$\vec{v} = \frac{\mathrm{d}x}{\mathrm{d}t}\vec{i} + \frac{\mathrm{d}y}{\mathrm{d}t}\vec{j} + \frac{\mathrm{d}z}{\mathrm{d}t}\vec{k} = v_x\vec{i} + v_y\vec{j} + v_z\vec{k}$$

即

$$v_x = \frac{\mathrm{d}x}{\mathrm{d}t}, v_y = \frac{\mathrm{d}y}{\mathrm{d}t}, v_z = \frac{\mathrm{d}z}{\mathrm{d}t} \tag{1-7}$$

速度的量值为

$$v = \left|\vec{v}\right| = \sqrt{v_x^2 + v_y^2 + v_z^2} \tag{1-8}$$

$\Delta t \to 0$ 时，$\Delta \vec{r}$ 的量值 $|\Delta \vec{r}|$ 和 Δs 相等，此时瞬时速度的大小 $v = \left| \dfrac{\mathrm{d} \vec{r}}{\mathrm{d} t} \right|$ 等于质点在 P_1 点的

瞬时速率 $\dfrac{\mathrm{d} s}{\mathrm{d} t}$。

2．加速度

由于速度是矢量。因此，无论是速度的数值大小发生改变还是方向发生变化，都代表速度发生了改变。为了表征速度的变化，引进了加速度的概念。**加速度是描述质点速度的大小和方向随时间变化快慢的物理量。**

如图 1-6 所示，t 时刻，质点位于 P_1 点，其速度为 $\vec{v}(t)$ 在 $t + \Delta t$ 时刻，质点位于 P_2 点，其速度为 $\vec{v}(t + \Delta t)$；则在时间 Δt 内，质点的速度增量为 $\Delta \vec{v} = \vec{v}(t + \Delta t) - \vec{v}(t)$。定义质点在这段时间内的平均加速度为

$$\bar{\vec{a}} = \frac{\Delta \vec{v}}{\Delta t} \tag{1-9}$$

平均加速度也是矢量，方向与速度增量的方向相同。

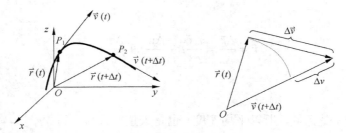

图 1-6　质点的加速度

$\Delta t \to 0$ 时，平均加速度的极限值叫做**瞬时加速度**，简称**加速度**，用符号"$\vec{a}$"表示，即

$$\vec{a} = \lim_{\Delta t \to 0} \frac{\Delta \vec{v}}{\Delta t} = \frac{\mathrm{d} \vec{v}}{\mathrm{d} t} = \frac{\mathrm{d}^2 \vec{r}}{\mathrm{d} t^2} \tag{1-10}$$

在直角坐标系中，加速度在 3 个坐标轴上的分量分别为 a_x、a_y、a_z。

$$a_x = \frac{\mathrm{d} v_x}{\mathrm{d} t} = \frac{\mathrm{d}^2 x}{\mathrm{d} t^2}, \quad a_y = \frac{\mathrm{d} v_y}{\mathrm{d} t} = \frac{\mathrm{d}^2 y}{\mathrm{d} t^2}, \quad a_z = \frac{\mathrm{d} v_z}{\mathrm{d} t} = \frac{\mathrm{d}^2 z}{\mathrm{d} t^2} \tag{1-11}$$

加速度 $\vec{a}$ 可写为

$$\vec{a} = a_x \vec{i} + a_y \vec{j} + a_z \vec{k} \tag{1-12}$$

其数值大小为

$$a = \sqrt{a_x^2 + a_y^2 + a_z^2} \tag{1-13}$$

加速度方向为：当 Δt 趋近于零时，速度增量的极限方向。由于速度增量的方向一般不同于速度的方向，所以加速度与速度的方向一般不同。这是因为，加速度 $\vec{a}$ 不仅可以反映质点速度大小的变化，也可反映速度方向的变化。因此，在直线运动中，加速度和速度虽然在同一直线上，却可以有同向和反向两种情况。例如质点做直线运动时，速度和加速度之间的夹角可能是 0°（速率增加时），即同向，也可能是 180°（速率减小时），即反向。

从图 1-7 可以看出，当质点做曲线运动时，加速度的方向总是指向曲线的凹侧。如果速率是增加的，则 $\vec{a}$ 和 $\vec{v}$ 之间呈锐角，如图 1-7（a）所示；如果速率是减小的，则 $\vec{a}$ 和 $\vec{v}$ 之间呈钝角，如图 1-7（b）所示；如果速率不变，则 $\vec{a}$ 和 $\vec{v}$ 之间呈直角，如图 1-7（c）所示。

(a) $\vec{a}$ 和 $\vec{v}$ 之间呈锐角　　(b) $\vec{a}$ 和 $\vec{v}$ 之间呈钝角　　(c) $\vec{a}$ 和 $\vec{v}$ 之间呈直角

图 1-7　曲线运动中速度和加速度的方向

实际情况中，大多数质点所参与的运动并不是单一的，而是同时参与了两个或者多个运动。此时总的运动为各个独立运动的合成结果，称为**运动叠加原理**，或称运动的**独立性原理**。

运动学中通常解决的问题有以下两种。

（1）已知质点的运动方程 $\vec{r}=\vec{r}(t)$，求轨迹方程和质点的速度 $\vec{v}=\vec{v}(t)$ 以及加速度 $\vec{a}=\vec{a}(t)$。

（2）已知质点运动的加速度 $\vec{a}=\vec{a}(t)$，求其速度 $\vec{v}=\vec{v}(t)$ 和运动方程 $\vec{r}=\vec{r}(t)$。

【例 1-1】 已知质点做匀加速直线运动，加速度为 a，求该质点的运动方程。

解： 本题属于已知速度或加速度求运动方程，采用积分法。

由定义 $\vec{a}=\dfrac{\mathrm{d}\vec{v}}{\mathrm{d}t}$，可知 $\mathrm{d}\vec{v}=\vec{a}\mathrm{d}t$。

对于做直线运动的质点，可直接采用标量形式

$$\mathrm{d}v=a\mathrm{d}t$$

设 $t=0$ 时，$v=v_0$，上式两端积分可得到速度

$$\int_{v_0}^{v}\mathrm{d}v=\int_{0}^{t}a\mathrm{d}t$$

$$v=v_0+at$$

又设 $t=0$ 时，$x=x_0$，根据速度的定义式

$$\frac{\mathrm{d}x}{\mathrm{d}t}=v=v_0+at$$

两端积分得到运动方程

$$\int_{x_0}^{x}\mathrm{d}x=\int_{0}^{t}(v_0+at)\mathrm{d}t$$

$$x=x_0+v_0t+\frac{1}{2}at^2$$

进一步消去时间 t，可得该质点的轨迹方程

$$v^2=v_0^2+2a(x-x_0)$$

【例 1-2】 一质点从静止开始做直线运动，开始时加速度为 a_0，此后加速度随时间均匀增加，经过时间 τ 后，加速度为 $2a_0$，经过时间 2τ 后，加速度为 $3a_0$，求经过时间 $n\tau$ 后，该质点的速度和走过的距离。

解： 由题意可设质点的加速度为

$$a=a_0+at$$

$\because t=\tau$ 时，$a=2a_0$，$\therefore \alpha=a_0/\tau$，

即
$$a = a_0 + a_0 t / \tau$$

由
$$a = \mathrm{d}v / \mathrm{d}t$$

得
$$\mathrm{d}v = a\mathrm{d}t$$

两端积分
$$\int_0^v \mathrm{d}v = \int_0^t (a_0 + a_0 t / \tau)\mathrm{d}t$$

得
$$v = a_0 t + \frac{a_0}{2\tau}t^2$$

另由
$$v = \mathrm{d}s / \mathrm{d}t$$

得
$$\mathrm{d}s = v\mathrm{d}t$$

等式两端积分，得
$$\int_0^s \mathrm{d}s = \int_0^t v\mathrm{d}t = \int_0^t (a_0 t + \frac{a_0}{2\tau}t^2)\mathrm{d}t$$

即
$$s = \frac{a_0}{2}t^2 + \frac{a_0}{6\tau}t^3$$

$\therefore t = n\tau$ 时，质点的速度
$$v_{n\tau} = \frac{1}{2}n(n+2)a_0\tau$$

质点走过的距离
$$s_{n\tau} = \frac{1}{6}n^2(n+3)a_0\tau^2$$

1.3 自然坐标系 圆周运动

1.3.1 自然坐标系中的速度和加速度

在质点的平面曲线运动中，当已知运动轨道时，常用自然坐标系描述质点的位置、路程、速度和加速度。为简单起见我们引进自然坐标系。如图 1-8 所示，一质点做曲线运动，在其轨迹上任一点可建立如下正交坐标系：一坐标轴沿轨迹切线方向，正方向为运动的前进方向，该方向单位矢量用符号"$\vec{e}_\tau$"表示；另一坐标轴沿轨迹法线方向，正方向指向轨迹内凹的一侧，该方向单位矢量用符号"$\vec{e}_n$"表示。自然坐标为

图 1-8 自然坐标系

$$s = s(t) \tag{1-14}$$

设 t 时刻质点处于 P 点，在质点上作相互垂直的两个坐标轴，其单位矢量为 $\vec{e}_\tau$ 和 $\vec{e}_n$，$\vec{e}_\tau$ 沿轨道的切向并指向质点前进方向，$\vec{e}_n$ 沿轨道法向并指向轨道凹侧，由于切向和法向坐标随质点沿轨道的运动自然变换位置和方向，通常称这种坐标系为**自然坐标系**。显然，自然坐标系并不起参考系作用。

当质点经 Δt 时刻从 P 点运动到 Q 点时，Δt 时间内质点经过的路程为

$$\Delta s = s(t+\Delta t) - s(t) \tag{1-15}$$

我们定义质点在 t 时刻沿轨道运动的快慢瞬时速率，即

$$\upsilon = \lim_{\Delta t \to 0} \frac{\Delta s}{\Delta t} = \frac{\mathrm{d}s}{\mathrm{d}t} \tag{1-16}$$

考虑到 $|\,\mathrm{d}\vec{r}\,| = \mathrm{d}s$，$\upsilon = \dfrac{\mathrm{d}s}{\mathrm{d}t} = \dfrac{|\,\mathrm{d}\vec{r}\,|}{\mathrm{d}t} = \left|\dfrac{\mathrm{d}\vec{r}}{\mathrm{d}t}\right| = |\,\vec{v}\,|$，则在自然坐标系中，质点的速度可表示为

$$\vec{v} = \frac{\mathrm{d}s}{\mathrm{d}t}\vec{e}_\tau = \upsilon\vec{e}_\tau \tag{1-17}$$

由加速度的定义，有

$$\vec{a} = \frac{\mathrm{d}}{\mathrm{d}t}(\upsilon\vec{e}_\tau) = \frac{\mathrm{d}\upsilon}{\mathrm{d}t}\vec{e}_\tau + \upsilon\frac{\mathrm{d}\vec{e}_\tau}{\mathrm{d}t} \tag{1-18}$$

其中，$\dfrac{\mathrm{d}\upsilon}{\mathrm{d}t}\vec{e}_\tau$ 表明质点速率的变化率，表示速度大小的变化，而方向沿切向，我们称之为**切向加速度 $\vec{a}_\tau$**，即

$$\vec{a}_\tau = \frac{\mathrm{d}\upsilon}{\mathrm{d}t}\vec{e}_\tau = \frac{\mathrm{d}^2 s}{\mathrm{d}t^2}\vec{e}_\tau \tag{1-19}$$

我们借助几何方法来分析 $\dfrac{\mathrm{d}\vec{e}_\tau}{\mathrm{d}t}$，如图 1-9（a）所示，当时间间隔 Δt 足够小时，路程 Δs 可以看作半径为 ρ 的一段圆弧，设 t 时刻质点在 p 点，切向单位矢量 $\vec{e}_\tau(t)$，$t+\Delta t$ 时刻质点运动到 Q 点，切向单位矢量为 $\vec{e}_\tau(t+\Delta t)$，$\Delta\vec{e}_\tau = \vec{e}_\tau(t+\Delta t) - \vec{e}_\tau(t)$，当 $\Delta t \to 0$，Q 趋近 P，由图 1-9（b）中可见 $|\,\Delta\vec{e}_\tau\,| = |\,\vec{e}_\tau\,|\Delta\theta$，因为 $|\,\Delta\vec{e}_\tau\,| = 1$ 所以 $|\,\Delta\vec{e}_\tau\,| = \theta$；又因为 $\Delta t \to 0$ 时，$\Delta\theta$ 越来越小，$\Delta\vec{e}_\tau(t)$ 的方向趋近于垂直 $\vec{e}_\tau(t)$ 的方向，即 $\vec{e}_n$ 方向。

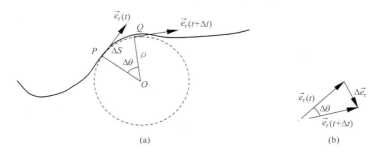

图 1-9 自然坐标系中的 $\vec{a}_\tau$ 和 $\vec{a}_n$

即

$$\frac{\mathrm{d}\vec{e}_\tau}{\mathrm{d}t} = \lim_{\Delta t \to 0} \frac{\Delta\vec{e}_\tau}{\Delta t} = \lim_{\Delta t \to 0} \frac{\Delta\theta}{\Delta t}\vec{e}_n \tag{1-20}$$

由图 1-9（a）所示，有 $\Delta\theta = \dfrac{\Delta s}{\rho}$，代入式（1-20），有

$$\frac{d\vec{e}_\tau}{dt} = \lim_{\Delta t \to 0} \frac{\Delta s}{\rho \Delta t}\vec{e}_n = \frac{1}{\rho}\frac{ds}{dt}\vec{e}_n = \frac{\upsilon}{\rho}\vec{e}_n$$

则式（1-18）右边第二项的方向沿 $\vec{e}_n$ 与第一项切向加速度垂直，我们称为**法向加速度**，记为 $\vec{a}_n$，则

$$\vec{a}_n = \frac{d\upsilon}{dt}\vec{e}_n = \frac{\upsilon^2}{\rho}\vec{e}_n \qquad （1\text{-}21）$$

则有加速度

$$\vec{a} = \vec{a}_\tau + \vec{a}_n = \frac{d\upsilon}{dt}\vec{e}_\tau + \frac{\upsilon^2}{\rho}\vec{e}_n \qquad （1\text{-}22）$$

加速度的大小

$$a = \sqrt{a_\tau^2 + a_n^2} = \sqrt{\left(\frac{\upsilon^2}{\rho}\right)^2 + \left(\frac{d\upsilon}{dt}\right)^2} \qquad （1\text{-}23）$$

加速度方向与切线方向的夹角 $\quad \alpha = \arctan\dfrac{a_n}{a_\tau}$

可见，$\vec{a}_\tau$ 反映速度大小的变化，$\vec{a}_n$ 反映速度方向的变化。

1.3.2 圆周运动

研究圆周运动具有重要的意义，我们认为，圆周运动就是曲率半径不变的曲线运动，即 $\rho = R$ 为常量的运动。由于质点运动速度的方向一定沿着轨迹的切线方向，因此，自然坐标系中可将速度表示为

$$\vec{\upsilon} - \frac{ds}{dt}\vec{e}_\tau - \upsilon\vec{e}_\tau$$

加速度同样可表示为

$$\vec{a} = \vec{a}_\tau + \vec{a}_n = \frac{d\upsilon}{dt}\vec{e}_\tau + \frac{\upsilon^2}{R}\vec{e}_n \qquad （1\text{-}24）$$

如图 1-10 所示，质点做变速圆周运动时，其速度大小和方向均时刻在变，但仍指向运动轨迹的切向方向。此时，加速度并不指向圆心，其方向由 $\vec{a}_\tau$ 和 $\vec{a}_n$ 之间的夹角决定。

$$\vec{a} = \vec{a}_\tau + \vec{a}_n$$

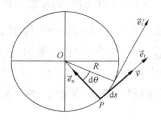

图 1-10　变速圆周运动的加速度

1.3.3 匀速圆周运动的加速度

质点做匀速圆周运动时，其速度大小不变，方向时刻在变，但始终指向运动轨迹的切向方向。加速度永远沿着半径指向圆心，只改变速度的方向，称为**向心加速度**，其大小为

$$|\vec{a}| = \frac{v^2}{R}$$

1.3.4 圆周运动的角量描述

质点做圆周运动时，除了线量，还可以用角量来描述其运动，角量有角位置、角位移、角速度、角加速度等。

　　如图 1-11 所示，设一质点在平面 Oxy 内绕原点做圆周运动。$t=0$ 时，质点位于（x, 0）处，选择 x 轴正向为参考方向。t 时刻，质点位于 A 点，圆心到 A 点的连线（即半径 OA）与 x 轴正向之间的夹角为 θ，我们定义 θ 为此时质点的**角位置**。经过时间 Δt 后，质点到达 B 点，半径 OB 与 x 轴正向之间的夹角为 $\theta + \Delta\theta$，即在 Δt 时间内，质点转过的角度为 $\Delta\theta$，定义 $\Delta\theta$ 为质点对于圆心 O 的**角位移**。角位移不但有大小而且有方向，一般规定逆时针转动方向为角位移的正方向，反之为负方向。

　　当 $\Delta\theta \to 0$ 时，$\mathrm{d}\theta$ 可以当作一个矢量，写作 $\mathrm{d}\vec{\theta}$，其方向与转动方向符合右手螺旋关系，如图 1-12 所示。角位置和角位移常用的单位为弧度（rad），弧度为一无量纲单位。

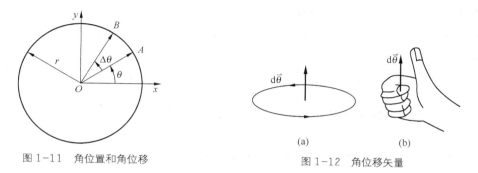

图 1-11　角位置和角位移　　　　　　　　　图 1-12　角位移矢量

　　角位移 $\Delta\theta$ 与时间 Δt 的比值，叫做 Δt 时间内质点对圆心 O 的**平均角速度**，用符号 "$\bar{\omega}$" 表示：

$$\bar{\omega} = \frac{\overline{\Delta\theta'}}{\Delta t}$$

　　当 $\Delta t \to 0$ 时，上式的极限值叫做该时刻质点对圆心 O 的**瞬时角速度**，简称**角速度**，用符号 "$\bar{\omega}$" 表示。

$$\bar{\omega} = \lim_{\Delta t \to 0} \frac{\Delta\vec{\theta}}{\Delta t} = \frac{\mathrm{d}\vec{\theta}}{\mathrm{d}t} \tag{1-25}$$

　　角速度的数值为角坐标 $\mathrm{d}\vec{\theta}$ 随时间的变化率。在这里，值得注意的是 $\bar{\omega}$ 和 $\mathrm{d}\vec{\theta}$ 是同方向的矢量，与转动方向成右手螺旋关系。由于角位置和角位移的单位为弧度（rad），所以角速度的单位为弧度每秒（rad/s）。一般情况下我们可以作为标量处理。

　　同理，我们可以得出角加速度的定义。角加速度 $\vec{\alpha}$ 为角速度 $\bar{\omega}$ 随时间的变化率

$$\vec{\alpha} = \frac{\mathrm{d}\bar{\omega}}{\mathrm{d}t} \tag{1-26}$$

　　其方向为角速度变化的方向，单位为弧度每二次方秒（rad/s²）。

　　从以上式子我们也可以看出，α 等于零，质点做匀速圆周运动；α 不等于零但为常数，质点做匀变速圆周运动；α 随时间变化，质点做一般的圆周运动。

　　质点做匀速或匀变速圆周运动时的角速度、角位移与角加速度的关系式为

$$\left. \begin{array}{l} \omega = \omega_0 + \alpha t \\ \theta - \theta_0 = \omega_0 t + \alpha t^2 / 2 \\ \omega^2 = \omega_0^2 + 2\alpha(\theta - \theta_0) \end{array} \right\} \tag{1-27}$$

与质点做匀变速直线运动的几个关系式

$$\left.\begin{array}{l} v = v_0 + at \\ x - x_0 = v_0 t + at^2/2 \\ v^2 = v_0^2 + 2a(x - x_0) \end{array}\right\} \tag{1-28}$$

相比较可知：两者数学形式完全相同。说明用角量描述，可把平面圆周运动转化为一维运动形式，从而简化问题。

1.3.5 线量和角量的关系

如图 1-13 所示，一质点做圆周运动，在 Δt 时间内，质点的角位移为 $\Delta \theta$，则 A、B 间的有向线段与弧将满足下面的关系

$$\lim_{\Delta t \to 0}\left|\overrightarrow{AB}\right| = \lim_{\Delta t \to 0}\overset{\frown}{AB}$$

两边同除以 Δt，得到速度与角速度之间的量值关系

$$v = R\omega \tag{1-29}$$

式（1-29）两端对时间求导，得到切向加速度与角加速度大小之间的关系

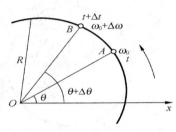

图 1-13　线量和角量的关系

$$a_t = R\alpha \tag{1-30}$$

将速度与角速度的关系代入法向加速度的定义式，得到法向加速度与角速度之间的关系

$$a_n = \frac{v^2}{R} = R\omega^2 \tag{1-31}$$

【例 1-3】　如图 1-14 所示，一质点沿半径为 R 的圆周按规律 $s = v_0 t - bt^2/2$ 运动，v_0、b 都是正的常量。求：

（1）t 时刻质点的总加速度的大小；

（2）t 为何值时，总加速度的大小为 b；

（3）当总加速度大小为 b 时，质点沿圆周运行了多少圈。

解： 先作图 1-14，$t=0$ 时，质点位于 $s=0$ 的 P 点处。在 t 时刻，质点运动到位置 s 处。由题意

图 1-14　例 1-3

（1）t 时刻切向加速度、法向加速度及加速度大小

$$\begin{cases} a_\tau = \dfrac{\mathrm{d}v}{\mathrm{d}t} = \dfrac{\mathrm{d}^2 s}{\mathrm{d}t^2} = -b \\[3mm] a_n = \dfrac{v^2}{R} = \dfrac{\sqrt{(v_0 - bt)^2}}{R} \end{cases}$$

得　　　　　$a = \sqrt{a_\tau^2 + a_n^2} = \sqrt{\dfrac{(v_0 - bt)^4 + (bR)^2}{R}} = b$

（2）令 $a=b$，即

$$a = \sqrt{\dfrac{(v_0 - bt)^4 + (bR)^2}{R}} = b$$

可得
$$t = \upsilon_0 / b$$

（3）当 $a=b$ 时，$t=v_0/b$，由此可求得质点历经的弧长为

$$s = v_0 t - bt^2/2 = v_0^2/2b$$

它与圆周长之比即为圈数

$$n = \frac{s}{2\pi R} = \frac{v_0^2}{4\pi Rb}$$

【例 1-4】　半径为 30cm 的飞轮从静止开始以 $0.5\text{rad}/\text{s}^2$ 的匀角加速度转动，试求飞轮边缘上一点在飞轮转过 240° 时的切向加速度和法向加速度的大小。

解：根据题意，由切向加速度与角加速度之间的关系可知

$$a_t = R\alpha = 0.15 \text{ m/s}^2$$

又由式（1-27）可解

$$\because \omega^2 = 2\alpha(\theta - \theta_0) \qquad \therefore a_n = R\omega^2 \approx 1.26 \text{ m/s}^2$$

1.4　相对运动　伽利略坐标变换

在低速的情况下，一辆汽车沿水平直线先后通过 A、B 两点，此时，在汽车里的人测得汽车通过此两点的时间为 Δt，在地面上的人测得汽车通过此两点的时间为 $\Delta t'$。显然，$\Delta t = \Delta t'$。即在两个做相对直线运动的参考系（汽车和地面）中，时间的测量是绝对的，与参考系无关。

同样，在汽车中的人测得 A、B 两点的距离，和在地面上的人测得 A、B 两点的距离也是完全相等的。也就是说，在两个做相对直线运动的参考系中，长度的测量也是绝对的，与参考系无关。**时间和长度的绝对性是经典力学的基础。**然而，在经典力学中，运动质点的位移、速度、运动轨迹等却与参考系的选择有关。例如，在无风的下雨天，在地面上的人看到雨滴的轨迹是竖直向下的，而在车中随车运动的人看到的雨滴的轨迹是沿斜线迎面而来。而且，车速越快，他看到的雨滴轨迹越倾斜。它们之间具有什么关系呢？本章将通过伽利略坐标变换重点讨论这方面的问题。

1.4.1　伽利略坐标变换式

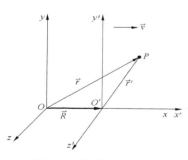

图 1-15　伽利略坐标变换

设有两个参考系，一个为 K 系，即 $Oxyz$ 坐标系；一个为 K' 系，即 $O'x'y'z'$ 坐标系，其中 x 轴和 x' 轴重合。它们相对做低速匀速直线运动，相对速度为 $\vec{v}$。取 K 系为基本坐标系，则 $\vec{v}$ 就是 K' 系相对于 K 系的速度。$t=0$ 时，坐标原点重合。对于同一个质点 A，任意时刻在两个坐标系中对应的位置矢量分别为 $\vec{r}$ 和 $\vec{r}'$，如图 1-15 所示。此时，K' 系原点相对 K 系原点的位矢为 $\vec{R}$。显然，从图 1-15 可以得出

$$\vec{r} = \vec{r}' + \vec{R}$$

上述过程所经历的时间，在 K 系中观测为 t，在 K' 系中观测为 t'。经典力学中，时间的测量是绝对的，因此有 $t = t'$。

于是，有

$$\left.\begin{array}{l} \vec{r}' = \vec{r} - \vec{R} = \vec{r} - \vec{v}t \\ t' = t \end{array}\right\} \tag{1-32}$$

或者写成

$$\left.\begin{array}{l} x' = x - vt \\ y' = y \\ z' = z \\ t' = t \end{array}\right\} \tag{1-33}$$

式（1-32）和式（1-33）叫做伽利略坐标变换式。

1.4.2 速度变换

仍以上述低速匀速直线运动为例。一些运动可以看作：质点既参与了 K 系的运动，又参与了 K' 系的运动，设其在两个坐标系中的速度分别为 $\vec{v}_K$ 和 $\vec{v}_{K'}$，由速度的定义式可知

$$\vec{v}_{K'} = \frac{\mathrm{d}\vec{r}'}{\mathrm{d}t'} = \frac{\mathrm{d}\vec{r}'}{\mathrm{d}t} = \frac{\mathrm{d}(\vec{r} - \vec{v}t)}{\mathrm{d}t} = \vec{v}_K - \vec{v}$$

即

$$\vec{v}_{K'} = \vec{v}_K - \vec{v} \tag{1-34}$$

或者写成

$$v_{K'x} = v_{Kx} - v$$
$$v_{K'y} = v_{Ky}$$
$$v_{K'z} = v_{Kz}$$

这就是经典力学中的**速度变换公式**。通常为了方便，常把质点 A 对于 K 系的速度 $\vec{v}_K$ 写成 $\vec{v}_{AK}$，称为**绝对速度**；把质点 A 相对于 K' 系的速度 $\vec{v}_{K'}$ 写成 $\vec{v}_{AK'}$，称为**相对速度**；而把 K' 系相对于 K 系的速度 $\vec{v}_K$ 写成 $\vec{v}_{K'K}$，称为**牵连速度**。注意脚标的顺序。这样，就可以写成便于记忆的形式

$$\vec{v}_{AK} = \vec{v}_{AK'} + \vec{v}_{K'K} \tag{1-35}$$

文字表述为：**质点相对于基本参考系的绝对速度，等于质点相对于运动参考系的相对速度与运动参考系相对于基本参考系的牵连速度之和。**

例如，在无风的下雨天，地面上的人观测雨滴的速度为 $\vec{v}_{雨地}$，而在车里面的人观测雨滴的速度为 $\vec{v}_{雨车}$，车相对于地面的速度为 $\vec{v}_{车地}$，则可写成

$$\vec{v}_{雨地} = \vec{v}_{雨车} + \vec{v}_{车地}$$

如图 1-16 所示。

图 1-16 绝对速度、相对速度和牵连速度的关系

注意： 低速运动的物体满足速度变换式，并且可通过实验证实；对于高速运动的物体，即速度接近光速的情况下，上述变换式失效。

1.4.3　加速度变换

设 K' 系相对于 K 系做匀加速直线运动，加速度 $\vec{a}_0$ 沿 x 方向，且 $t=0$ 时，$\vec{v}=\vec{v}_0$，则 K' 系相对于 K 系的速度 $\vec{v}=\vec{v}_0+\vec{a}_0 t$。于是，由式（1-35）对时间 t 求导，可得

$$\frac{\mathrm{d}\vec{v}_K}{\mathrm{d}t}=\frac{\mathrm{d}\vec{v}_{K'}}{\mathrm{d}t}+\frac{\mathrm{d}\vec{v}}{\mathrm{d}t}$$

即

$$\vec{a}_K=\vec{a}_{K'}+\vec{a}_0 \tag{1-36}$$

若两个参考系之间做相对匀速直线运动，则 $\vec{a}_0=0$，此时 $\vec{a}_K=\vec{a}_{K'}$，它表明：质点的加速度相对于做匀速运动的各个参考系来说是个绝对量。

【例 1-5】　某人骑摩托车向东前进，其速率为 10m/s 时觉得有南风，当其速率为 15m/s 时，又觉得有东南风，试求风的速度。

解：取风为研究对象，骑车人和地面作为两个相对运动的参考系，如图 1-17 所示。

根据速度变换公式得到

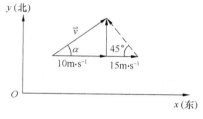

$$\vec{v}=\vec{v}_{AK}=\vec{v}_{AK'}^{(1)}+\vec{v}_{KK'}^{(1)}$$

$$\vec{v}=\vec{v}_{AK}=\vec{v}_{AK'}^{(2)}+\vec{v}_{KK'}^{(2)}$$

括弧中 1、2 分别代表第 1 次和第 2 次时的值。

由图中的几何关系，知

图 1-17　例 1-5

$$v_x=v_{K'K}^{(1)}=10 \quad (\mathrm{m/s})$$

$$v_y=(v_{K'K}^{(2)}-v_{K'K}^{(1)})\tan 45°=15-10=5(\mathrm{m/s})$$

所以，风速的大小为

$$v=\sqrt{10^2+5^2}=11.2(\mathrm{m/s})$$

$$\alpha=\arctan\frac{5}{10}=26°\,34'$$

所以风向为东偏北 $26°\,34'$。

【例 1-6】　设河面宽 $l=1\mathrm{km}$，河水由北向南流动，流速 $v=2\mathrm{m/s}$，有一船相对于河水以 $v'=1.5\mathrm{m/s}$ 的速率从西岸驶向东岸。

（1）如果船头与正北方向成 $\alpha=15°$ 角，船到达对岸要花多少时间？到达对岸时，船在下游何处？

（2）如果要使船相对于岸走过的路程为最短，船头与河岸的夹角为多大？到达对岸时，船又在下游何处？要花多少时间？

解：建立如图 1-18 所示的坐标系。

（1）船的速度分量为

$$v_x=v'\sin\alpha=v'\sin 15°$$

$$v_y=v'\cos\alpha-v=v'\cos 15°-v$$

船到达对岸要花的时间为

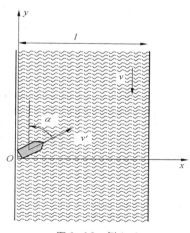

图 1-18　例 1-6

$$t = \frac{l}{v_x} = \frac{l}{v' \sin 15°} = \frac{1\,000}{1.5 \sin 15°} \approx 2.6 \times 10^3 \quad (\text{s})$$

船到达对岸时，在下游的坐标为

$$y = v_y t = (v' \cos 15° - v)t$$
$$= (1.5 \times \cos 15° - 2) \times 2.6 \times 10^3$$
$$= -1.4 \times 10^3 \quad (\text{m})$$

（2）船的速度分量为 $v_x = v' \sin \alpha$，$v_y = v' \cos \alpha - v$

船的运动方程为 $x = v_x t = v' \sin \alpha \, t$，$y = v_y t = (v' \cos \alpha - v)t$

船到达对岸时，$x = l$，$t = \dfrac{l}{v' \sin \alpha}$

所以，$y = (v' \cos \alpha - v)t = (v' \cos \alpha - v)\dfrac{l}{v' \sin \alpha} = l \cot \alpha - \dfrac{lv}{v' \sin \alpha}$

当 $\dfrac{dy}{d\alpha} = 0$ 时，y 取极小值。将上式对 α 求导，并令 $\dfrac{dy}{d\alpha} = 0$，求得

$$\cos \alpha = \frac{v'}{v} = \frac{1.5}{2} = 0.75$$

船头与河岸的夹角为 $\alpha = 41.4°$

船到达对岸要花的时间为

$$t = \frac{l}{v_x} = \frac{l}{v' \sin \alpha} = \frac{1000}{1.5 \times \sin 41.4°} \approx 1.0 \times 10^3 \quad (\text{s})$$

船到达对岸时，在下游的坐标为

$$y = v_y t = (v' \cos 41.4° - v)t$$
$$= (1.5 \times \cos 41.4° - 2) \times 1.0 \times 10^3 = -875 \quad (\text{m})$$

复 习 题

一、思考题

1．质点做曲线运动，$\vec{r}$ 表示位置矢量，$\vec{v}$ 表示速度，$\vec{a}$ 表示加速度，S 表示路程，a_t 表示切向加速度，判断下列表达式的正误。

（1）$dv/dt = a$，（2）$dr/dt = v$，（3）$dS/dt = v$，（4）$\left| d\vec{v}/dt \right| = a_t$

2．下列问题中：

（1）物体具有加速度而其速度为零，是否存在可能？

（2）物体具有恒定的速率但仍有变化的速度，是否存在可能？

（3）物体具有恒定的速度但仍有变化的速率，是否存在可能？

（4）物体具有沿 x 轴正方向的加速度而有沿 x 轴负方向的速度，是否存在可能？

（5）物体的加速度大小恒定而其速度的方向改变，是否存在可能？

3．关于瞬时运动的说法："瞬时速度就是很短时间内的平均速度"是否正确？该如何正确表述瞬时速度的定义？我们是否能按照瞬时速度的定义通过实验测量瞬时速度？

4．试判断下列问题说法正误。

（1）运动中物体的加速度越大，物体的速度也越大。

（2）物体在直线上运动前进时，如果物体向前的加速度减小了，物体前进的速度也就减小。

（3）物体加速度值很大，而物体速度值可以不变，是不可能的。

5. 设质点的运动方程为 $x = x(t)$，$y = y(t)$，在计算质点的速度和加速度时，有人先求出 $r = \sqrt{x^2 + y^2}$，然后根据 $v = \dfrac{\mathrm{d}r}{\mathrm{d}t}$ 及 $a = \dfrac{\mathrm{d}^2 r}{\mathrm{d}t^2}$ 而求得结果；又有人先计算速度和加速度的分量，再合成求得结果，即

$$v = \sqrt{\left(\frac{\mathrm{d}x}{\mathrm{d}t}\right)^2 + \left(\frac{\mathrm{d}y}{\mathrm{d}t}\right)^2} \ 及 \ a = \sqrt{\left(\frac{\mathrm{d}^2 x}{\mathrm{d}t^2}\right)^2 + \left(\frac{\mathrm{d}^2 y}{\mathrm{d}t^2}\right)^2}$$

你认为两种方法哪一种正确？两者差别何在？

6. 在参考系一定的条件下，质点运动的初始条件的具体形式是否与计时起点和坐标系的选择有关？

图 1-19 思考题 7

7. 抛体运动的轨迹如图 1-19 所示，请于图中用矢量表示质点在 A、B、C、D、E 各点的速度和加速度。

8. 圆周运动中质点的加速度方向是否一定和速度方向垂直？任意曲线运动的加速度方向是否一定不与速度方向垂直？

9. 在利用自然坐标研究曲线运动时，"v_t"、"v" 和 "$\bar{v}$" 3 个符号的含义有什么不同？

10. 试述伽利略坐标变换所包含的时空观有何特点？

11. 在以恒定速度运动的火车上竖直向上抛出一小物块，此物块能否落回人的手中？如果物块抛出后，火车以恒定加速度前进，结果又将如何？

二、习题

1. 以下 4 种运动，加速度保持不变的运动是（   ）。
   （A）单摆的运动   （B）圆周运动   （C）抛体运动   （D）匀速率曲线运动

2. 下面表述正确的是（   ）。
   （A）质点做圆周运动，加速度一定与速度垂直
   （B）物体做直线运动，法向加速度必为零
   （C）轨道最弯处法向加速度最大
   （D）某时刻的速率为零，切向加速度必为零

3. 下列情况不可能存在的是（   ）。
   （A）速率增加，加速度大小减少   （B）速率减少，加速度大小增加
   （C）速率不变而有加速度   （D）速率增加而无加速度
   （E）速率增加而法向加速度大小不变

4. 质点沿 Oxy 平面做曲线运动，其运动方程为：$x = 2t$，$y = 19 - 2t^2$，则质点位置矢量与速度矢量恰好垂直的时刻为（   ）。
   （A）0s 和 3.16s   （B）1.78s   （C）1.78s 和 3s   （D）0s 和 3s

5. 质点沿半径 $R = 1\mathrm{m}$ 的圆周运动，某时刻角速度 $\omega = 1\mathrm{rad/s}$，角加速度 $\alpha = 1\mathrm{rad/s^2}$，则质点速度和加速度的大小为（   ）。
   （A）1m/s，1m/s^2 （B）1m/s，2m/s^2
   （C）1m/s，$\sqrt{2}$m/s^2 （D）2m/s，$\sqrt{2}$m/s^2

6．质点的运动学方程为 $\vec{r}=(2-3t)\vec{i}+(4t-1)\vec{j}$，求质点轨迹并用图表示。

7．一质点的运动方程为：(1) $\vec{r}=(3+2t)\vec{i}+5\vec{j}$，(2) $\vec{r}(t)=\vec{i}+4t^2\vec{j}+t\vec{k}$，式中 r、t 分别以 m、s 为单位。试求：

（1）它的速度与加速度；

（2）它的轨迹方程。

8．一质点的运动方程为 $x=3t+5$，$y=0.5t^2+3t+4$（SI）。

（1）以 t 为变量，写出位矢的表达式；

（2）求质点在 t=4s 时速度的大小和方向。

9．图1-20 中 a、b 和 c 表示质点沿直线运动 3 种不同情况下的 x-t 图，试说明 3 种运动的特点（即速度，计时起点时质点的坐标，位于坐标原点的时刻）。

10．飞机着陆时为尽快停止采用降落伞制动。刚着陆时，t=0 时速度为 v_0 且坐标为 x=0。假设其加速度为 $a_x=-bv_x^2$，b=常量，并将飞机看作质点，求此质点的运动学方程。

图 1-20　习题 9

11．一质点从静止开始做直线运动，开始时加速度为 a_0，此后加速度随时间均匀增加，经过时间 τ 后，加速度为 $2a_0$，经过时间 2τ 后，加速度为 $3a_0$，求经过时间 $n\tau$ 后，该质点的速度和走过的距离。

12．直线运动的高速列车减速进站。列车原行驶速度为 $v_0=180\,\text{km/h}$，其速度变化规律如图1-21 所示。求列车行驶至 x=1.5km 时加速度的大小。

13．路灯距地面的高度为 h，一个身高为 l 的人在路上匀速运动，速度为 v_0，如图 1-22 所示。求：（1）人影中头顶的移动速度；（2）影子长度增长的速率。

图 1-21　习题 12

图 1-22　习题 13

14．*在离水面高度为 h 的岸边，有人用绳子拉船靠岸，船在离岸边 s 距离处，当人以速率 v_0 匀速收绳时，试求船的速率和加速度大小。

15．一质点自原点开始沿抛物线 $y=bx^2$ 运动，其在 Ox 轴上的分速度为一恒量，值为 $v_x=4.0\,\text{m/s}$，求质点位于 $x=2.0\,\text{m}$ 处的速度和加速度。

16．一质点在半径为 0.10m 的圆周上运动，其角位置为 $\theta=2.0\,\text{rad}+(4.0\,\text{rad}\cdot\text{s}^{-3})t^3$。求：

（1）在 t=2.0s 时质点的法向加速度和切向加速度。

（2）当切向加速度的大小恰等于总加速度大小的一半时，θ 值为多少？

（3）t 为多少时，法向加速度和切向加速度的值相等？

17．一物体从静止开始，先以大小 α 的切向加速度运动一段时间后，紧接着就以大小 β 的切向加速度运动直至停止。若物体整个运动的时间为 t，证明物体运动的总路程为

$$s = \frac{\alpha\beta}{2(\alpha+\beta)}t^2$$

18．一人站在山脚下向山坡上扔石子，石子初速度为 v_0，与水平夹角为 θ（斜向上），山坡与水平面成 α 角，如图 1-23 所示。

（1）如不计空气阻力，求石子在山坡上的落地点对山脚的距离 s；

（2）如果 α 值与 v_0 值一定，θ 取何值时 s 最大，并求出最大值 $s_{\max}$。

图 1-23　习题 18

19．测量光速的方法之一是旋转齿轮法。一束光线通过轮边齿间空隙到达远处的镜面上，反射回来时刚好通过相邻的齿间空隙，如图 1-24 所示。设齿轮的半径为 5.0cm，轮边共有 500 个齿。当镜与齿之间的距离为 500m 时，测得光速为 3.0×10^5 km/s。试求：

（1）齿轮的角速度为多大？

（2）在齿轮边缘上一点的线速率是多少？

20．如图 1-25 所示，杆 AB 以匀角速度 ω 绕 A 点转动，并带动水平杆 OC 上的质点 M 运动。设起始时刻杆在竖直位置，$OA=h$。

（1）列出质点 M 沿水平杆 OC 的运动方程；

（2）求质点 M 沿杆 OC 滑动的速度和加速度的大小。

图 1-24　习题 19

图 1-25　习题 20

21．设从某一点 O 以同样的速率，沿着同一竖直面内各个不同方向同时抛出几个物体。试证：在任意时刻，这几个物体总是散落在某个圆周上。

22．当一列火车以 36km/h 的速率向东行驶时，相对于地面匀速竖直下落雨滴，在列车的窗子上形成的雨迹与竖直方向成 30° 角。试求：

（1）雨滴相对于地面的水平分速有多大？相对于列车的水平分速有多大？

（2）雨滴相对于地面的速率如何？相对于列车的速率如何？

23．设有一架飞机从 A 处向东飞到 B 处，然后又向西飞回到 A 处，飞机相对空气的速率为 v'，而空气相对地面的速率为 u，A、B 间的距离为 l，飞机相对空气的速率 v' 保持不变。

（1）假定空气是静止的（即 $u=0$），试证飞机飞行来回的时间为 $t_0=2l/v'$；

（2）假定空气的速度向东，试证飞机飞行来回的时间为 $t_1=t_0\left(1-\dfrac{u^2}{v'^2}\right)^{-1}$；

（3）假定空气的速度向北，试证飞机飞行来回的时间为 $t_2=t_0\left(1-\dfrac{u^2}{v'^2}\right)^{-\frac{1}{2}}$。

第 **2** 章　牛顿运动定律

【学习目标】

- 熟练掌握牛顿运动定律的基本内容及适用条件。
- 熟练掌握用隔离体法分析物体的受力情况，能用微积分方法求解变力作用下的简单质点动力学问题。
- 理解常见力的种类及其各自的特点。
- 了解惯性系、非惯性系及惯性力的特点。

在上一章中，我们讨论了质点的运动学，本章我们将继续探讨关于运动的话题。通过牛顿三定律的介绍，研究物体的运动和运动物体间相互作用的联系，从而阐明物体运动状态发生变化的原因。本章属于动力学的范畴。

艾萨克·牛顿（Isaac Newton，1643.1.4～1727.3.31），如图 2-1 所示。牛顿是英国皇家学会会员，英格兰物理学家、数学家、天文学家、自然哲学家。他在 1687 年发表的论文《自然哲学的数学原理》里，对万有引力和三大运动定律进行了描述。这些描述奠定了此后三个世纪里物理世界的科学观点，并成为了现代工程学的基础。他通过论证开普勒行星运动定律与他的引力理论间的一致性，展示了地面物体与天体的运动都遵循着相同的自然定律；从而消除了对太阳中心说的最后一丝疑虑，并推动了科学革命。在力学上，牛顿阐

图 2-1　艾萨克·牛顿

明了动量和角动量守恒的原理。在光上，他发明了反射式望远镜，并基于对三棱镜将白光发散成可见光谱的观察，发展出了颜色的理论。他还系统地表述了冷却定律，并研究了音速。在数学上，牛顿与戈特弗里德·莱布尼茨分享了发展出微积分学的荣誉。他也证明了广义二项式定理，提出了"牛顿法"以趋近函数的零点，并为幂级数的研究做出了贡献。2005 年，皇家学会进行了一场"谁是科学史上最有影响力的人"的民意调查，在此调查中，牛顿被认为比阿尔伯特·爱因斯坦更具影响力。

2.1　牛顿运动定律

牛顿运动定律是经典物理大厦的支柱。研究牛顿定律，将有助于我们深刻地理解经典物理的思想，以便更好解决宏观物体的运动问题。

1867 年牛顿在《自然哲学的数学原理》中提出了三条运动定律，后被称为牛顿第一定律、牛顿第二定律和牛顿第三定律。

2.1.1　牛顿第一定律

古希腊哲学家亚里士多德（Aristotle，384B.C.～322B.C.）认为：必须有力作用在物体上，物体才能运动，没有力的作用，物体就要静止下来。这种看法深信"力是产生和维持物体运动的原因"。它跟人们日常生活中的一些错误观念相符合，使得不少人认为它是对的。直到 17 世纪，意大利科学家伽利略在一系列实验后指出：运动物体之所以会停下来，恰恰是因为它受到了某种外力的作用。如果没有外力的作用，物体将会以恒定的速度一直运动下去。勒奈·笛卡尔等人又在伽利略研究的基础上进行了更深入的研究，也得出结论：如果运动的物体，不受任何力的作用，不仅速度大小不变，而且运动方向也不会变，将沿原来的方向匀速运动下去。

牛顿总结了伽利略等人的研究成果，概括出一条重要的物理定律，称作牛顿第一定律：**任何物体都要保持其静止或者匀速直线运动状态，直到有外力迫使它改变运动状态为止。**

牛顿第一定律表明：一切物体都有保持其运动状态的性质，这种性质叫做**惯性**。因此，第一定律也叫**惯性定律**。惯性定律是经典物理学的基础之一。惯性定律可以对质点运动的某一分量成立。

牛顿第一定律还阐明，其他物体的作用才是改变物体运动状态的原因，这种"其他物体的作用"，我们称之为"力"。不可能有物体完全不受其他物体的力的作用，所以牛顿第一定律是理想化抽象思维的产物，不能简单地用实验加以验证。但是，从定律得出的一切推论，都经受住了实践的检验。

一切物体的运动只有相对于某个参考系才有意义，如果在某个参考系中观察，物体不受其他物体作用力时，能保持匀速直线运动或者静止状态，在此参考系中惯性定律成立，这个参考系就称之为**惯性参考系**，简称**惯性系**。

值得一提的是，并非任何参考系都是惯性系。相对惯性系静止或做匀速直线运动的参考系是惯性系，而相对惯性系做加速运动的参考系是非惯性系。参考系是否为惯性系，只能根据观察和实验的结果来判断。在力学中，通常把太阳参考系认为是惯性系；在一般精度范围内，地球和静止在地面上的任一物体可近似地看作惯性系。

牛顿曾经说过："我是站在巨人的肩膀上才成功的。"这句话中的"巨人"主要就是指伽利略。

2.1.2　牛顿第二定律

读者中学时都学过动量的概念，物体的质量 m 和其运动速度 $\vec{v}$ 的乘积叫做物体的动量，用符号"$\vec{p}$"表示。$\vec{p}$ 是矢量，其方向与速度的方向一致。

$$\vec{p} = m\vec{v} \tag{2-1}$$

牛顿第二定律的内容是：**动量为 $\vec{p}$ 的物体，在合外力 $\vec{F}(=\sum \vec{F_i})$ 的作用下，其动量随时间的变化率应当等于作用于物体的合外力。**其数学表达式为

$$\vec{F}(t) = \frac{\mathrm{d}\vec{p}(t)}{\mathrm{d}t} = \frac{\mathrm{d}(m\vec{v})}{\mathrm{d}t} \tag{2-2a}$$

物体运动的速度远小于光速时，物体的质量可以认为是常量，此时式（2-2a）可写成

$$\vec{F}(t) = m\frac{\mathrm{d}\vec{v}}{\mathrm{d}t} = m\vec{a} \tag{2-2b}$$

这就是我们中学时学的牛顿运动定律的形式，即：在受到外力作用时，物体所获得的加速度的大小与外力成正比，与物体的质量成反比。通常将式（2-2a）称为牛顿第二定律的微分形式。

在直角坐标系中，式（2-2b）可以沿着坐标轴分解，写成如下形式

$$\vec{F} = m\frac{\mathrm{d}v_x}{\mathrm{d}t}\vec{i} + m\frac{\mathrm{d}v_y}{\mathrm{d}t}\vec{j} + m\frac{\mathrm{d}v_z}{\mathrm{d}t}\vec{k}$$

即

$$\vec{F} = ma_x\vec{i} + ma_y\vec{j} + ma_z\vec{k} \tag{2-2c}$$

在各个方向上

$$F_x = ma_x, \quad F_y = ma_y, \quad F_z = ma_z$$

在自然坐标系下，式（2-2b）又可写成如下形式

$$\vec{F} = m\vec{a} = m(\vec{a}_t + \vec{a}_n) = m\frac{\mathrm{d}v}{\mathrm{d}t}\vec{e}_t + m\frac{v^2}{\rho}\vec{e}_n \tag{2-2d}$$

此时

$$F_t = m\frac{\mathrm{d}v}{\mathrm{d}t} = m\frac{\mathrm{d}s^2}{\mathrm{d}t^2}, \quad F_n = m\frac{v^2}{\rho}$$

式（2-2）是牛顿第二定律的数学表达式，或叫做牛顿力学的质点动力学方程。应当指出的是，在质点高速运动的情况下，质量 m 将不再是常量，而是依赖于速度 $\vec{v}$ 的物理量 $m(\vec{v})$ 了。

在应用牛顿第二定律时需要注意以下问题。

（1）瞬时关系。当物体（质量一定）所受外力发生突然变化时，作为由力决定的加速度的大小和方向也要同时发生突变；当合外力为零时，加速度同时为零，加速度与合外力保持一一对应关系。力和加速度同时产生、同时变化、同时消失。牛顿第二定律是一个瞬时对应的规律，表明了力的瞬间效应。

（2）矢量性。力和加速度都是矢量，物体加速度方向由物体所受合外力的方向决定。牛顿第二定律数学表达式 $\vec{F}(t) = m\vec{a}$ 中，等号不仅表示左右两边数值相等，也表示方向一致，即物体加速度方向与所受合外力方向相同。

（3）叠加性（或力的独立性原理）。什么方向的力只产生什么方向的加速度而与其他方向的受力及运动无关。当几个外力同时作用于物体时，其合力 $\vec{F}$ 所产生的加速度 $\vec{a}$ 与每个外力 $\vec{F}(i)$ 所产生的加速度的矢量和是一样的。

（4）适用范围。牛顿第二定律适用于惯性参考系、质点及低速平动的宏观物体。

（5）对于质量的理解。质量是惯性的量度。物体不受外力时保持运动状态不变；一定外力作用时，物体的质量越大，加速度越小，运动状态越难改变；物体的质量越小，加速度越大，运动状态越容易改变。因此，在这里质量又叫做**惯性质量**。

2.1.3　牛顿第三定律

牛顿第三定律又称作用力与反作用力定律。**两个物体之间的作用力 $\vec{F}$ 和反作用力 $\vec{F}'$**，

总是同时在同一条直线上，大小相等，方向相反，且分别作用在两个物体上。其数学表述为

$$\vec{F} = -\vec{F'} \qquad (2\text{-}3)$$

在运用牛顿第三定律时需要注意的是：这两个力总是成对出现、同时存在、同时消失、没有主次之分。当一个力为作用力时，另一个力即为反作用力；**这两个力一定属于同一性质的力**。例如，图 2-2 中悬挂木板和重物之间的作用力与反作用力均为拉力，而重物和地球之间的作用力与反作用力均为重力；分别作用在两个物体上，不能相互抵消。

牛顿第三定律反映了力的物质性，力是物体之间的相互作用，作用于物体，必然会同时反作用于物体。离开物体谈力是没有意义的。

图 2-2　作用力与反作用力

2.2　几种常见的力

日常生活中，我们经常会接触到的力有万有引力、重力、弹性力、摩擦力等，下面简单加以介绍。

2.2.1　万有引力

在牛顿之前，有很多天文学家在对宇宙中的星星进行观察，并做了观察记录。到开普勒时，他对这些观测结果进行了分析总结，并结合自己的观测，得到开普勒三定律：

（1）行星都绕太阳做椭圆运行，太阳在所有椭圆的公共焦点上；

（2）行星的向径在相等的时间内扫过相等的面积；

（3）所有行星轨道半长轴的三次方跟公转周期的二次方的比值都相等。

为什么会这样呢？是什么让它们做加速度不为零的运动？

牛顿在总结了前人经验的基础上，1687 年在出版的《自然哲学的数学原理》论文中首次提出，任何物体之间都存在一种遵循同一规律的相互吸引力，这种相互吸引的力叫做**万有引力**。如果用 m_1、m_2 表示两个物体的质量，它们间的距离为 r，则此两个物体间的万有引力，方向是沿着它们之间的连线，其大小与它们质量的乘积成正比，与它们之间距离 r 的平方成反比。万有引力的数学表述为

$$F = G\frac{m_1 m_2}{r^2} \qquad (2\text{-}4\text{a})$$

式中，G 为一普适常数，称为**万有引力常数**。m_1 和 m_2 分别是两个物体的**引力质量**，1798 年，英国物理学家卡文迪许利用著名的卡文迪许扭秤（即卡文迪许实验，其示意图如图 2-3 所示），较精确地测出了万有引力常数的数值，在一般计算中

$$G = 6.67 \times 10^{-11} \text{N} \cdot \text{m}^2 \cdot \text{kg}^{-2}$$

万有引力定律可写成矢量形式

$$\vec{F} = -G\frac{m_1 m_2}{r^3}\vec{r} \qquad (2\text{-}4\text{b})$$

图 2-3　卡文迪许实验示意图

式中，负号表示 m_1 施于 m_2 的万有引力方向始终与 m_1 指向 m_2 的位矢 $\vec{r}$ 方向相反。

万有引力定律说明，每一个物体都吸引着其他物体，而两个物体间的引力大小，正比于它们的质量乘积，与两物体中心连线距离的平方成反比。牛顿为了证明只有球形体可以将"球的总质量集中到球的质心点"来代表整个球的万有引力作用的总效果而发展了微积分。

通常，两个物体之间的万有引力极其微小，我们察觉不到它，可以不予考虑。比如，两个质量都是 60kg 的人，相距 0.5m，他们之间的万有引力还不足百万分之一牛顿，而一只蚂蚁拖动细草梗的力竟是这个引力的 1 000 倍！但是，天体系统中，由于天体的质量很大，万有引力就起着决定性的作用。在天体中质量还算很小的地球，对其他的物体的万有引力已经具有巨大的影响，它把人类、大气和所有地面物体束缚在地球上，它使月球和人造地球卫星绕地球旋转而不离去。

牛顿利用万有引力定律不仅说明了行星运动规律，而且还指出，木星、土星的卫星围绕行星也有同样的运动规律。他认为月球除了受到地球的引力外，还受到太阳的引力，从而解释了月球运动中早已发现的二均差等。此外，他还解释了彗星的运动轨道和地球上的潮汐现象。根据万有引力定律，人们成功地预言并发现了海王星。万有引力定律出现后，人们才正式把研究天体的运动建立在力学理论的基础上，创立了天体力学。

牛顿推动了万有引力定律的发展，指出万有引力不仅仅是星体的特征，也是所有物体的特征。作为最重要的科学定律之一，万有引力定律及其数学公式已成为整个物理学的基石。

万有引力是迄今为止人类认识到的 4 种基本作用之一，其他 3 种分别是电磁相互作用、弱相互作用和强相互作用。

值得我们注意的是：上述我们提到的惯性质量和引力质量反映了物体的两种不同属性，实验表明它们在数值上成正比，与物体成分、结构无关，选用适当的单位（国际单位制）可用同一数值表征这两种质量。在我们后面的讨论中我们将不再区分引力质量和惯性质量。质量是物理学的基本物理量。

1. 电磁相互作用

电磁相互作用是带电物体或具有磁矩物体之间的相互作用，是一种长程力，力程为无穷。宏观的摩擦力、弹性力以及各种化学作用实质上都是电磁相互作用的表现。其强度仅次于强相互作用，居 4 种基本相互作用的第二位。电磁相互作用研究得最清楚，其规律总结在麦克斯韦方程组和洛伦兹力公式中，更为精确的理论是量子电动力学。量子电动力学是物理学的精确理论，按照量子电动力学，电磁相互作用是通过交换电磁场的量子（光子）而传递的，它能够很好地说明正反粒子的产生和湮没，电子、μ 子的反常磁矩（见粒子磁矩）与兰姆移位等真空极化引起的细微电磁效应，理论计算与实验符合得非常好。电磁相互作用引起的粒子衰变称为电磁衰变。最早观察到的原子核的 γ 跃迁就是电磁衰变。电磁衰变粒子的平均寿命为 $10^{-16} \sim 10^{-20}$s。

2. 弱相互作用

最早观察到的原子核的 β 衰变是弱相互作用（或称弱作用）现象。弱作用仅在微观尺度上起作用，其力程最短，其强度排在强相互作用和电磁相互作用之后居第三位。其对称性较差，许多在强作用和电磁作用下的守恒定律都遭到破坏（见对称性和守恒定律），如宇称守恒在弱作用下不成立。弱作用的理论是电弱统一理论，弱作用通过交换中间玻色子而传递。弱作用引起的粒子衰变称为弱衰变，弱衰变粒子的平均寿命大于 10^{-13}s。

3. 强相互作用

最早认识到的质子、中子间的核力属于强相互作用（或称强作用），是质子、中子结合成原子核的作用力，后来进一步认识到强子是由夸克组成的，强作用是夸克之间的相互作用力。强作用最强，也是一种短程力。其理论是量子色动力学，强作用是一种色相互作用，具有色荷的夸克所具有的相互作用，色荷通过交换 8 种胶子而相互作用，在能量不是非常高的情况下，强作用的媒介粒子是介子。强作用具有最强的对称性，遵从的守恒定律最多。强作用引起的粒子衰变称为强衰变，强衰变粒子的平均寿命最短，为 $10^{-20} \sim 10^{-24}$s，强衰变粒子称为不稳定粒子或共振态。

长期以来，无数科学家为了寻求这 4 种基本作用之间的联系而努力着，20 世纪 60 年代，温伯格（S·Weinberg）、萨拉姆（A·Salam）、格拉肖（S·L·Glashow）发展了弱相互作用和电磁相互作用相统一的理论，并在 20 世纪 70 年代和 80 年代初得到了实验证明。为此，他们三人于 1979 年共获诺贝尔物理学奖。鲁比亚（C·Rubbia）、范德米尔（Vander Meer）实验证明了电弱相互作用，于 1984 年获诺贝尔奖。人们期待有朝一日，能够形成这几种基本相互作用的"大统一"。表 2-1 所示为 4 种相互作用的比较。

表 2-1　　　　　　　　　　　　4 种相互作用的力程和强度的比较

种　类	相互作用粒子	力 的 强 度	力程/m
引力作用	所有粒子、质点	∞	10^{-39}
电磁作用	带电粒子	∞	10^{-3}
弱相互作用	强子等大多数粒子	10^{-18}	10^{-12}
强相互作用	核子、介子等强子	10^{-15}	10^{-1}

注：表中强度是以两质子间相距为 10^{-15}m 时的相互作用强度为 1 给出的。

2.2.2　重力

地球表面附近的物体都受到地球的吸引力，这种由于地球吸引而使物体受到的力叫做**重力**。

一般情况下，常把重力近似看作等于地球附近物体受到地球的万有引力。但实际上，重力是万有引力的一个分力。因为我们在地球上与地球一起运动，这个运动可以近似看成匀速圆周运动。我们做匀速圆周运动需要向心力，在地球上，这个力由万有引力的一个指向地轴的分力提供，而万有引力的另一个分力就是我们平时所说的重力。在精度要求不高的情况下，可以近似地认为重力等于地球的引力。

在重力 G 的作用下，物体具有的加速度 g 叫做重力加速度，大小满足 $G = mg$ 的关系。重力是矢量，它的方向总是竖直向下的。重力的作用点在物体的重心上。有密度较大的矿石附近地区，物体的重力和周围环境相比会出现异常，因此利用重力的差异可以探矿，这种方法叫重力探矿法。

2.2.3　弹性力

弹性力是由于物体发生形变所产生的。物体在力的作用下发生的形状或体积改变，这种改变叫做形变。两个相互接触并产生形变的物体企图恢复原状而彼此互施作用力，这种力叫

弹性力，简称**弹力**。

弹力产生在由于直接接触而发生弹性形变的物体间。所以，弹性力的产生是以物体的互相接触以及形变为先决条件的，弹力的方向始终与使物体发生形变的外力方向相反。

当物体受到的弹力停止作用后，能够恢复原状的形变叫做**弹性形变**。但如果形变过大，超过一定限度，物体的形状将不能完全恢复，这个限度叫做弹性限度。物体因形变而导致形状不能完全恢复，这种形变叫做**塑性形变**，也称范性形变。

比较常见的弹力有：两个物体通过一定面积相互挤压产生的正压力或者支持力；绳索被拉伸时对物体产生的拉力；弹簧被拉伸或者压缩时产生的弹力等。

2.2.4 摩擦力

假如地球上没有摩擦力，将会变成什么样子呢？假如没有摩擦力，我们就不能走路了。因为既站不稳，也无法行走；汽车还没发动就打滑，要么就是车子开起来就停不下来了。假如没有摩擦力，我们无法拿起任何东西，因为我们拿东西靠的就是摩擦。假如没有摩擦力，螺钉就不能旋紧，钉在墙上的钉子就会自动松开而落下来。家里的桌子、椅子都要散开来，并且会在地上滑来滑去，根本无法使用。假如没有摩擦力，我们就再也不能够欣赏美妙的用小提琴演奏的音乐等，因为弓和弦的摩擦产生振动才发出了声音。

摩擦力是两个相互接触的物体在沿接触面相对运动时，或者有相对运动趋势时，在它们的接触面间所产生的一对阻碍相对运动或相对运动趋势的力。

若两相互接触、而又相对静止的物体，在外力作用下只具有相对滑动趋势，而又未发生相对滑动，它们接触面之间出现的阻碍发生相对滑动的力，叫做**静摩擦力**。例如，将一物体放于粗糙水平面上，其受到一水平方向的拉力 F 的作用。若 F 较小，则物体不能发生滑动。因此，静摩擦力的存在，阻碍了物体的相对滑动。此时静摩擦力的大小和外力 F 的大小相等，方向相反，即：静摩擦力与物体相对于水平面的运动趋势的方向相反。随着外力 F 的增大，静摩擦力将逐渐增大，直到增加到一个临界值。当外力超过这个临界值时，物体将发生滑动，这个临界值叫做最大静摩擦力 f_s。实验表明，最大静摩擦力的值与物体的正压力 N 成正比，即

$$f_s = \mu_s N \tag{2-5a}$$

式中，μ_s 叫做静摩擦系数，它与两物体的材质以及接触面的情况有关，而与接触面的大小无关。

当物体开始滑动时，受到的摩擦力叫做**滑动摩擦力** f_k。实验表明滑动摩擦力的值也与物体的正压力 N 成正比，有

$$f_k = \mu_k N \tag{2-5b}$$

式中，μ_k 叫做滑动摩擦系数，它与两接触物体的材质、接触面的情况、温度和干湿度都有关，通常滑动摩擦系数也可以写作 μ。对于给定的接触面，$\mu < \mu_s$，两者都小于 1。在一般不需要精确计算的情况下，可以近似认为它们是相等的，即 $\mu = \mu_s$。

摩擦力也有其有害的一方面，例如，机器的运动部分之间都存在摩擦，对机器有害又浪费能量，使额外功增加。因此，必须设法减少这方面的摩擦。通常是在产生有害摩擦的部位涂抹润滑油、变滑动摩擦为滚动摩擦等。总之，我们要想办法增大有益摩擦，减小有害摩擦。

2.3 牛顿定律应用举例

作为牛顿力学的重要组成部分，牛顿定律在低速情况下问题的分析中起着重要的作用，日常实践和工程上经常会涉及应用牛顿定律来解决问题。本节将通过例题来讲述应用牛顿定律解题的方法。需要注意的是，牛顿三定律是一个整体，不能厚此薄彼。只注重应用牛顿第二定律，而把第一和第三定律忽略的思想是错误的。

通常的力学问题有两类：一类是已知物体的受力，通过物体受力分析物体的运动状态；另一类则是已知物体的运动状态，从而求得物体上所受的力。在不作特殊说明的情况下，物体所受的重力是必有的，而其他的力则需要根据具体问题具体分析。

运用牛顿定律解题的步骤一般是先确定研究对象，然后使用**隔离体法**分析该研究对象的受力，作出受力图，通过分析物体的运动情况，判断加速度，并建立合适的坐标系，根据牛顿第二定律求解，具体问题需要具体分析讨论。

【例 2-1】 阿特伍德机[1]。

如图 2-4 所示，设有一质量可以忽略的滑轮，滑轮两侧通过轻绳分别悬挂着质量分别为 m_1 和 m_2 的重物 A 和 B，已知 $m_1 > m_2$。现将把此滑轮系统悬挂于电梯天花板上，求：当电梯（1）匀速上升时，（2）以加速度 a 匀加速上升时，求绳中的张力和两物体相对与电梯的加速度 a_r。

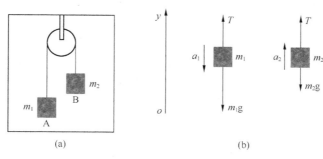

图 2-4　例 2-1

解：如图 2-4（a）取地面为参考系，使用隔离体法分别对 A、B 两物体分析受力，从图 2-4（b）可以看出，此时两物体均受到两个力的作用，即受到向下的重力和向上的拉力。由于滑轮质量不计，故两物体所受到的向上的拉力应相等，等于轻绳的张力。

因物体只在竖直方向运动，故可建立坐标系 Oy，取向上为正方向。

（1）当电梯匀速上升时，物体对电梯的加速度等于它们对地面的加速度。A 的加速度为负，B 的加速度为正，根据牛顿第二定律，对 A 和 B 分别得到

$$T - m_1g = -m_1a_r$$
$$T - m_2g = m_2a_r$$

将上两式联立，可得两物体的加速度

$$a_r = \frac{m_1 - m_2}{m_1 + m_2}g$$

---

[1] 阿特伍德机：英国数学家、物理学家阿特伍德（George Atwood，1746～1807 年）于 1784 年所制的一种测定重力加速度及阐明运动定律的器械。其基本结构为在跨过定滑轮的轻绳两端悬挂两个质量相等的物块，当在一物块上附加另一小物块时，该物块即由静止开始加速滑落，经一段距离后附加物块自动脱离，系统匀速运动，测得此运动速度即可求得的重力加速度。

以及轻绳的张力

$$T = \frac{2m_1 m_2}{m_1 + m_2} g$$

（2）电梯以加速度 a 上升时，A 对地的加速度 $a - a_r$，B 的对地的加速度为 $a + a_r$，根据牛顿第二定律，对 A 和 B 分别得到

$$T - m_1 g = m_1 (a - a_r)$$

$$T - m_2 g = m_2 (a + a_r)$$

将上两式联立，可得

$$a_r = \frac{m_1 - m_2}{m_1 + m_2}(a + g)$$

$$T = \frac{2m_1 m_2}{m_1 + m_2}(a + g)$$

$a = 0$ 时即为电梯匀速上升时的状态。

思考：若电梯匀加速下降时，上述问题的解又为何值？请读者自证。

【**例 2-2**】 将质量为 10kg 的小球用轻绳挂在倾角 $\alpha = 30°$ 的光滑斜面上，如图 2-5（a）所示。

（1）当斜面以加速度 $g/3$ 沿如图所示的方向运动时，求绳中的张力及小球对斜面的正压力。

（2）当斜面的加速度至少为多大时，小球对斜面的正压力为零？

解：（1）取地面为参考系，对小球进行受力分析，如图 2-5（b）所示，设小球质量是 m，则小球受到自身重力 mg、轻绳拉力 T 以及斜面支持力 N 的作用，斜面的支持力大小等于小球对斜面的正压力，根据牛顿第二定律，可得

(a)   (b)

图 2-5　例 2-2

水平方向

$$T \cos \alpha - N \sin \alpha = ma \qquad ①$$

竖直方向

$$T \sin \alpha + N \cos \alpha - mg = 0 \qquad ②$$

①、②两式联立，可得

$$T = mg \sin \alpha + ma \cos \alpha$$

即

$$T = mg \sin \alpha + \frac{1}{3} mg \cos \alpha$$

代入数值，得

$$T = 77.3\,\text{N}$$

同理

$$N = mg\cos\alpha - ma\sin\alpha = 68.4\,\text{N}$$

（2）当对斜面的正压力 $N=0$ 时，①、②两式可写成

$$T\cos\alpha = ma$$

$$T\sin\alpha - mg = 0$$

将两式联立，可得

$$a = \frac{g}{\tan\alpha} = 17\,\text{m/s}^2$$

【例2-3】　圆锥摆问题[1]。

如图 2-6 所示，一重物 m 用轻绳悬起，绳的另一端系在天花板上，绳长 $l = 0.5\,\text{m}$，重物经推动后，在一水平面内做匀速率圆周运动，转速 $n = 1\,\text{r/s}$，求这时绳和竖直方向所成的角度。

图 2-6　例 2-3

解：以重物 m 为研究对象，对其进行受力分析，小球受到自身重力和绳的拉力 T 的作用，如图 2-6（b）所示，由于小球在水平面内做匀速圆周运动，故其加速度为向心加速度，方向指向圆心，向心力由拉力的水平分力提供。在竖直方向上，重物受力平衡。

所以，建立坐标如图 2-6（c）所示，根据牛顿第二定律，列方程

x 方向

$$T\sin\theta = m\omega^2 r = m\omega^2 l\sin\theta$$

y 方向

$$T\cos\theta = mg$$

由转速可求得角速度

$$\omega = 2\pi n$$

所以，拉力可求

$$T = m\omega^2 l = 4\pi^2 n^2 ml$$

此时，绳和竖直方向所成的角度可由其余弦求得

$$\cos\theta = \frac{g}{4\pi^2 n^2 l} = \frac{9.8}{4\pi^2 \times 0.5} = 0.497$$

---

[1] 在长为 L 的细绳下端拴一个质量为 m 的小物体，绳子上端固定，设法使小物体在水平圆周上以大小恒定的速度旋转，细绳就掠过圆锥表面，这就是圆锥摆。

可知
$$\theta = 60° \ 13'$$

可以看出，物体的转速 n 愈大，θ 也愈大，而与重物的质量 m 无关。

【例 2-4】 如图 2-7（a）一条均匀的金属链条，质量为 m，挂在一个光滑的钉子上，一边长度为 a，另一边长度为 b，且 $a>b$，试证链条从静止开始到滑离钉子所花的时间为

$$t = \sqrt{\frac{a+b}{2g}} \ln \frac{\sqrt{a}+\sqrt{b}}{\sqrt{a}-\sqrt{b}}$$

证：设某一时刻，链条一段长度为 x，则另外一段长度为 $a+b-x$，如图 2-7（b）所示，链条左右两段可以看作两部分，由于链条是均匀的，故每一部分质量都可以看作集中在其中心上，每一部分均受到自身重力和向上的拉力 T 作用，取向上为正方向，两部分分别应用牛顿运动定律。

图 2-7　例 2-4

左部分
$$T - \frac{m}{a+b}(a+b-x)g = \frac{m}{a+b}(a+b-x)\frac{dv}{dt}$$

右部分
$$T - \frac{m}{a+b}xg = -\frac{m}{a+b}x\frac{dv}{dt}$$

两式相减得，得
$$\frac{m}{a+b}(2x-a-b)g = m\frac{dv}{dt}$$

两边乘 dx
$$\frac{m}{a+b}(2x-a-b)gdx = m\frac{dx}{dt}dv$$

由于 $\frac{dx}{dt} = v$，所以上式可化简得
$$\frac{1}{a+b}(2x-a-b)gdx = vdv$$

两边积分
$$\int_a^{a+b} \frac{1}{a+b}(2x-a-b)gdx = \int_0^v vdv$$

得
$$v = \sqrt{\frac{2g}{a+b}(x-a)(x-b)}$$

由 $v = \frac{dx}{dt}$ 得 $dt = \frac{dx}{v}$，积分得

$$t = \int_0^t dt = \int_a^{a+b} \frac{dx}{v} = \int_a^{a+b} \frac{dx}{\sqrt{\frac{2g}{a+b}(x-a)(x-b)}} = \sqrt{\frac{a+b}{2g}} \ln \frac{\sqrt{a}+\sqrt{b}}{\sqrt{a}-\sqrt{b}}$$

证毕。

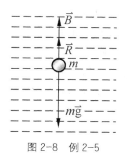

图 2-8　例 2-5

【**例 2-5**】　试计算一小球在水中竖直沉降的速度。已知某小球的质量为 m，水对小球的浮力为 B，水对小球的粘滞力为 $f = -Kv$，式中 K 是和水的粘性、小球的半径有关的一个常量。

解：如图 2-8 所示，以小球为研究对象，分析受力：小球共受到 3 个力的作用，自身重力，水的浮力以及水对小球的粘滞力。这 3 个力均作用在竖直方向上，其中重力的方向为竖直向下，其他两个力的方向为竖直向上。因此，可以以向下为正方向，根据牛顿第二定律，列出小球运动方程

$$mg - B - f = ma$$

小球的加速度

$$a = \frac{\mathrm{d}v}{\mathrm{d}t} = g - \frac{B + Kv}{m}$$

当 $t = 0$ 时，小球的初速为 0，此时加速度为最大

$$a_{\max} = g - \frac{B}{m}$$

当速度 v 逐渐增加时，其加速度逐渐减小，令

$$v_{\mathrm{T}} = \frac{mg - B}{K}$$

则运动方程变为

$$\frac{\mathrm{d}v}{\mathrm{d}t} = \frac{K(v_{\mathrm{T}} - v)}{m}$$

分离变量后积分，得

$$\int_0^v \frac{\mathrm{d}v}{v_{\mathrm{T}} - v} = \int_0^t \frac{K}{m} \mathrm{d}t$$

$$\ln \frac{v_{\mathrm{T}}}{v_{\mathrm{T}} - v} = \frac{K}{m} t$$

即

$$v = v_{\mathrm{T}}(1 - \mathrm{e}^{-\frac{K}{m}t})$$

上式即为小球沉降速度 v 和时间 t 的关系式。可知，当 $t \to \infty$ 时，$v = v_{\mathrm{T}}$，即物体在气体或液体中的沉降都存在**极限速度**，它是物体沉降所能达到的最大速度，如图 2-9 所示。

而当 $t = m/K$ 时，$v = v_{\mathrm{T}}(1 - \mathrm{e}^{-1}) = 0.632v_{\mathrm{T}}$。只要当 $t \gg m/K$ 时，我们就可以认为小球以极限速度匀速下沉。

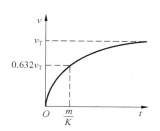

图 2-9　沉降速度和时间的关系曲线

2.4　*非惯性系　惯性力

我们知道，一切物体的运动是绝对的，但是描述物体的运动只有相对于参考系才有意义。

如果在某个参考系中观察，物体不受其他物体作用力时，保持匀速直线运动或者静止状态，那么这个参考系就是惯性系。相对于惯性系做匀速直线运动或者静止的参考系也是惯性系。而如果某个参考系相对于惯性系做加速运动，则这个参考系就称为**非惯性系**。换言之，由于一般精度内可以选择地面为惯性系，那么凡是对地面参考系做加速运动的物体，都是非惯性系。由于牛顿定律只适应于惯性系，因此，在应用牛顿定律时，参考系的选择就不再是任意的了，因为在非惯性系中，牛顿定律就不再成立了。下面举例说明一下。

图 2-10　惯性力

例如，一列火车，其光滑地板上放置一物体，质量为 m，如图 2-10 所示。当车相对于地面静止或匀速向前运动时，坐在车里以车为参考系的人，和站在地面上以地面为参考系的人对车上的物体观测的结果是一致的。

但是，当车以加速度 $\vec{a}$ 向前突然加速时，在车里的人以车为参考系，会发现车上的物体突然以加速度 $-\vec{a}$ 向车加速的相反方向运动起来，即有了一个向后的加速度，车厢的地板越光滑，效果越明显。但此时物体所受到水平方向的合外力为零，显然这是违反牛顿定律的。而在车下的以地面为参考系的人看来，当车相对于地面做加速运动时，火车里的物体由于水平方向不受力，所以仍要保持其原来的静止状态。可以看出，地面是惯性系，在这里牛顿定律是成立的，而相对地面做加速运动的火车则是非惯性系，牛顿定律不成立。也就是说，在不同参考系上观察物体的运动，观察的结果会截然不同。

在实际生活和工程计算中，我们会遇到很多非惯性系中的力学问题。在这类问题中，人们引入了惯性力的概念，以便仍可方便地运用牛顿定律来解决问题。

惯性力是一个虚拟的力，它是在非惯性系中来自参考系本身加速效应的力。惯性力找不到施力物体，它是一个虚拟的力。其大小等于物体的质量 m 乘以非惯性系的加速度的大小 a，但是方向和 $\vec{a}$ 的方向相反。用 $\vec{F_i}$ 表示惯性力，则

$$\vec{F_i} = -m\vec{a} \tag{2-6}$$

这样，在上述例子中，可以认为有一个大小为 $-m\vec{a}$ 的惯性力作用在物体上面，这样，就不难在火车这个非惯性系中用牛顿定律来解释这个现象了。

一般来说，作用在物体上的力若既包含真实力 $\vec{F}$，又包含惯性力 $\vec{F_i}$，则以非惯性系为参考系，对物体受力应用牛顿第二定律

$$\vec{F} + \vec{F_i} = m\vec{a'} \tag{2-7a}$$

或

$$\vec{F} - m\vec{a} = m\vec{a'} \tag{2-7b}$$

式中 $\vec{a}$ 是非惯性系相对于惯性系的加速度，$\vec{a'}$ 是物体相对于非惯性系的加速度。

再例如，如图 2-11 所示，在水平面上放置一圆盘，用轻弹簧将一质量为 m 的小球与圆盘的中心相连。圆盘相对于地面做匀速圆周运动，角速度为 ω。另外，有两个观察者，一个位于地面上，以地面（惯性系）为参考系；另一个位于圆盘上，与圆盘相对静止并随圆盘一起转动，以圆盘（非惯性

图 2-11　惯性离心力

系）为参考系。圆盘转动时，地面上的观察者发现弹簧拉长，小球受到弹簧的拉力作用，显然，此拉力为向心力，大小为 $F = ml\omega^2$。小球在向心力的作用下，做匀速率圆周运动。用牛顿定律的观点来看是很好理解的。

同时，在圆盘上的观察者看来，弹簧拉长了，即有向心力 $\vec{F}$ 作用在小球上，但小球却相对于圆盘保持静止。于是，圆盘上的观察者认为小球必受到一个惯性力的作用，这个惯性力的大小和向心力相等，方向与之相反。这样就可以用牛顿定律解释小球保持平衡这一现象了。这里，这个惯性力我们称之为**惯性离心力**。

【**例 2-6**】　如图 2-12 所示，质量为 m 的人站在升降机内的一磅秤上，当升降机以加速度 a 向上匀加速上升时，求磅秤的示数。试用惯性力的方法求解。

解：磅秤的示数的大小即为人对升降机地板的压力的大小。取升降机这个非惯性系为参考系，可知，当升降机相对于地面以加速度 $\vec{a}$ 上升时，与之对应的惯性力为 $\vec{F_i} = -m\vec{a}$。在这个非惯性系中，人除了受到自身重力 mg、磅秤对他的支持力 N，还受到一个惯性力 F_i 的作用。由于此人相对电梯静止，所以以上 3 个力为平衡力。

$$N - mg - F_i = 0$$

即

$$N = mg + F_i = m(g + a)$$

由此可见，此时磅秤上的示数并不等于人自身重力。当加速上升时，$N > mg$，此时称之为"超重"；当加速下降时，$N < mg$，称之为"失重"。当升降机自由降落时，人对地板的压力减为 0，此时人处于完全失重状态。

人造地球卫星、宇宙飞船、航天飞机等航天器进入太空轨道后，可以认为是绕地球做圆周运动。其加速度为向心加速度，大小等于卫星所在高度处重力加速度的大小。这与在以重力加速度下降的升降机中发生的情况类似，航天器中的人和物都处于完全失重状态，如图 2-13 所示。

图 2-12　例 2-6

图 2-13　太空失重

复 习 题

一、思考题

1. 牛顿运动定律适用的范围是什么？对于宏观物体，牛顿定律在什么情况下适用，什么情况下不适用？对于微观粒子，牛顿运动定律适用吗？

2．回答下列问题。

（1）物体所受合外力方向与其运动方向一定一致吗？

（2）物体速度很大时，其所受合外力是否也很大？

（3）物体运动速率不变时，其所受合外力一定为零吗？

3．如图 2-14 所示，质点从竖直放置的圆周顶端 A 处分别沿不同长度的弦 AB 和 AC（$AC<AB$）由静止下滑，不计摩擦阻力。质点下滑到底部所需要的时间分别为 t_B 和 t_C，则 t_B 和 t_C 之间大小关系如何？

4．绳子一端握在手中，另一端系一重物，使之在竖直方向内做匀速圆周运动，问绳子的张力在什么位置最大，什么位置最小？并说明原因。

5．质量为 m 的物体在摩擦系数为 μ 的平面上做匀速直线运动，问当力与水平面成 θ 角多大时最省力？

6．弹簧秤下端系有一金属小球，当小球分别为竖直状态和在一水平面内做匀速圆周运动时，弹簧秤的读数是否相同？并说明原因。

7．利用一挂在车顶的摆长为 l 的单摆和附在下端的米尺（如图 2-15 所示），怎样测出车厢的加速度（单摆的偏角很小）？

二、习题

1．关于速度和加速度之间的关系，下列说法中正确的是（　　）。

（A）物体的加速度逐渐减小，而它的速度却可能增加

（B）物体的加速度逐渐增加，而它的速度只能减小

（C）加速度的方向保持不变，速度的方向也一定保持不变

（D）只要物体有加速度，其速度大小就一定改变

图 2-14　思考题 3

图 2-15　思考题 7

2．静止在光滑水平面上的物体受到一个水平拉力 F 作用后开始运动。F 随时间 t 变化的规律如图 2-16 所示，则下列说法中正确的是（　　）。

（A）物体在前 2s 内的位移为零

（B）第 1s 末物体的速度方向发生改变

（C）物体将做往复运动

（D）物体将一直朝同一个方向运动

图 2-16　习题 2

3．质量分别为 m 和 M 的滑块 A 和 B，叠放在光滑水平桌面上。A、B 间静摩擦系数为 μ_s，滑动摩擦系数为 μ_k，系统原处于静止。今有一水平力作用于 A 上，要使 A、B 不发生相对滑

动，则应有（　　）。

(A) $F \leqslant \mu_s mg$ \qquad\qquad\qquad (B) $F \leqslant \mu_s (l + m/M) mg$

(C) $F \leqslant \mu_s (m + M) mg$ \qquad\qquad (D) $F \leqslant \mu_k \dfrac{M+m}{M} mg$

4. 升降机内地板上放有物体 A，其上再放另一物体 B，两者的质量分别为 M_A、M_B。当升降机以加速度 a 向下加速运动时（$a<g$），物体 A 对升降机地板的压力在数值上等于（　　）。

(A) M_Ag \qquad\qquad\qquad\qquad (B) $(M_A+M_B)g$

(C) $(M_A+M_B)(g+a)$ \qquad\qquad (D) $(M_A+M_B)(g-a)$

5. 一个长方形板被锯成如图 2-17 所示的 A、B、C 3 块，放在光滑水平面上。A、B 的质量为 1kg，C 的质量为 2kg。现在以 10N 的水平 F 沿 C 板的对称轴方向推 C，使 A、B、C 保持相对静止沿 F 方向移动在此过程中，C 对 A 的摩擦力大小是（　　）。

(A) 10N \qquad\qquad (B) 2.17N \qquad\qquad (C) 2.5N \qquad\qquad (D) 1.25N

6. 物体 A 和皮带保持相对静止一起向右运动，其速度图线如图 2-18 所示。

(1) 若已知在物体 A 开始运动的最初 2s 内，作用在 A 上的静摩擦力大小是 4N，求 A 的质量；

(2) 开始运动后第 3s 内，作用在 A 上的静摩擦力大小为多少？

(3) 在开始运动后的第 5s 内，作用在物体 A 上的静摩擦力的大小为多少？方向如何？

图 2-17　习题 5

图 2-18　习题 6

7. 如图 2-19 所示，图中 A 为定滑轮，B 为动滑轮，3 个物体 m_1=200g，m_2=100g，m_3=50g，滑轮及绳的质量以及摩擦均忽略不计。求：

(1) 每个物体的加速度；

(2) 两根绳子的张力 T_1 与 T_2。

8. 摩托快艇以速率 v_0 行驶，它受到的摩擦阻力与速率平方成正比，可表示为 $F = -kv^2$（k 为正常数）。设摩托快艇的质量为 m，当摩托快艇发动机关闭后：

(1) 求速率 v 随时间 t 的变化规律；

(2) 求路程 x 随时间 t 的变化规律。

(3) 证明速度 v 与路程 x 之间的关系为 $v = v_0 e^{-k'x}$，其中 $k' = k/m$。

9. 质量为 m 的子弹以速度 v_0 水平射入沙土中，设子弹所受阻力与速度反向，大小与速度成正比，比例系数为 K，忽略子弹的重力，求子弹进入沙土的最大深度。

图 2-19　习题 7

10. 质量为 m 的物体，在 $F = F_0 - kt$ 的外力作用下沿 x 轴运动，已知 $t=0$ 时，$x_0 = 0$，$v_0 = 0$ 求物体在任意时刻的速度 v 和位移 x。

11. 质量为 m 的物体，最初静止于 x_0 处，在力 $F = -k/x^2$ 的作用下沿直线运动，试证明：

物体在任意位置 x 处的速度为 $v = \sqrt{2\left(\dfrac{k}{m}\right)\left(\dfrac{1}{x} - \dfrac{1}{x_0}\right)}$。

12．铅直平面内的圆周运动。如图 2-20 所示，长为 l 的轻绳，一端系质量为 m 的小球，另一端系于定点 O。开始时小球处于最低位置。若使小球获得如图所示的初速 v_0，小球将在铅直平面内做圆周运动。求小球在任意位置的速率 v 及绳的张力 T。

13．如图 2-21 所示，有一密度为 ρ 的细棒，长度为 l，其上端用细线悬着，下端紧贴着密度为 ρ' 的液体表面。现悬线剪断，求细棒在恰好全部没入水中时的沉降速度。设液体没有粘性。

图 2-20　习题 12　　　　　　　　　　　　图 2-21　习题 13

14．一辆装有货物的汽车，设货物与车底板之间的静摩擦系数为 0.25，如汽车以 30km/h 的速度行驶。则要使货物不发生滑动，汽车从刹车到完全静止所经过的最短路程是多少？

15．一长为 l、质量均匀的软绳，挂在一半径很小的光滑轴上，如图 2-22 所示。开始时，$BC = b$。求证当 $BC = \dfrac{2}{3}l$ 时，绳的加速度为 $a = g/3$，速度为 $v = \sqrt{\dfrac{2g}{l}\left(-\dfrac{2}{9}l^2 + bl - b^2\right)}$。

16．如图 2-23 所示，一条长为 L 的柔软链条，开始时静止地放在一光滑表面 AB 上，其一端 D 至 B 的距离为 $L-a$。BC 与水平面之间角度为 α。试证当 D 端滑到 B 点时，链条的速率为：$v = \sqrt{\dfrac{L}{g}(L^2 - a^2)\sin\alpha}$。

图 2-22　习题 15　　　　　　　　　　　图 2-23　习题 16

17．质量为 m 的小球沿半球形碗的光滑的内面，正以角速度 ω 在一水平面内做匀速圆周运动，碗的半径为 R，求该小球做匀速圆周运动的水平面离碗底的高度。

第 **3** 章 运动的守恒定律

【学习目标】

● 熟练掌握动量和冲量的概念以及质点和质点系的动量定理、质点系的动量守恒定律，并能熟练处理相关问题。

● 熟练掌握功的概念，理解一般力及保守力的特点，熟练掌握各种保守力对应的势能，会计算万有引力、重力和弹性力的势能。

● 熟练掌握动能的概念，以及质点和质点系的动能定理，并能熟练处理相关问题。

● 熟练掌握机械能的概念，并能利用功能原理及机械能守恒定律处理相关问题。

● 了解完全弹性碰撞和完全非弹性碰撞的特点，并能处理较简单的完全弹性碰撞和完全非弹性碰撞的问题。

● 了解质心和质心系的概念。

本章将通过探讨力对时间、空间的累积效果，观察质点以及质点系动量和能量的变化。在一定条件下，质点和质点系的动量或者能量将保持守恒，动量和能量的守恒不仅是力学的基本定律，而且通过某些变化，还会广泛应用于物理学的各种运动形式中。动量守恒和能量守恒是自然界中已知的一些基本守恒定律中的两个。

3.1 动量定理

我们知道，力是时间的函数，牛顿第二定律是关于力和质点运动的瞬时关系的。那么，如果有外力在质点上作用了一段时间，外力和运动的过程之间存在什么关系呢？换句话说，有没有牛顿第二定律的积分形式呢？

答案是肯定的，并且形式也不是唯一的：一种是力对时间的积累，一种是力对空间的积累。我们将分别对这两种形式进行探讨。下面先讨论第一种情况。

3.1.1 质点的动量定理

牛顿第二定律的积分形式为

$$\vec{F}(t) = \frac{\mathrm{d}\vec{p}(t)}{\mathrm{d}t} = \frac{\mathrm{d}(m\vec{v})}{\mathrm{d}t}$$

即

$$\vec{F}(t)\mathrm{d}t = \mathrm{d}\vec{p} = \mathrm{d}(m\vec{v})$$

在经典力学里，当物体运动的速度远远小于光速时，物体的质量可以认为是不依赖于速度的常量，此时上式可变形为

$$\vec{F}(t)\mathrm{d}t = \mathrm{d}\vec{p} = m\mathrm{d}\vec{v}$$

在力 $\vec{F}(t)$ 作用的一段时间 $\Delta t = t_2 - t_1$ 内，上式两端可积分，得

$$\int_{t_1}^{t_2} \vec{F}\mathrm{d}t = \vec{p}_2 - \vec{p}_1 = m\vec{v}_2 - m\vec{v}_1 \tag{3-1}$$

式中，$\vec{p}_1$、$\vec{v}_1$ 以及 $\vec{p}_2$、$\vec{v}_2$ 分别对应质点在 t_1、t_2 时刻的动量和速度。式子左面 $\int_{t_1}^{t_2} \vec{F}\mathrm{d}t$ 为力在这段时间内对时间的积累，叫做力的冲量，用符号"$\vec{I}$"表示，即

$$\vec{I} = \int_{t_1}^{t_2} \vec{F}\mathrm{d}t$$

于是式（3-1）可表示为 $\vec{I} = \vec{p}_2 - \vec{p}_1$，其物理意义为：**在给定的时间间隔内，质点所受的合外力的冲量，等于该物体动量的增量，这就是质点的动量定理。**一般情况下，冲量的方向和瞬时力 $\vec{F}$ 的方向不同，而和质点速度改变（即动量改变）的方向相同。

式（3-1）是矢量式，可以沿着坐标轴的各个方向分解。在直角坐标系中，其分量式为

$$\begin{cases} I_x = \int_{t_1}^{t_2} F_x\mathrm{d}t = mv_{2x} - mv_{1x} \\ I_y = \int_{t_1}^{t_2} F_y\mathrm{d}t = mv_{2y} - mv_{1y} \\ I_z = \int_{t_1}^{t_2} F_z\mathrm{d}t = mv_{2z} - mv_{1z} \end{cases} \tag{3-2}$$

式（2-2）表明，动量定理可以在某个方向上成立。某方向受到冲量时，该方向上动量就增加。

3.1.2 质点系的动量定理

上面我们讨论了质点的动量定理，在由多个质点组成的质点系中，外力的冲量和动量之间又有什么联系呢？

先看一种最简单的情况，由两个质点组成的质点系。如图3-1 所示的系统中含有两个质点，其质量为 m_1 和 m_2，分别受到来自系统外的作用力 $\vec{F}_1$ 和 $\vec{F}_2$ 的作用，我们把这种来自系统外的力称为外力，记做 $\vec{F}_{ex}$；此外，两个质点分别受到彼此之间的作用力 $\vec{F}_{12}$ 和 $\vec{F}_{21}$ 的作用，我们把这种来自系统内部的力称为内力，记做 $\vec{F}_{in}$。现分别对两质点应用质点的动量定理

图3-1　质点系的内外力

$$\int_{t_1}^{t_2} (\vec{F}_1 + \vec{F}_{12})\mathrm{d}t = m_1\vec{v}_1 - m_1\vec{v}_{10}$$

$$\int_{t_1}^{t_2} (\vec{F}_2 + \vec{F}_{21})\mathrm{d}t = m_2\vec{v}_2 - m_2\vec{v}_{20}$$

因为

$$\vec{F}_{12} + \vec{F}_{21} = 0$$

两个式子相加，得

$$\int_{t_1}^{t_2} (\vec{F}_1 + \vec{F}_2)\mathrm{d}t = (m_1\vec{v}_1 + m_2\vec{v}_2) - (m_1\vec{v}_{10} + m_2\vec{v}_{20}) \tag{3-3}$$

由此可见，内力的冲量效果为零。作用于两个质点组成的质点系的外力的冲量等于系统内两质点动量的增量，即系统动量的增量。

若系统是由 N 个质点组成，不难看出，由于内力总是成对出现，且互为作用力与反作用力，其矢量和必为零，即 $\sum \vec{F}_{in} = 0$，这样，对系统动量的增量有贡献的只有系统所受到的合外力 $\sum \vec{F}_{ex}$。设系统的初末动量分别为 $\vec{p}_1$ 和 $\vec{p}_2$，则

$$\int_{t_1}^{t_2} \vec{F}_{ex}\mathrm{d}t = \sum_{i=1}^{n} m_{i2}\vec{v}_{i2} - \sum_{i=1}^{n} m_{i1}\vec{v}_{i1} = \vec{p}_2 - \vec{p}_1 \tag{3-4}$$

即：**作用于系统的合外力的冲量等于系统动量的增量**，这叫做**质点系的动量定理**。

值得注意的是，需要区分系统的外力和内力。系统受到的合外力等于作用于系统中每一质点的外力的矢量和，只有外力才对系统动量的变化有贡献，而系统中质点之间的内力仅能改变系统内单个物体的动量，但不能改变系统的总动量。这样，对于由多个质点组成的系统的动力学问题就变得简单了。

由于冲量是力对时间的积累，故常力 $\vec{F}$ 的冲量可以直接写作 $\vec{I} = \vec{F}\Delta t$；而对于变力的冲量可以分以下两种情况讨论。

第一种情况，若变力不是连续的，如图 3-2（a）所示，则其合力的冲量为

$$\vec{I} = \overline{F_1}\Delta t_1 + \overline{F_2}\Delta t_2 + \cdots + \overline{F_n}\Delta t_n = \sum_{t=1}^{n} \overline{F_1}\Delta t_i$$

第二种情况，当力时连续变化时，可以用积分的形式求出各个方向上的冲量。以二维情况为例，有

$$I_x = \int_{t_1}^{t_2} F_x\,\mathrm{d}t \qquad I_y = \int_{t_1}^{t_2} F_y\,\mathrm{d}t$$

如图 3-2（b）所示，此时，冲量 $\vec{I}_x$ 在数值上等于 $F_x - t$ 图线与坐标轴所围的面积。

动量定理在"打击"或"碰撞"问题中有着非常重要的作用。在"打击"或"碰撞"过程中，两物体接触时间非常短暂，作用力在很短时间内达到最大值，然后迅速下降为零。这种作用时间很短暂、变化很快、数值很大的作用力我们称之为冲力。因为冲力是个变力，而且和时间的关系又很难确定，所以无法直接用牛顿定律等求其数值。但是我们可以用动量定理求此过程中的平均冲力。如图 3-3 所示，在"打击"或"碰撞"过程中，由于力 $\vec{F}$ 的方向保持不变，曲线与 t 轴所包围的面积就是 t_1 到 t_2 这段时间内力 $\vec{F}$ 的冲量的大小，它可以等效为某个常力在此时间内的冲量，此时曲线下的面积和图中虚线所包围的面积相等。根据改变动量的等效性，这个常力即可以看作此过程中的平均冲力 $\overline{F}$。

(a)

(b)

图 3-2 变力的冲量

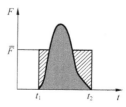

图 3-3 平均冲力

动量定理常可用来解决变质量问题。另外，由于动量定理是牛顿第二定律的积分形式，因此，动量定理适用范围也是惯性系。

【例 3-1】 质量为 m 的小球自高为 y_0 处沿水平方向以速率 v_0 抛出，与地面碰撞后跳起的最大高度为 $\frac{1}{2}y_0$，水平速率为 $\frac{1}{2}v_0$，求此碰撞过程中：

图 3-4　例 3-1

（1）地面对小球的水平冲量的大小；

（2）地面对小球的垂直冲量的大小。

解：（1）如图 3-4 所示，显然小球受到地面的水平冲量为

$$I_x = \frac{1}{2}mv_0 - mv_0 = -\frac{1}{2}mv_0$$

（2）在竖直方向上，设其接触地面过程中的初末速度大小分别为 v_y 和 v_y'，由运动学知识可得

$$v_y^2 = 2gy_0 \qquad v_y = -\sqrt{2gy_0}\ ,$$

又

$$0 - v_y'^2 = -2g \cdot \frac{1}{2}y_0$$

$$v_y' = \sqrt{gy_0}$$

因此，其竖直方向所受到地面的冲量为

$$I_y = mv_y' - mv_y = \left(1 + \sqrt{2}\right)m\sqrt{gy_0}$$

【例 3-2】 一质量均匀分布的柔软细绳铅直地悬挂着，绳长为 L，质量为 M，绳的下端刚好触到水平桌面上，如果把绳的上端放开，绳将自由下落到桌面上。试证明：在绳下落的过程中，任意时刻作用于桌面的压力，等于已落到桌面上的绳重量的 3 倍。

解： 建立如图 3-5 所示的坐标系，设 t 时刻已经有长度为 x 的绳子落到桌面上，随后 dt 时间内将有质量为 dm 的绳子落到桌面上而停止，$dm = \rho dx = \frac{M}{L}dx$，根据定义，其速度为 $\frac{dx}{dt}$，则它的动量变化率为

$$\frac{dP}{dt} = \frac{-\rho dx \cdot \dfrac{dx}{dt}}{dt}$$

根据动量定理，桌面对柔绳的冲力为

$$F' = \frac{dP}{dt} = \frac{-\rho dx \cdot \dfrac{dx}{dt}}{dt} = -\rho v^2$$

而柔绳对桌面的冲力 $F = -F'$，即

$$F = \rho v^2 = \frac{M}{L}v^2$$

又因为

$$v^2 = 2gx$$

图 3-5　例 3-2

因此

$$F = 2Mgx/L$$

而已落到桌面上的柔绳的重量为

$$mg = Mgx/L$$

因此

$$F_{总} = F + mg = 2Mgx/L + Mgx/L = 3mg$$

证毕。

【例 3-3】　列车在平直铁轨上装煤，列车空载时质量为 m_0，煤炭以速率 v_1 竖直流入车厢，每秒流入质量为 α。假设列车与轨道间的摩擦系数为 μ，列车相对于地面的运动速度 v_2 保持不变，求机车的牵引力。

解： 如图 3-6 所示，以车和下落的煤为系统，向下为 y 轴正向，向左为 x 轴正向，建立坐标系。

$t \to t + \mathrm{d}t$ 时间内，将有质量 $\mathrm{d}m = \alpha \mathrm{d}t$ 的煤炭流入车厢。

t 时刻，系统的动量为

$$\vec{P}(t) = (m_0 + \alpha t)\vec{v_2} + \alpha \mathrm{d}t \cdot \vec{v_1}$$

$t + \mathrm{d}t$ 时刻，系统总动量为

$$\vec{P}(t + \mathrm{d}t) = (m_0 + \alpha t + \alpha \mathrm{d}t)\vec{v_2}$$

联立可得，其动量的改变量为

$$\mathrm{d}\vec{P} = \vec{P}(t + \mathrm{d}t) - \vec{P}(t) = (\vec{v_2} - \vec{v_1})\alpha \mathrm{d}t$$

如图 3-7 所示，此系统共受到 4 个外力的作用，分别为牵引力 $\vec{F}$、列车与轨道间的摩擦力 $\vec{f}$、轨道支持力 $\vec{N}$ 和煤与车厢的重力。因此，有

$$\vec{F} + \vec{f} + \vec{N} + (m_0 + \alpha t)\vec{g} = \frac{\mathrm{d}\vec{P}}{\mathrm{d}t} = \alpha \vec{v_2} - \alpha \vec{v_1}$$

图 3-6　例 3-3

图 3-7　例 3-3 受力分析

竖直方向上

$$(m_0 + \alpha t)g - N = -\alpha v_1$$
$$N = \alpha v_1 + (m_0 + \alpha t)g$$

在水平方向上

$$F - f = \alpha v_2$$

可得机车的牵引力

$$F = \alpha v_2 + f = \alpha v_2 + \mu N = \mu(m_0 + \alpha t)g + \alpha(v_2 + \mu v_1)$$

3.2 动量守恒定律

由式 $\int_{t_1}^{t_2} \vec{F}_{ex}\mathrm{d}t = \sum_{i=1}^{n} m_{i2}\vec{v}_{i2} - \sum_{i=1}^{n} m_{i1}\vec{v}_{i1} = \vec{p}_2 - \vec{p}_1$ 可知，若系统的合外力为零（即 $\vec{F}_{ex}=0$）时，系统的总动量的变化为零，此时，$\vec{p}_2 = \vec{p}_1$，或写成

$$\vec{P} = \sum_{i=1}^{n} m_i \vec{v}_i = 常矢量 \tag{3-5}$$

其文字表述为：**当系统所受的合外力为零时，系统的总动量将保持不变。**这就是**动量守恒定律**。

式（3-5）是矢量式，在实际计算中，可以沿各坐标轴进行分解，若某个方向的合外力为零，则此方向上的总动量保持不变，以直角坐标系为例，可以写成如下形式

$$m_1 v_{1x} + m_2 v_{2x} + \cdots + m_n v_{nx} = 常量$$
$$m_1 v_{1y} + m_2 v_{2y} + \cdots + m_n v_{ny} = 常量$$
$$m_1 v_{1z} + m_2 v_{2z} + \cdots + m_n v_{nz} = 常量$$

即，系统受到的外力矢量和可能不为零，但合外力在某个方向上的分矢量和可能为零。此时，哪个方向所受的合外力为零，则哪个方向的动量守恒。

需要注意以下几点。

（1）在动量守恒中，系统的总动量不改变，但是并不意味着系统内某个质点的动量不改变。虽然对于一切惯性系，动量守恒定律都成立，研究某个系统的动量守恒时，系统内各个质点动量的研究都应该对应同一惯性系。

（2）内力的存在只改变系统内动量的分配，即可改变每个质点的动量，而不能改变系统的总动量，也就是说，内力对系统的总动量无影响。

（3）动量守恒要求系统所受的合外力为零，但是，有时系统的合外力并不为零，然而与系统内力相比，外力的大小有限或远小于内力时，往往可忽略外力的影响，认为系统的动量是守恒的。例如，在"碰撞"、"打击"、"爆炸"等相互作用时间极短的过程中，一般可以这样处理。反冲现象可以作为动量守恒的典型例子。

（4）动量守恒定律是自然界最重要、最基本的基本规律之一。动量守恒定律与能量守恒定律、角动量守恒定律是自然界的普遍规律，在微观粒子做高速运动（速度接近光速）的情况下，牛顿定律已经不适用，但是动量守恒定律等仍然适用。现代物理学研究中，动量守恒定律已经成为一个重要的基础定律。

【例 3-4】 如图 3-8 所示，一个静止物体炸成 3 块，其中两块质量相等，且以相同速度 30m/s 沿相互垂直的方向飞开，第三块的质量恰好等于这两块质量的总和。试求第三块的速度（大小和方向）。

解：物体静止时的动量等于零，炸裂时爆炸力是物体内力，它远大于重力，故在爆炸中，可认为动量守恒。由此可知，物体分裂成 3 块后，这 3 块碎片的动量之和仍等于零，即

$$m_1 \vec{v}_1 + m_2 \vec{v}_2 + m_3 \vec{v}_3 = 0$$

因此，这 3 个动量必处于同一平面内，且第三块的动量必和第一、第二块的合动量大小

相等方向相反，如图 3-8 所示。因为 v_1 和 v_2 相互垂直，所以

$$(m_3 v_3)^2 = (m_1 v_1)^2 + (m_2 v_2)^2$$

设 $m_1 = m_2 = m$，则 $m_3 = 2m$，可得 $\vec{v}_3$ 的大小为

$$v_3 = \frac{1}{2}\sqrt{v_1{}^2 + v_2{}^2} = \frac{1}{2}\sqrt{30^2 + 30^2} = 21.2\text{m/s}$$

由于 $\vec{v}_1$ 和 $\vec{v}_3$ 所成角 α 由下式决定

$$\alpha = 180° - \theta$$

又因 $\tan\theta = \dfrac{v_2}{v_1} = 1$，$\theta = 45°$，所以

$$\alpha = 135°$$

即 $\vec{v}_3$ 与 $\vec{v}_1$ 和 $\vec{v}_2$ 都成 $135°$，且三者都在同一平面内。

【例 3-5】 如图 3-9 所示，A、B 两船均以速度 v 鱼贯而行，每只船的人与船质量之和均为 M，A 船上的人以相对速度 u，将一质量为 m 的铅球扔给 B 船上的人。试求：球抛出后 A 船的速度以及 B 船接到球后的速度。

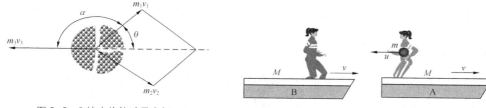

图 3-8　3 块小物体动量守恒

图 3-9　例 3-5

解：设抛球后 A 船的速度大小为 v_A，接球后 B 船的速度大小为 v_B。分析如图 3-10 所示，把 A 船和铅球看作一个系统，由于抛球的过程水平方向不受外力作用，因此动量守恒。选地球为参考系。抛球前后，对于 A 船，可得

$$(M + m)v = m(v_A - u) + M v_A$$

同理，如图 3-11 所示，把 B 船和铅球看作一个系统，由于接球的过程水平方向不受外力作用，因此动量守恒。接球前后，对于 B 船，可得

$$Mv + m(v_A - u) = (M + m)v_B$$

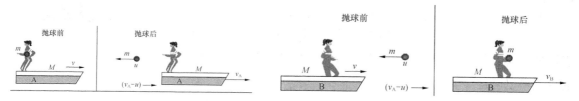

图 3-10　A 船抛球前后动量守恒

图 3-11　B 船抛球前后动量守恒

上两式联立，可得

$$v_A = v + \frac{mu}{M + m}$$

$$v_B = \frac{(M^2 - m^2)v + Mmu}{(M + m)^2}$$

【例 3-6】 人与船的质量分别为 m 及 M，船长为 L，若人从船尾走到船首。试求船相对于岸的位移。

解： 如图 3-12 所示，设人相对于船的速度为 u，船相对于岸的速度为 v，取岸为参考系，选择人和船作为一个系统，由于其水平方向所受外力为零，故由动量守恒

图 3-12　人船系统动量守恒

$$Mv + m(v - u) = 0$$

得

$$v = \frac{m}{M + m}u$$

船相对于岸的位移

$$\Delta x = \int v \mathrm{d}t = \frac{m}{M + m}\int u \mathrm{d}t = \frac{m}{M + m}L$$

可知，船的位移和人的行走速度无关。不管人的行走速度如何变化，其结果是相同的。

3.3　质心运动 *火箭飞行问题

我们知道，规则、质量均匀分布的物体的质量可以看作集中在其几何中心，这个几何中心可以看作物体质量分布的中心，我们称之为**质心**。但是，如果物体是不规则的呢？在研究多个质点组成的系统的运动时，质心将是一个很有用的概念。

3.3.1　质心

任何物体都可以看作是由许多质点组成的质点系。大家都有向空中抛物体的例子，但是不知是否曾用心观察。下面，我们斜抛一质量均匀的物体（例如一把扳手），如图 3-13 所示。通过观测会发现，扳手在空中的运动是很复杂的。但是，扳手上存在一点 C，它的运动轨迹始终是抛物线。其他点的运动可以看作是平动以及围绕 C 做转动的运动的合成，因此，我们可以用 C 点的运动来描述整个扳手的运动，这个特殊点 C 就是这个系统的**质心**。

图 3-13　质心

若用 m_i 表示系统中第 i 个质点的质量，$\vec{r}_i$ 表示其位矢，而用 $\vec{r}_C$ 表示质心的位矢，用 $M = \sum m_i$ 表示系统质点的总质量，那么质心的位置可以确定

$$\vec{r}_C = \frac{m_1\vec{r}_1 + m_2\vec{r}_2 + \cdots + m_i\vec{r}_i + \cdots}{m_1 + m_2 + \cdots + m_i + \cdots} = \frac{\sum m_i\vec{r}_i}{M} \tag{3-6a}$$

在各坐标轴上分解后

$$x_C = \frac{\sum m_i x_i}{M}, \quad y_C = \frac{\sum m_i y_i}{M}, \quad z_C = \frac{\sum m_i z_i}{M} \tag{3-6b}$$

如果系统质量是连续分布的，则可用积分的形式求其质点

$$x_C = \frac{1}{M} \int x \mathrm{d}m , \quad y_C = \frac{1}{M} \int y \mathrm{d}m , \quad z_C = \frac{1}{M} \int z \mathrm{d}m \quad (3\text{-}6\text{c})$$

【例 3-7】　如图 3-14 所示，相距为 l 的两个质点 A、B，质量分别为 m_1、m_2。求此系统的质心。

解：沿两质点的连线取 x 轴，若原点 O 取在质点 A 处，则质点 A、B 的坐标为 $x_1 = 0$，$x_2 = l$。

图 3-14　例 3-7

按质心的位置坐标公式

$$x_C = \frac{\sum m_i x_i}{M} , \quad y_C = \frac{\sum m_i y_i}{M} , \quad z_C = \frac{\sum m_i z_i}{M}$$

得质心 C 的位置坐标为

$$x_C = OC = \frac{m_1 \times 0 + m_2 l}{m_1 + m_2} = \frac{m_2 l}{m_1 + m_2}$$

$$y_C = z_C = 0$$

质心 C 到质点 B 处的距离为

$$CB = l - x_C = l - \frac{m_2 l}{m_1 + m_2} = \frac{m_1 l}{m_1 + m_2}$$

由上两式可知

$$\frac{OC}{CB} = \frac{m_2}{m_1}$$

即质心 C 与两质点的距离之比，和两质点的质量成反比。可见，对给定的系统而言，其质心具有确定的相对位置。

【例 3-8】　求证：一均质杆的质心位置 C 在杆的中点。

证：设杆长为 l，质量为 m，因杆为均质，即杆的质量均匀分布，其密度为 ρ，则每单位长度的质量为 $\rho = m/l$。

如图 3-15 所示，沿杆长取 x 轴，原点 O 选在杆的中点，在坐标为 x 处取长为 $\mathrm{d}x$ 的质元，其质量为 $\mathrm{d}m$。在上述以杆的中心为原点的坐标系中，若将杆分成许多质量相等的质元，在坐标 x_1 处有一质元 m_1，由于对称，在坐标为 $-x_1$ 处必有一个质量相同的质元 m_1，因而求和时，相应两项之和为

图 3-15　均质杆的质心

$$m_1 x_1 + m_1(-x_1) = 0$$

其他每一对对称质元都是如此，则总和 $\sum m_i x_i = 0$，按质心位置坐标的公式

$$x_C = \frac{\sum m_i x_i}{M}$$

得

$$x_C = \frac{1}{m} \int_l x \mathrm{d}m = \frac{1}{m} \int_{-l/2}^{l/2} \frac{m}{l} x \mathrm{d}x = \frac{0}{l} = 0$$

即杆的质心在杆的中点。

根据这种"对称性"分析的方法就可以验证，质量均匀分布、几何形体对称的物体，其质心必在其几何中心上。例如，匀质圆环或圆盘的质心在圆心上，匀质矩形板的质心在对角线的交点上。

3.3.2　质心运动定律

系统运动时，系统中的每个质点都参与了运动。此时，质心不可避免地也要参与运动，下面我们来学习质心运动定律。

由式（3-6a）

$$\vec{r}_C = \frac{m_1 \vec{r}_1 + m_2 \vec{r}_2 + \cdots + m_i \vec{r}_i + \cdots}{m_1 + m_2 + \cdots + m_i + \cdots} = \frac{\sum m_i \vec{r}_i}{M}$$

可求质心的速度为

$$\vec{v}_C = \frac{\mathrm{d}\vec{r}_C}{\mathrm{d}t} = \frac{\sum m_i \dfrac{\mathrm{d}\vec{r}_i}{\mathrm{d}t}}{M} = \frac{\sum m_i \vec{v}_i}{M} \tag{3-7}$$

质心的加速度为

$$\vec{a}_C = \frac{\mathrm{d}\vec{v}_C}{\mathrm{d}t} = \frac{\sum m_i \dfrac{\mathrm{d}\vec{v}_i}{\mathrm{d}t}}{M} = \frac{\sum m_i \vec{a}_i}{M} \tag{3-8}$$

若用 $\vec{F}_1$、$\vec{F}_2$、$\vec{F}_3$、$\cdots$、$\vec{F}_i$、$\cdots$、$\vec{F}_n$ 表示各个质点所受来自系统外的力，即系统所受外力，用 $\vec{f}_{12}$、$\vec{f}_{21}$、$\cdots$、$\vec{f}_{i1}$、$\cdots$、$\vec{f}_{in}$ 等表示系统内各质点之间的相互作用力，即系统的内力，对于系统中各个质点来说

$$m_1 \vec{a}_1 = m_1 \frac{\mathrm{d}\vec{v}_1}{\mathrm{d}t} = \vec{F}_1 + \vec{f}_{12} + \vec{f}_{13} + \vec{f}_{14} + \cdots + \vec{f}_{1i} + \cdots + \vec{f}_{1n}$$

$$m_2 \vec{a}_2 = m_2 \frac{\mathrm{d}\vec{v}_2}{\mathrm{d}t} = \vec{F}_2 + \vec{f}_{21} + \vec{f}_{23} + \vec{f}_{24} + \cdots + \vec{f}_{2i} + \cdots + \vec{f}_{2n}$$

$$\cdots$$

$$m_i \vec{a}_i = m_i \frac{\mathrm{d}\vec{v}_i}{\mathrm{d}t} = \vec{F}_i + \vec{f}_{i1} + \vec{f}_{i2} + \vec{f}_{i3} + \cdots + \vec{f}_{in}$$

$$\cdots$$

$$m_n \vec{a}_n = m_n \frac{\mathrm{d}\vec{v}_n}{\mathrm{d}t} = \vec{F}_n + \vec{f}_{n1} + \vec{f}_{n2} + \vec{f}_{n3} + \cdots + \vec{f}_{nn-1}$$

考虑到系统内力总是成对出现，它们之间满足 $\vec{f}_{12} + \vec{f}_{21} = 0$，$\cdots$，$\vec{f}_{in} + \vec{f}_{ni} = 0$，因此把上列式子相加之后系统的内力之和为零，可得

$$m_1 \vec{a}_1 + m_2 \vec{a}_2 + \cdots + m_i \vec{a}_i + \cdots + m_n \vec{a}_n = \vec{F}_1 + \vec{F}_2 + \cdots + \vec{F}_i + \cdots + \vec{F}_n$$

或可写成

$$\sum m_i \vec{a}_i = \sum \vec{F}_i$$

代入式（3-8）中，得

$$\vec{a}_C = \frac{\sum \vec{F}_i}{M}$$

变形后，得

$$\sum \vec{F}_i = M\vec{a}_C \tag{3-9}$$

这就是**质心运动定理**。即作用在系统上的合外力等于系统的总质量乘以系统质心的加速度。可以看出，它与牛顿第二定律的形式完全一致，不同的是：系统的质量集中于质心，系统所受的合外力也全部集中作用于其质心上，把系统的运动转化为质心的运动。

【**例 3-9**】　一炮弹以 80m/s 的初速度，沿着 45°的仰角发射出去，在最高点时爆炸成两块，其质量之比是 2∶1，两块同时落地，且两块的落点和原炮弹的发射点在同一直线上，其中大块的落点距发射点为 450m，求小块的落点。

解：把炮弹看作一个系统，由题意知，爆炸后质心运动的轨迹与炮弹未爆炸时为同一抛物线。设炮弹的原质量为 M，故质心的水平射程为

$$x_C = \frac{v_0^2 \sin 2\theta}{g} = \frac{80^2 \times \sin(2 \times 45°)}{9.8} = 653\text{m}$$

如图 3-16 所示，大碎块质量为 $\frac{2}{3}M$，落点在质心位置的左侧，则小碎块的落点在质心的右侧，取炮弹的发射位置为坐标原点，则质心的位置在 x 轴上坐标为 x_C，大块和小块的落点位置坐标分别为 450m 和 x，则由式（3-6b）可得

$$x_C = \frac{\frac{2}{3}M \times 450 + \frac{1}{3}Mx}{M} = 653\text{m}$$

得 $x = 1060\text{m}$ 。

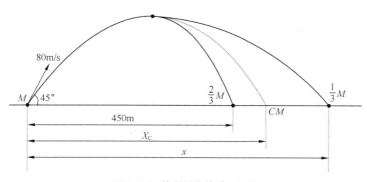

图 3-16　炮弹爆炸的质心问题

【**例 3-10**】　如图 3-17 所示的阿特伍德机中，两物体的质量分别是 m_1 和 m_2，且 $m_1 > m_2$，视两物体为一系统，忽略绳子的质量和摩擦力的影响，则物体自静止释放后，求：

（1）系统的质心加速度 $\vec{a}_C$；

（2）释放后第 t 秒的质心速度 $\vec{v}_C$。

解：（1）取竖直向上为正方向，向下为负，设绳子的张力大小为 T，受力分析如图 3-18 所示。根据牛顿定律，两物体的运动方程为

$$T - m_1g = m_1a_1$$

$$T - m_2g = m_2a_2$$

式中，a_1 和 a_2 分别表示 m_1 和 m_2 的加速度。由于 $m_1 > m_2$，所以 m_1 下降，m_2 上升，因此 $a_1 = -a_2$，代入上两式，可解得

$$a_1 = -a_2 = -\frac{m_1 - m_2}{m_1 + m_2}g$$

$$T = \frac{2m_1m_2}{m_1 + m_2}g$$

系统的质心加速度为

$$\vec{a}_C = -\frac{m_1\vec{a}_1 + m_2\vec{a}_2}{m_1 + m_2}$$

得

$$a_C = -\frac{m_1a_1 + m_2(-a_1)}{m_1 + m_2} = \frac{m_1 - m_2}{m_1 + m_2}a_1 = -\left(\frac{m_1 - m_2}{m_1 + m_2}\right)^2 g$$

负号的方向代表质心加速度的方向竖直向下。

图 3-17　阿特伍德机

图 3-18　例 3-10 受力分析

（2）在释放后第 t 秒时，两物体的速度分别为

$$v_1 = a_1t = -\frac{m_1 - m_2}{m_1 + m_2}gt$$

$$v_2 = a_2t = \frac{m_1 - m_2}{m_1 + m_2}gt$$

由质心的速度

$$\vec{v}_C = -\frac{m_1\vec{v}_1 + m_2\vec{v}_2}{m_1 + m_2}$$

得

$$v_C = -\frac{m_1\left(-\dfrac{m_1 - m_2}{m_1 + m_2}\right)gt + m_2\left(\dfrac{m_1 - m_2}{m_1 + m_2}\right)gt}{m_1 + m_2} = -\left(\frac{m_1 - m_2}{m_1 + m_2}\right)^2 gt$$

注：质心速度也可以直接用 $\vec{v}_C = \vec{a}_Ct$ 求得。

3.3.3　*火箭飞行

火箭飞行问题是一类很具有代表性的变质量问题。如图 3-19 所示，火箭在飞行时，向后不断喷出大量的速度很快的气体，使火箭获得向前的很大的动量，从而推动其向前高速运动。因为这一过程不需要依赖空气作用，所以火箭可以在宇宙空间中高速运行。

图 3-19　火箭飞行

设火箭在外空间飞行，此时火箭不受重力或空气阻力等任何外力的影响。某时刻 t，火箭（包括火箭体和其中尚存的燃料）质量为 M，速度为 v，在其后的 $t+\mathrm{d}t$ 时间内，火箭向后喷出气体，质量为 $|\mathrm{d}M|$（注，$\mathrm{d}M$ 为质量 M 在 $\mathrm{d}t$ 时间内的增量，由于火箭质量 M 随时间而减少，故 $\mathrm{d}M$ 本身具有负号），相对火箭速度为 u，火箭体质量变为 $M-\mathrm{d}M$，获得了向前的速度后，速度为 $v+\mathrm{d}v$。火箭和喷出的气体作为一个系统，对于描述火箭运动的同一惯性系来说，t 时刻系统总动量为 Mv，而在喷气之后，火箭的动量变为 $(M+\mathrm{d}M)(v+\mathrm{d}v)$，所喷出气体的动量为 $(-\mathrm{d}M)(v+\mathrm{d}v-u)$，由于火箭不受外力作用，系统的总动量守恒，故由动量守恒定律，有

$$Mv=(M+\mathrm{d}M)(v+\mathrm{d}v)+(-\mathrm{d}M)(v+\mathrm{d}v-u)$$

上式展开后，略去二阶小量，整理后得

$$u\mathrm{d}M+M\mathrm{d}v=0$$

或

$$\mathrm{d}v=-u\frac{\mathrm{d}M}{M}$$

上式表示，每当火箭喷出质量为 $|\mathrm{d}M|$ 的气体，其速度将增加 $\mathrm{d}v$。设火箭点火时质量为 M_1，初速为 v_1，燃烧完后火箭质量是 M_2，速度为 v_2，对上式积分得

$$v_2-v_1=u\ln\frac{M_1}{M_2} \tag{3-10}$$

上式表明，火箭在燃料燃烧后所增加的速度和喷气速度成正比，也与火箭的始末质量比的自然对数成正比。

若以喷出的气体为研究对象，可得喷气对火箭体的推力公式为

$$F=u\frac{\mathrm{d}M}{\mathrm{d}t}$$

3.4　保守力与非保守力　势能

前面我们讨论了力对时间的积累，下面我们来认识力对空间的积累——功。

3.4.1　功

一质点在力的作用下沿着路径 AB 运动，如图 3-20 所示。某时间段内，质点在力 $\vec{F}$ 作用下发生元位移 $\mathrm{d}\vec{r}$，$\vec{F}$ 与 $\mathrm{d}\vec{r}$ 之间的夹角为

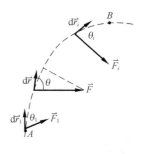

图 3-20　功的定义

θ。定义功为：**力在位移方向的分量与该位移大小的乘积。**则力 $\vec{F}$ 所做的元功为

$$dW = F \cos\theta |d\vec{r}| \qquad (3\text{-}11a)$$

式（3-11a）也可以写成 $dW = F|d\vec{r}|\cos\theta$，即，位移在力方向上的分量和力的大小的乘积。此表述和上述功的定义表述是等效的。具体采用哪一种，应视具体情况而定。

由于 $ds = |d\vec{r}|$，则式（3-11a）也可写成

$$dW = F \cos\theta ds \qquad (3\text{-}11b)$$

当 $0 < \theta < 90°$ 时，力做正功；当 $90° < \theta \leqslant 180°$ 时，力做负功；当 $\theta = 90°$ 时，力不做功。因为 $\vec{F}$ 与 $d\vec{r}$ 均为矢量，所以元功的矢量形式为

$$dW = \vec{F} \cdot d\vec{r} \qquad (3\text{-}11c)$$

功为 $\vec{F}$ 和 $d\vec{r}$ 的标积，因此，功是标量。

当质点由 A 点运动到 B 点，在此过程中作用于质点上的力的大小和方向时刻都在变化。为求得在此过程中变力所做的功，可以把由 A 到 B 的路径分成很多小段，每一小段都看作是一个元位移，在每个元位移中，力可以近似看作不变。因此，质点从 A 运动到 B，变力所做的总功等于力在每段元位移上所做的元功的代数和，可以用积分的形式求得。

$$W = \int_A^B \vec{F} \cdot d\vec{r} = \int_A^B F \cos\theta ds \qquad (3\text{-}12a)$$

功的数值也可以用图示法来计算。如图 3-21 所示，图中的曲线表示力在位移方向上的分量 $F\cos\theta$ 随路径的变化关系，曲线下的面积等于变力做功的代数和。

功是一个和路径有关的过程量。

合力的功，等于各分力的功的代数和。我们可以把力 $\vec{F}$ 和 $d\vec{r}$ 看作是其在各个坐标轴上分力的矢量和，即

图 3-21　功的图示

$$\vec{F} = F_x\vec{i} + F_y\vec{j} + F_z\vec{k}$$

$$d\vec{r} = dx\vec{i} + dy\vec{j} + dz\vec{k}$$

此时，式（3-12a）可写成

$$W = \int_A^B \vec{F} \cdot d\vec{r} = \int_A^B (F_x dx + F_y dy + F_z dz) \qquad (3\text{-}12b)$$

各分力所做功为

$$W_x = \int_{x_A}^{x_B} F_x dx, \quad W_y = \int_{y_A}^{y_B} F_y dy, \quad W_z = \int_{z_A}^{z_B} F_z dz \qquad (3\text{-}12c)$$

同理，若有几个力 $\vec{F}_1$、$\vec{F}_2$、$\cdots$、$\vec{F}_n$ 同时作用在质点上，则其合力所做的功为

$$W = \int_A^B \vec{F} \cdot d\vec{r} = \int_A^B (\vec{F}_1 + \vec{F}_2 + \cdots + \vec{F}_n) \cdot d\vec{r}$$

即

$$W = \int_A^B \vec{F} \cdot d\vec{r} = \int_A^B \vec{F}_1 \cdot d\vec{r} + \int_A^B \vec{F}_2 \cdot d\vec{r} + \cdots + \int_A^B \vec{F}_n \cdot d\vec{r}$$

或写成

$$W = W_1 + W_2 + \cdots + W_n \qquad (3\text{-}12d)$$

在国际单位制中，功的单位是焦耳，用符号"J"表示。

$$1\,J = 1\,N \cdot m$$

功随时间的变化率称为功率，用符号"P"表示。

$$P = \frac{dW}{dt} = \vec{F} \cdot \vec{v} \qquad (3\text{-}13)$$

在国际单位制中，功率的单位为瓦特，简称瓦，用符号"W"表示。

$$1\,W = 1\,J \cdot s^{-1}$$

3.4.2　保守力与非保守力

让我们先考察几个常见力的做功情况。

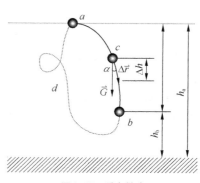

图 3-22　重力做功

首先，看一下重力的功。如图 3-22 所示，设质量为 m 的物体在重力的作用下从 a 点沿任意曲线 acb 运动到 b 点。选地面为参考，设 a、b 两点的高分别是 h_a 和 h_b，则在 c 点附近，在元位移 $\Delta\vec{r}$ 中，重力 $\vec{G}$ 所做的元功为

$$\Delta W = G\cos\alpha\Delta r = mg(\Delta r\cos\alpha) = mg\Delta h$$

式中，$\Delta h = \Delta r\cos\alpha$ 为物体在元位移 $\Delta\vec{r}$ 中下降的高度。因此，质点从 a 点沿曲线 acb 运动到 b 点过程中，重力所做的功为

$$W = \sum\Delta W = \sum mg\Delta h = mgh_a - mgh_b \qquad (3\text{-}14)$$

可以看出，重力做功仅与物体的始末位置有关，而与物体运动的路径无关。即：物体在重力作用下，从 a 点沿另一任意曲线 adc 运动到 b 点时，重力所做的功和上述值相等。

设物体沿任一闭合路径 $adbca$ 运动一周，重力做功可以分为两部分，分别为在曲线 adb 的正功

$$W_{adb} = mgh_a - mgh_b$$

和在曲线 bca 上的负功

$$W_{bca} = -(mgh_a - mgh_b)$$

因此，沿着闭合路径一周，重力做的总功为

$$W = W_{adb} + W_{bca} = 0$$

或

$$W = \oint \vec{G} \cdot d\vec{r} = 0$$

我们再看一下万有引力的功。以地球围绕太阳为例，由于地球距离太阳很远，以太阳为参考系，则地球可以看作质点。设太阳质量为 M，地球质量为 m，a、b 两点为地球运行轨道上任意两点，距离太阳分别是 r_a 和 r_b。如图 3-23 所示，则某时刻在距离太阳为 r 处附近，万有引力所做的元功为

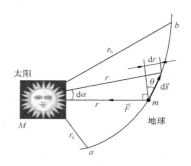

图 3-23　万有引力做功

$$dW = \vec{F} \cdot d\vec{s} = F\,ds\cos(90° + \theta)$$

注：在这里，之所以如此变换，是考虑到 $d\vec{s}$ 和其对应的张角 $d\alpha$ 非常小，故截取长度为 r

的线段后，可以认为截线和 r 垂直。

可得

$$\mathrm{d}W = -G\frac{Mm}{r^2}\sin\theta\,\mathrm{d}s = -G\frac{Mm}{r^2}\mathrm{d}r$$

这样，地球运动从 a 到 b 万有引力做的总功为

$$W = -GMm\int_{r_a}^{r_b}\frac{\mathrm{d}r}{r^2} = -\left[\left(-\frac{GMm}{r_b}\right)-\left(-\frac{GMm}{r_a}\right)\right] \tag{3-15}$$

可以看出，万有引力做功仅与物体的始末位置有关，而与运动物体所经历的路径无关。

下面看一下弹性力的功，如图 3-24 所示，一轻弹簧放置在水平桌面上，弹簧的一端固定，另一端与一质量为 m 的物体相连。当弹簧不发生形变时，物体所在位置为 O 点，这个位置叫做弹簧的平衡位置，此时弹簧的伸缩为零，现以平衡位置为坐标原点，取向右为正方向。

设弹簧受到沿 x 轴正向的外力 $\vec{F'}$ 的作用后被拉伸，拉伸量为物体位移 x，设弹簧的弹性力为 $\vec{F}$。根据胡克定律，在弹簧的弹性范围内，有

$$\vec{F} = -kx\vec{i}$$

式中，k 为弹簧的劲度系数。

尽管在拉伸过程中，$\vec{F}$ 是变力。但是，对于一段很小的位移 $\mathrm{d}x$，弹性力 $\vec{F}$ 可以近似看作不变。所以，此时弹性力所做的元功为

$$\mathrm{d}W = \vec{F}\cdot\mathrm{d}x = -kx\vec{i}\cdot\mathrm{d}x\vec{i} = -kx\mathrm{d}x$$

当弹簧的伸长量由 x_1 变化到 x_2 时，弹性力所做的总功为

$$W = \int_{x_1}^{x_2}F\mathrm{d}x = \int_{x_1}^{x_2}-kx\mathrm{d}x = -\left(\frac{1}{2}kx_2^2 - \frac{1}{2}kx_1^2\right) \tag{3-16}$$

可以看出，弹性力做功只与弹簧伸长的初末位置有关，和具体路径无关。

弹性力做功还可以由图示法得出，其总功等于图 3-25 中梯形的面积。

图 3-24　弹性力做功

图 3-25　弹性力做功图示

综上可以看出，无论重力、万有引力还是弹性力，其做功都具有一个共同的特点，即：**做功只与质点的初末位置有关，而与路径无关**，我们把具有这种特点的力称为**保守力**。通过重力的分析，我们也可以看出，保守力满足条件 $\oint\vec{F}\cdot\mathrm{d}\vec{r} = 0$，即：**质点沿着任意闭合路径运动一周或一周的整数倍时，保守力对它所做的总功为零**。

除了上述这几个力是保守力外，电荷间的静电力以及原子间相互作用的分子力都是保守力。

自然界中并非所有的力都具有做功和路径无关这一特性，更多的力做的功和路径有关，路径不一样，功的大小也不一样，我们把具有这样特点的力叫做非保守力。人们熟知的摩擦力就是最常见的非保守力，路径越长，摩擦力做的功越多。

3.4.3 势能

从上面的讨论可知，保守力做功只与质点的初末位置有关，为此，我们引入势能的概念。**在具有保守力相互作用的系统内，只由质点间的相对位置决定的能量称为势能。** 势能用符号 "E_P" 表示。势能是机械能的一种形式。不同的保守力对应不同的势能。

例如，引力势能

$$E_P = -\frac{GMm}{r}$$

重力势能

$$E_P = mgh$$

将质点从 a 点移到参考点时，保守力所做的功，称为质点（系统）在 a 点所具有的势能。

$$E_{势a} = A_{a \to 参} = \int_a^{参考点} \vec{F}_{保守力} \cdot \mathrm{d}\vec{r} \tag{3-17}$$

通常情况下，零势能点的选取规则如下。

（1）重力势能以地面为零势能点

$$E_{Pa} = \int_a^{参考点} \vec{F} \cdot \mathrm{d}\vec{r} = \int_h^0 -mg\,\mathrm{d}y = mgh$$

（2）引力势能以无穷远为零势能点

$$E_{Pa} = \int_a^\infty \vec{F} \cdot \mathrm{d}\vec{r} = -\frac{GMm}{r_a}$$

（3）弹性势能以弹簧原长为零势能点

$$E_{Pa} = \int_a^{参考点} \vec{F} \cdot \mathrm{d}\vec{r} = \int_{x_a}^0 (-kx)\,\mathrm{d}x = \frac{1}{2}kx_a^2$$

但是，具体问题中零势能点的选取要看具体情况。势能是相对量，具有相对意义。因此，选取不同的零势能点，物体的势能将具有不同的值。但是，无论零势能点选在何处，两点之间的势能差是绝对的，具有绝对性。

在保守力作用下，只要质点的初末位置确定了，保守力做的功也就确定了，即势能也就确定了，所以说势能是状态的函数，或者叫做坐标的函数。

另外，势能是由于系统内各物体之间具有保守力作用而产生的，因此，势能是属于整个系统的，离开系统谈单个质点的势能是没有意义的。我们通常所说的地球附近某个质点的重力势能实际上是一种简化说法，是为了叙述上的方便。实际上，它是属于地球和质点这个系统的。至于引力势能和弹性势能亦是如此。

3.4.4 势能曲线

当零势能点和坐标系确定后，势能仅是坐标的函数。此时，我们可将势能与相对位置的关系绘成曲线，用来讨论质点在保守力作用下的运动，这些曲线叫做**势能曲线**。图 3-26 给出了上述讨论的保守力的势能曲线。

图 3-26（a）所示为重力势能曲线，该曲线是一条直线。图 3-26（b）所示为弹性势能曲线，是一条双曲线，图中可以看出，其零势能点在其平衡位置，此时势能最小。图 3-26（c）所示为引力势能曲线，从图中亦可以看出，当 x 趋近于无穷时，引力势能趋近于零。

(a) 重力势能曲线　　(b) 弹性势能曲线　　(c) 引力势能曲线

图 3-26　势能曲线

利用势能曲线，还可以判断质点在某个位置所受保守力的大小和方向。因为保守力做功等于系统势能增量的负值，即

$$W = -(E_{P2} - E_{P1}) = -\Delta E_P$$

其微分形式为

$$dW = -dE_P$$

以一维情况为例，借用前面的公式，当某质点在保守力的作用下，沿 x 轴发生位移为 dx 时，保守力做功为

$$dW = F\cos\theta\, dx = F_x\, dx$$

由上述两式可得

$$F_x = -\frac{dE_P}{dx} \tag{3-18}$$

即：保守力沿某一坐标轴的分量等于势能对此坐标的导数的负值。

3.5　功能原理　能量守恒定律

功和能量的关系如何？下面来讨论一下，首先，我们来学习动能定理。

3.5.1　质点的动能定理

一运动质点，质量为 m，在外力 $\vec{F}$ 的作用下，沿任意路径曲线，从 A 点运动到 B 点，其速度发生了变化，设其在 A、B 两点的速度分别是 v_1 和 v_2，如图 3-27 所示，在某元位移中，外力 $\vec{F}$ 和 $d\vec{r}$ 之间的夹角为 θ。则由功及切向加速度的定义，外力 $\vec{F}$ 的元功为

$$dW = \vec{F} \cdot d\vec{r} = F\cos\theta\left|d\vec{r}\right| = F_t\left|d\vec{r}\right|$$

由于 $\left|d\vec{r}\right| = ds$，即 ds 是元位移的大小，$ds = v\,dt$。
另由牛顿第二定律，可得

$$dW = F_t\,ds = m\frac{dv}{dt}ds = mv\,dv$$

因此，质点在从 A 点运动到 B 点过程中，外力 $\vec{F}$ 所做的总功为

图 3-27　质点的动能定理

$$W = \int_{v_1}^{v_2} mv\,dv = \frac{1}{2}mv_2^2 - \frac{1}{2}mv_1^2 \tag{3-19}$$

式中，$\frac{1}{2}mv^2$ 叫做质点的**动能**，用符号"E_k"表示。即

$$E_k = \frac{1}{2}mv^2 \qquad (3\text{-}20)$$

和势能一样，动能也是机械能的一种形式。这样，式（3-19）可以写作

$$W = \frac{1}{2}mv_2^2 - \frac{1}{2}mv_1^2 = E_{k2} - E_{k1} \qquad (3\text{-}21)$$

式（3-21）就是**质点的动能定理**。E_{k1} 称为初动能，E_{k2} 称为末动能。动能定理的文字表述为：**合外力对质点所做的功等于质点动能的增量**。当合力做正功时，质点动能增大；反之，质点动能减小。

与牛顿第二定律一样，动能定理只适用于惯性系。由于在不同的惯性系中，质点的位移和速度不尽相同，因此，动能的量值与参考系有关。但是，对于不同的惯性系，动能定理的形式不变。

值得注意的是，动能定理建立了功和能量之间的关系，但是功是一个过程量，而动能是一个状态量，它们之间仅存在一个等量关系。

【例 3-11】 有一线密度为 ρ 的细棒，长度为 l，其上端用细线悬着，下端紧贴着密度为 ρ' 的液体表面。现将悬线剪断，求细棒在恰好全部没入水中时的沉降速度。设液体没有粘性。试利用动能定理求解。

解： 如图 3-28 所示，细棒下落过程中受到向下的重力 G 和向上的浮力 F 的作用，合外力对它做的功为

$$W = \int_0^l (G-F)\mathrm{d}x = \int_0^l (\rho l - \rho' x)g\,\mathrm{d}x = \rho l^2 g - \frac{1}{2}\rho' l^2 g$$

图 3-28 例 3-11 受力分析

由动能定理，初速度为 0，设末速度为 v，可得

$$\rho l^2 g - \frac{1}{2}\rho' l^2 g = \frac{1}{2}mv^2 = \frac{1}{2}\rho l v^2$$

$$v = \sqrt{\frac{(2\rho l - \rho' l)}{\rho}g}$$

本题也可以用牛顿定律求解，但可以看出，应用动能定理解题更加简便。

3.5.2 质点系的动能定理

下面，我们把单个质点的动能定理推广到由若干质点组成的质点系中。此时系统既受到外力作用，又受到质点间的内力作用。为了简单起见，我们仍先分析最简单的情况：设质点系由两个质点 1 和 2 组成，它们的质量分别为 m_1 和 m_2，并沿着各自的路径 s_1 和 s_2 运动，如图 3-29 所示。

图 3-29 系统的内力和外力

分别对两质点应用动能定理，对质点 1 有

$$\int \vec{F}_1 \cdot \mathrm{d}\vec{r}_1 + \int \vec{f}_{12} \cdot \mathrm{d}\vec{r}_1 = \Delta E_{k1}$$

对质点 2 有

$$\int \vec{F}_2 \cdot \mathrm{d}\vec{r}_2 + \int \vec{f}_{21} \cdot \mathrm{d}\vec{r}_2 = \Delta E_{k2}$$

上两式相加，得

$$\int \vec{F}_1 \cdot \mathrm{d}\vec{r}_1 + \int \vec{F}_2 \cdot \mathrm{d}\vec{r}_2 + \int \vec{f}_{12} \cdot \mathrm{d}\vec{r}_1 + \int \vec{f}_{21} \cdot \mathrm{d}\vec{r}_2 = \Delta E_{k1} + \Delta E_{k2}$$

上式右面为系统的动能的增量，我们可以用 ΔE_k 表示，左面的前两项之和为系统所受外力的功，用 W_e 表示；后两项之和为系统内力的功，用 W_i 表示。于是上式可写为

$$W_e + W_i = \Delta E_k \tag{3-22}$$

即：**系统的外力和内力做功的总和等于系统动能的增量。这就是质点系的动能定理。**

可以看出，与质点系的动量定理不同的是，内力可以改变质点系的动能。

3.5.3　质点系的功能原理

对于系统来说，所受的力既有外力也有内力，而对于系统的内力来说，它们也有保守内力和非保守内力之分。所以，内力的功也分为保守内力的功 W_{ic} 和非保守内力的功 W_{id}，即

$$W_i = W_{ic} + W_{id}$$

保守内力的功可以用系统势能增量的负值来表示

$$W_{ic} = -\Delta E_P$$

因此，对于系统来说，若用 ΔE 表示其机械能的增量，其动能定理可以写作

$$W_e + W_{id} = \Delta E_k + \Delta E_P = \Delta E \tag{3-23}$$

即：**当系统从状态 1 变化到状态 2 时，它的机械能的增量等于外力的功与非保守内力的功的总和，这个结论叫做系统的功能原理。**

3.5.4　机械能守恒定律

由式（3-23）可知，当 $W_e + W_{id} = 0$ 时，$\Delta E = 0$，或者写成

$$E_{k1} + E_{P1} = E_{k2} + E_{P2} \tag{3-23a}$$

即：**如果一个系统内只有保守内力做功，或者非保守内力与外力的总功为零，则系统内机械能的总值保持不变。这一结论称为机械能守恒定律。**

上式也可写成

$$E_{k2} - E_{k1} = E_{P1} - E_{P2} \tag{3-23b}$$

可以看出，在满足机械能守恒的条件下，尽管系统动能和势能之和保持不变，但系统内各质点的动能和势能可以互相转换。此时，质点内势能和动能之间的转换是通过质点系的保守内力做功来实现的。

【例 3-12】　应用机械能守恒的方法重新求证 2.3 节中的例 2-4，如图 3-30 所示。

证：以钉子处的重力势能为零。静止时及另一边长为 x 时的机械能分别为

图 3-30　例 3-12

$$E_0 = -\frac{m}{a+b}ag\frac{a}{2} - \frac{m}{a+b}bg\frac{b}{2}$$

$$E = -\frac{m}{a+b}(a+b-x)g\frac{a+b-x}{2} - \frac{m}{a+b}xg\frac{x}{2} + \frac{1}{2}mv^2$$

由机械能守恒定律 $E = E_0$，求得

$$v = \sqrt{\frac{2g}{a+b}(x-a)(x-b)}$$

由 $v = \dfrac{\mathrm{d}x}{\mathrm{d}t}$ 得 $\mathrm{d}t = \dfrac{\mathrm{d}x}{v}$，积分得

$$t = \int_0^t \mathrm{d}t = \int_a^{a+b}\frac{\mathrm{d}x}{v} = \int_a^{a+b}\frac{\mathrm{d}x}{\sqrt{\dfrac{2g}{a+b}(x-a)(x-b)}} = \sqrt{\frac{a+b}{2g}}\ln\frac{\sqrt{a}+\sqrt{b}}{\sqrt{a}-\sqrt{b}}$$

证毕。

【**例 3-13**】　如图 3-31 所示，质量为 m 的小球，系在绳的一端，绳的另一端固定在 O 点，绳长 l，今把小球以水平初速 v_0 从 A 点抛出，使小球在竖直平面内绕一周（不计空气摩擦阻力）。

（1）求证 v_0 必须满足下述条件：$v_0 \geqslant \sqrt{5gl}$；

（2）设 $v_0 = \sqrt{5gl}$，求小球在圆周上 C 点（$\theta = 60^\circ$）时，绳子对小球的拉力。

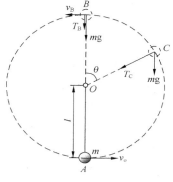

图 3-31　例 3-13

解：（1）取 m 与地球为系统，则系统机械能守恒，以最低点为零势能点，则

$$\frac{1}{2}mv_0^2 = \frac{1}{2}mv^2 + mgl(1+\cos\theta)$$

即

$$v_0^2 = v^2 + 2gl(1+\cos\theta)$$

又因为小球的向心力是由绳的拉力以及重力的合力提供，所以

$$T + mg\cos\theta = \frac{mv^2}{l}$$

即

$$T = \frac{mv^2}{l} - mg\cos\theta$$

因为 T 只能在有限个瞬间为 0，否则小球将做抛体运动，所以在 θ 取任意值时，均有 $T \geqslant 0$。

当 $\theta = 0$ 时

$$T = T_{\min} = \frac{mv^2}{l} - mg \geqslant 0$$

则

$$v^2 \geqslant gl$$

可得

$$v_0^2 = v^2 + 2gl(1+\cos\theta)\Big|_{\theta=0} = v^2 + 4gl \geqslant 5gl$$

即

$$v_0 \geqslant \sqrt{5gl}$$

（2）因为

$$T = \frac{mv^2}{l} - mg\cos\theta$$

$$\frac{1}{2}mv_0^2 = \frac{1}{2}mv^2 + mgl(1+\cos\theta)$$

上两式联立，得

$$T = \frac{m}{l}[v_0^2 - 2gl(1+\cos\theta)] - mg\cos\theta = \frac{mv_0^2}{l} - 2mg - 3mg\cos\theta$$

当小球在 C 点时，将 $v_0 = \sqrt{5gl}$ 以及 $\theta = 60°$ 代入上式，得

$$T = \frac{3}{2}mg$$

【例 3-14】　一质量为 m 的小球，由顶端沿质量为 M 的圆弧形木槽自静止下滑，设圆弧形槽的半径为 R（如图 3-32 所示）。忽略所有摩擦，求：

图 3-32　例 3-14

（1）小球刚离开圆弧形槽时，小球和圆弧形槽的速度各是多少？

（2）小球滑到 B 点时对木槽的压力。

解： 设小球和圆弧形槽的速度分别为 v_1 和 v_2。

（1）由动量守恒定律

$$mv_1 + Mv_2 = 0$$

由机械能守恒定律

$$\frac{1}{2}mv_1^2 + \frac{1}{2}Mv_2^2 = mgR$$

两式联立，解得

$$v_1 = \sqrt{\frac{2MgR}{m+M}} = M\sqrt{\frac{2gR}{(m+M)M}}$$

$$v_2 = -m\sqrt{\frac{2gR}{(m+M)M}}$$

（2）小球相对槽的速度为

$$v = v_1 - v_2 = (M-m)\sqrt{\frac{2gR}{(m+M)M}}$$

竖直方向应用牛顿运动第二定律

$$N - mg = m\frac{v^2}{R}$$

$$N' = N = mg + m\frac{v^2}{R} = mg + (M - m)^2 \frac{2mg}{(m+M)M} = 3mg + \frac{2m^2 g}{M}$$

3.5.5 能量守恒定律

若存在一个系统不受外界影响，这个系统就叫做**孤立系统**。对于孤立系统来说，既然不受外界影响，则外力做功肯定为零。此时，影响系统能量的只有系统的内力。由前面可知，如果有非保守内力做功，系统的机械能就不再守恒，但是系统内部除了机械能之外，还存在其他形式的能量，比如热能、化学能、电能等，那么，系统的机械能就要和其他形式的能量发生转换。实验表明，**一个孤立系统经历任何变化时，该系统的所有能量的总和是不变的，能量只能从一种形式变化为另外一种形式，或从系统内一个物体传给另一个物体。这就是普遍的能量守恒定律。**即：某种形式的能量减少，一定有其他形式的能量增加，且减少量和增加量一定相等。

能量守恒定律，是人类历史上最普遍、最重要的基本定律之一。能量守恒和能量转化定律与细胞学说、进化论合称 19 世纪自然科学的三大发现。从物理、化学到地质、生物，大到宇宙天体，小到原子核内部，只要有能量转化，就一定服从能量守恒的规律。从日常生活到科学研究、工程技术，这一规律都发挥着重要的作用。人类对各种能量，如煤、石油等燃料以及水能、风能、核能等的利用，都是通过能量转化来实现的。能量守恒定律是人们认识自然和利用自然的有力武器。

3.6 碰撞问题

当两个或两个以上物体或质点相互接近时，在较短的时间内，通过相互作用，它们的运动状态（包括物质的性质）发生显著变化的现象，我们称之为**碰撞**。我们经常会遇到碰撞的情况，例如打台球时的情景。另外打桩（见图 3-33）、锻铁、分子、原子等微观粒子的相互作用，以及人从车上跳下、子弹打入物体等现象都可以认为是碰撞。如果把发生碰撞的几个物体看作一个系统，在碰撞过程中，它们之间的内力较之系统外物体对它们的作用力要大得多。因此，在研究碰撞问题时，可以将系统外物体对它们的作用力忽略不计。此时，系统的总动量守恒。碰撞时，时间极短，但碰撞前后物体运动状态的改变非常显著，因而易于分清过程始末状态。

以两个物体之间的碰撞为例，若碰撞后，两物体的机械能完全未发生损失，这种碰撞叫做**完全弹性碰撞**，这是一种理想的情况；一般情况下，由于有非保守力的作用，导致系统的机械能和其他形式的能量相互转换，这种碰撞叫做**非弹性碰撞**；而如果碰撞之后两物体以同一速度运动，并不分开，这种碰撞叫做**完全非弹性碰撞**。

图 3-33 打桩

一般可用动量守恒定律并酌情引入机械能守恒定律处理碰撞问题。可用碰撞前后系统的状态（动量、动能、势能等）变化来反映碰撞过程，或用碰撞对系统所产生的效果来反映碰撞过程，从而回避了碰撞本身经历的实际过程，简化了问题。下面通过具体例题讨论一下碰撞问题。

【例 3-15】 设有两个质量分别为 m_1 和 m_2，速度分别为 $\vec{v}_{10}$ 和 $\vec{v}_{20}$ 的弹性小球作对心碰撞，两球的速度方向相同，如图 3-34 所示。若碰撞是完全弹性的，求碰撞后的速度 $\vec{v}_1$ 和 $\vec{v}_2$。

图 3-34 例 3-15

解： 取初始速度方向为正方向，由动量守恒定律

$$\left. \begin{array}{l} m_1\vec{v}_{10} + m_2\vec{v}_{20} = m_1\vec{v}_1 + m_2\vec{v}_2 \\ m_1(v_{10} - v_1) = m_2(v_2 - v_{20}) \end{array} \right\} \qquad ①$$

由机械能守恒定律得

$$\left. \begin{array}{l} \dfrac{1}{2}m_1v_{10}^2 + \dfrac{1}{2}m_2v_{20}^2 = \dfrac{1}{2}m_1v_1^2 + \dfrac{1}{2}m_2v_2^2 \\ m_1(v_{10}^2 - v_1^2) = m_2(v_2^2 - v_{20}^2) \end{array} \right\} \qquad ②$$

由式①、式②可解得

$$\left. \begin{array}{l} v_{10} + v_1 = v_2 + v_{20} \\ v_{10} - v_{20} = v_2 - v_1 \end{array} \right\} \qquad ③$$

由式①、式③可解得

$$v_1 = \frac{(m_1 - m_2)v_{10} + 2m_2v_{20}}{m_1 + m_2}$$

$$v_2 = \frac{(m_2 - m_1)v_{20} + 2m_1v_{10}}{m_1 + m_2}$$

可以看出

（1）若 $m_1 = m_2$，则 $v_1 = v_{20}$，$v_2 = v_{10}$；

（2）若 $m_2 \gg m_1$，且 $v_{20} = 0$，则 $v_1 \approx -v_{10}$，$v_2 \approx 0$；

（3）若 $m_2 \ll m_1$，且 $v_{20} = 0$，则 $v_1 \approx v_{10}$，$v_2 \approx 2v_{10}$。

【例 3-16】 如图 3-35 所示，为一冲击摆。摆长为 l，木块质量为 M，在质量为 m 的子弹击中木块后，冲击摆摆过的最大偏角为 θ，试求子弹击中木块时的初速度。

图 3-35 例 3-16

解：（1）子弹射入木块内停止下来的过程为非弹性碰撞，在此过程中动量守恒而机械能不守恒，设子弹与木块碰撞瞬间共同速度为 v。因此有

$$v = \frac{mv_0}{m + M}$$

（2）摆从平衡位置摆到最高位置的过程，重力与张力合力不为零。由于张力不做功，系统动量不守恒，而机械能守恒。因此有

$$(m + M)gh = (m + M)v^2/2$$

而

$$h = (1 - \cos\theta)l$$

所以

$$v_0 = \frac{m+M}{m}\sqrt{2gh} = \frac{m+M}{m}\sqrt{2gl(1-\cos\theta)}$$

【例 3-17】 光滑斜面与水平面的夹角为 $\alpha = 30°$，轻弹簧上端固定。今在弹簧的另一端轻轻地挂上质量为 $M = 1.0\text{kg}$ 的木块，则木块沿斜面向下滑动。当木块向下滑 $x = 30\text{cm}$ 时，恰好有一质量 $m = 0.01\text{kg}$ 的子弹，沿水平方向以速度 $v = 200\text{m/s}$ 射中木块并深陷在其中。设弹簧的倔强系数为 $k = 25\text{N/m}$，求子弹打入木块后它们的共同速度。

图 3-36 以木块、弹簧、地球为系统的机械能守恒

解：如图 3-36 所示，木块下滑过程中，以木块、弹簧、地球为系统的机械能守恒。选弹簧原长处为弹性势能和重力势能的零点，以 v_1 表示木块下滑 x 距离时的速度，则

$$\frac{1}{2}kx^2 + \frac{1}{2}Mv_1^2 - Mgx\sin\alpha = 0$$

$$v_1 = \sqrt{2gx\sin\alpha - \frac{kx^2}{M}} \approx 0.83\text{m/s}$$

方向沿斜面向下。

以子弹和木块为系统，在子弹射入木块的过程中，外力沿斜面方向的分力可略去不计，沿斜面方向应用动量守恒定律。以 v_2 表示子弹射入木块后的共同速度，则有

$$Mv_1 - mv\cos\alpha = (M+m)v_2$$

得

$$v_2 = \frac{Mv_1 - mv\cos\alpha}{M+m} \approx -0.89\,\text{m/s}$$

负号表示此速度的方向沿斜面向上。

此外，快速飞行的子弹穿过物体时，由于其作用时间极短，作用力很大，故也可以用碰撞原理来加以解决此类问题。而如图 3-37 所示的情况，因其所受阻力很小，子弹前后状态改变不大，故不适宜归于碰撞问题，即碰撞问题要根据实际情况来具体分析，灵活运用。

(a) 子弹穿过苹果瞬间   (b) 子弹穿过扑克牌瞬间

图 3-37 子弹穿过物体瞬间

3.7 *对称性与守恒定律

动量守恒定律和能量守恒定律是从牛顿定律中推导出来的，但是这些守恒定律的应用范围却比牛顿定律广泛得多，在一些牛顿定律不适用的范畴，它们仍然适用。现代物理学已经确认，这些基本定律与时空对称性紧密相联系，在本书范围内，我们不能做严格的证明和讨

论，只能简单介绍一下。

3.7.1 对称性

最初，对称性来自于生活中对自然万物的认识。雪花、树叶、人的身体以及宏伟的古代建筑都具有很好的对称性，如图 3-38 所示。

（a）

（b）

图 3-38　物体的对称性

对称性的普遍的严格的定义是德国数学家魏尔（H·Weyl）于 1951 年提出的：对某一体系进行一次变换或操作。如果经此操作后，该体系完全复原，则称该体系对所经历的操作是对称的，而该操作就叫对称操作。其中，"体系"是指我们所讨论的对象，也称做"系统"，"变换"是指体系从一个状态变到另一个状态的过程，也叫做"操作"。

物理学中几种常见的对称性操作有空间平移、空间转动以及时间平移等。以物理实验为例，空间平移对称是指任意给定的物理实验或物理现象的发展变化过程，是和此实验所在的空间位置无关的，亦即换一个地方做实验，其进展过程也完全一样；空间转动对称是指任意给定的物理实验的发展过程和此实验装置在空间的取向无关，亦即把实验装置转换一个方向，并不影响实验的进展过程；时间平移对称是指任意给定的物理实验的发展过程和此实验开始的时间无关，亦即早些开始做，还是迟些开始做，甚至现在开始做，此实验的进展过程也是完全一样的。

在物理学中讨论对称性问题时，我们要注意区分两类不同性质的对称性。一类是某个系统或某件具体事物的对称性，另一类是物理定律的对称性。由两质点组成的系统具有轴对称性，属于前者；牛顿定律具有伽利略变换不变性，则属于后者。

3.7.2 守恒定律与对称性

物理定律的对称性是指经过一定的操作后，物理定律的形式保持不变。因此，物理定律的对称性又叫不变性。物理学中的各种守恒定律并不是偶然存在的，而是各种对称性的反映。1918 年德国女数学家尼约特（A.E·Noether，1882～1935 年）创建了一条定理，该定理指出：**每一条守恒定律都与某一种对称性相联系，每一种对称性也都对应着一条守恒定律**。

首先看能量守恒定律。从宏观的角度看，物体系有保守系和非保守系之分。前者机械能守恒，后者则不然。从微观的角度看无所谓耗散力，在一切系统中，粒子与粒子之间的相互作用可通过相互作用势（分子力势能）来表达。时间平移不变性意味着，这种相互作用势只与两粒子的相对位置有关。对于同样的相对位置，粒子间的相互作用势不应随时间而变。在这种情况下系统的总能量（动能+势能）自然是守恒的。我们可以举一个反例来说明，在相反的情况下能量可以不守恒。设某地建设一个抽水蓄能电站，夜间用电低谷时抽水上山，白天用电高峰时放水发电。利用昼夜能源的价值不同，可以获得很好的经济效益。倘若昼夜变化的不仅是能源的价值，也是重力加速度，进而水库中同样水位所蓄的重力势能也做周期性的变化，则抽水蓄能电站获得的不仅是经济效益，也是能量的赢余。于是，永动机的梦想实现了。但是，重力加速度的时间的平移不变性是不允许出现这种情况的。

其次看动量守恒定律。如图 3-39 所示，考虑两个粒子 A 和 B，它们的相互作用势能为 E_P。现将 A 沿任意方向移动到 A'，如图 3-39（a）所示，此位移造成势能的改变（抵抗 B 给 A 的力所做的功）为

$$\Delta E_P = -f_{B \to A} \cdot \Delta s$$

若 A 不动，将 B 沿反方向移动相等的距离到 B'，如图 3-39（b）所示，则势能的改变（抵抗 A 给 B 的力所做的功）为

图 3-39 空间平移不变性

$$\Delta E'_P = -f_{A \to B} \cdot (-\Delta s) = f_{A \to B} \cdot \Delta s$$

上述两种情况结果的区别仅在于由两粒子组成的系统整体在空间有个平移，它们的相对位置是一样的

$$\overrightarrow{A'B} = \overrightarrow{A'B}$$

因为空间平移不变性意味着两粒子之间的相互作用势能只与它们的相对位置有关，与它们整体在空间的平移无关，所以两种情况终态的势能应相等。

$$\Delta E_P = -f_{BA} \cdot \Delta s = \Delta E'_P = f_{AB} \cdot \Delta s$$

因为 Δs 是任意的，所以有

$$f_{B \to A} = -f_{A \to B}$$

设 A 的动量为 $\overrightarrow{p}_A$，B 的动量为 $\overrightarrow{p}_B$，由牛顿第二定律可知

$$\frac{\mathrm{d}\overrightarrow{p}_A}{\mathrm{d}t} + \frac{\mathrm{d}\overrightarrow{p}_B}{\mathrm{d}t} = 0$$

即 $\overrightarrow{p}_A + \overrightarrow{p}_B =$ 常量。于是，我们从空间的平移不变性推导出了动量守恒定律。

在物理学各个领域中，各种定理、定律和法则的地位并不是平等的，而是有层次的。例如，力学中的胡克定律，热学中的物态方程，电学中的欧姆定律，都是经验性的，仅适用于一定的物料，一定的参量范围。这些是较低层次的规律。而层次较高的，例如，统帅整个经典力学的是牛顿定律，统帅整个电磁学的是麦克斯韦方程，它们都是物理学中某一个领域中的基本规律，层次要高得多。

那么，是否还有凌驾于这些基本规律之上更高层次的定律等？回答是肯定的，对称性原理就是这样的，由时空对称性导出的能量、动量等守恒定律，也是跨越物理学各个领域的普遍法则。这就是为什么在不涉及一些具体定律时，我们也往往有可能根据对称性原理和守恒定律做出一些定性的判断，得到一些有用的信息的原因。

复 习 题

一、思考题

1．有无物体只有动量而无机械能？反之，只有机械能而无动量的物体是否存在？

2．何为内力？何为外力？它们对于改变物体和物体系的动量各有什么贡献？对于改变

物体和物体系的动能各有什么贡献？

3．一大一小两条船，距岸一样远，从哪条船跳到岸上容易些？为什么？

4．动能也具有相对性，它与重力势能的相对性在物理意义上是一样的吗？

5．以速度 v 匀速提升一质量为 m 的物体，在时间 t 内提升力做功若干；又以比前面快一倍的速度把该物体匀速提高同样的高度，试问所做的功是否比前一种情况大？为什么？在这两种情况下，它们的功率是否一样？

6．分析静摩擦力与滑动摩擦力做功情况，它们一定做负功吗？

7．向心力为什么对物体不做功？在静止斜面上滑行的物体，支持力对物体做功吗（光滑水平上放着的劈性物体 A，斜面上放置的物体 B，B 由于重力而下滑，A 对 B 的支持力做功吗）？

8．如果力的方向不变，而大小随位移均匀变化，那么在这个变力作用下物体运行一段位移，其做功如何计算？

9．试从物理意义上、数学表达式的性质上、适用领域上比较动能定理与动量定理。

10．在质点系的质心处一定存在一个质点吗？

二、习题

1．下列几种说法：

（1）质点系总动量的改变与内力无关；

（2）质点系总动能的改变与内力无关；

（3）质点系机械能的改变与保守内力无关。

则对上面说法判断正确的是（　　）。

　　（A）只有（1）正确　　　　　　　　（B）（1）和（2）正确

　　（C）（1）和（3）正确　　　　　　　（D）（2）和（3）正确

2．质量为 20g 的子弹沿 x 轴正向以 500m/s 的速率射入一木块后，与木块一起仍沿 x 轴正向以 50m/s 的速率前进，在此过程中木块所受冲量的大小为（　　）。

　　（A）9N·s　　　　（B）−9N·s　　　　（C）10N·s　　　　（D）−10N·s

3．质量为 m 的质点在外力作用下，其运动方程为 $\vec{r} = A\cos\omega t\,\vec{i} + B\sin\omega t\,\vec{j}$，式中 A、B、ω 都是正的常量。由此可知外力在 $t=0$ 到 $t=\pi/(2\omega)$ 这段时间内所做的功为（　　）。

　　（A）$\dfrac{1}{2}m\omega^2\left(A^2+B^2\right)$　　　　　　　　（B）$m\omega^2\left(A^2+B^2\right)$

　　（C）$\dfrac{1}{2}m\omega^2\left(A^2-B^2\right)$　　　　　　　　（D）$\dfrac{1}{2}m\omega^2\left(B^2-A^2\right)$

4．有一、二两球分别以速度 $\vec{v}_1 = \vec{v}$ 和 $\vec{v}_2 = -\vec{v}$ 相向运动而发生完全弹性正碰，设碰后一球静止，则二球的速度为（　　）。

　　（A）$\vec{v}$　　　　　（B）$\sqrt{2}\vec{v}$　　　　　（C）$\dfrac{1}{2}\vec{v}$　　　　　（D）$2\vec{v}$

5．对功的概念有以下几种说法：

（1）保守力做正功时系统内相应的势能增加；

（2）质点运动经一闭合路径，保守力对质点做的功为零；

（3）作用力与反作用力大小相等、方向相反，所以两者所做的功的代数合必为零。

在上述说法中：（　　）。

　　（A）（1）、（2）是正确的　　　　（B）（2）、（3）是正确的

　　（C）只有（2）是正确的　　　　（D）只有（3）是正确的

　　6．质量为 m 的小球在水平面内做速率为 v_0 的匀速圆周运动，试求小球经过（1）1/4 圆周，（2）1/2 圆周，（3）3/4 圆周，（4）整个圆周的过程中的动量改变量，试从冲量计算得出结果。

　　7．一子弹从枪口飞出的速度是 300m/s，在枪管内子弹所受合力的大小符合下式：

$$f = 400 - \frac{4}{3} \times 10^5 t \quad \text{(SI)}$$

　　（1）画出 $f \sim t$ 图。

　　（2）若子弹到枪口时所受的力变为零，计算子弹行经枪管长度所花费的时间。

　　（3）求该力冲量的大小。

　　（4）求子弹的质量。

　　8．煤矿采煤，安全原因，多采用水力，使用高压水枪喷出的强力水柱冲击煤层。如图 3-40 所示，设水柱直径 D=30mm，水速 v=56m/s。水柱垂直射在煤层表面上，冲击煤层后的速度为零，求水柱对煤的平均冲力。

　　9．一质量为 0.05kg、速率为 10m·s^{-1} 的钢球，以与钢板法线呈 45° 角的方向撞击在钢板上，并以相同的速率和角度弹回来，如图 3-41 所示。设碰撞时间为 0.05s，求在此时间内钢板所受到的平均冲力。

图 3-40　习题 8

图 3-41　习题 9

　　10．一辆装煤车以 2m/s 的速率从煤斗下面通过，煤粉通过煤斗以每秒 *5t* 的速率竖直注入车厢。如果车厢的速率保持不变，车厢与钢轨间摩擦忽略不计，求牵引力的大小。

　　11．一小船质量为 100kg，船头到船尾共长 3.6m。现有一质量为 50kg 的人从船尾走到船头时，船头将移动多少距离？假定水的阻力不计。

　　12．一炮弹，竖直向上发射，初速度为 v_0，在发射后经 t 秒后在空中自动爆炸，假定分成质量相同的 A、B、C 三块碎块。其中，A 块的速度为零，B、C 两块的速度大小相同，且 B 块速度方向与水平成 α 角，求 B、C 两碎块的速度（大小和方向）。

　　13．质量为 2kg 的质点受到力 $\vec{F} = 3\vec{i} + 5\vec{j}$（N）的作用。当质点从原点移动到位矢为 $\vec{r} = 2\vec{i} - 3\vec{j}$（m）处时，

　　（1）此力所做的功为多少？它与路径有无关系？

　　（2）如果此力是作用在质点上的唯一的力，则质点的动能将变化多少？

　　14．用铁锤将一只铁钉击入木板内，设木板对铁钉的阻力与铁钉进入木板之深度成正比，如果在击第一次时，能将钉击入木板内 1cm，再击第二次时（锤仍然以第一次同样的速度击

钉），能击入多深？

15．一链条，总长为 l，放在光滑的桌面上，其一端下垂，长度为 a，如图 3-42 所示。假定开始时链条静止。求链条刚刚离开桌边时的速度。

图 3-42　习题 15　　　　　　　　　　　　图 3-43　习题 16

16．一弹簧，劲度系数为 k，一端固定在 A 点，另一端连一质量为 m 的物体，靠在光滑的半径为 a 的圆柱体表面上，弹簧原长为 AB（如图 3-43 所示）。在变力下作用下，物体极缓慢地沿表面从位置 B 移到 C，求力 F 所做的功。

17．一质量为 m 的物体，位于质量可以忽略的直立弹簧正上方高度为 h 处，该物体从静止开始落向弹簧，若弹簧的劲度系数为 k，不考虑空气阻力，求物体可能获得的最大动能。

18．如图 3-44 所示，一轻质弹簧劲度系数为 k，两端各固定一质量均为 M 的物块 A 和 B，放在水平光滑桌面上静止。今有一质量为 m 的子弹沿弹簧的轴线方向以速度 v_0 射入一物块而不复出，求此后弹簧的最大压缩长度。

19．一质量为 m 的小球，由顶端沿质量为 M 的圆弧形木槽自静止下滑，设圆弧形槽的半径为 R（如图 3-45 所示）。忽略所有摩擦，求：

（1）小球刚离开圆弧形槽时，小球和圆弧形槽的速度各是多少？

（2）小球滑到 B 点时对木槽的压力。

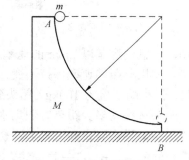

图 3-44　习题 18　　　　　　　　　　　　图 3-45　习题 19

20．一质量为 m 的中子与一质量为 M 的原子核做对心弹性碰撞，如中子的初始动能为 E_0，试证明在碰撞过程中，改成中子动能的损失为 $4mME_0/(M+m)^2$。

21．如图 3-46 所示，地面上竖直安放着一个劲度系数为 k 的弹簧，其顶端连接一静止的质量为 M 的物体。另有一质量为 m 的物体，从距离顶端为 h 处自由落下，与 M 做完全非弹性碰撞。求证弹簧对地面的最大压力为

$$N = (m + M)g + mg\sqrt{1 + \frac{2kh}{(m + M)g}}$$

22．如图 3-47 所示，质量为 m 的小球在外力作用下，由静止开始从 A 点出发做匀加速直线运动，到 B 点时撤销外力，小球无摩擦地冲上一竖直半径为 R 的半圆环，恰好能到达最高点 C，而后又刚好落到原来的出发点 A 处，试求小球在 AB 段运动的加速度为多大？

23．如图 3-48 所示，一质量为 m 的铁块静止在质量为 M 的斜面上，斜面本身又静止于水平桌面上。设所有接触都是光滑的。当铁块位于高出桌面 h 处时，铁块—斜面系统由静止开始运动。当铁块落到桌面上时，劈尖的速度有多大？设劈尖与地面的夹角为 α。

24．火箭起飞时，从尾部喷出的气体的速度为 3 000m/s，每秒喷出的气体质量为 600kg。若火箭的质量为 50t，求火箭得到的加速度。

图 3-46　习题 21　　　　图 3-47　习题 22　　　　图 3-48　习题 23

第 **4** 章 刚体的转动

【学习目标】

● 熟练掌握刚体的概念，掌握刚体绕定轴转动的特点。

● 熟练掌握力矩、转动惯量的概念，并能求出简单刚体的转动惯量。

● 熟练掌握质点和刚体的角动量的概念，以及刚体角动量定理和角动量守恒定律，并能处理一般质点在平面内运动以及刚体绕定轴转动情况下的角动量守恒问题。

● 掌握转动动能的概念，以及刚体的定轴转动动能定理。能在刚体绕定轴转动的问题中正确地应用机械能守恒定律。

● 熟练掌握力矩的功和功率。

● 了解进动的相关概念。

前面研究了质点系的运动。对于质点系来说，运动情况比较简单。质点的运动实际上只是代表了物体的平动，并不能描述具体物体的转动以及更复杂的运动。研究机械运动的最终目的是要研究具体物体的运动。对于具体物体，在外力的作用下，其形状、大小要发生变化。简单起见，我们设想有一类物体，在外力的作用下，其大小、形状均不发生变化，即物体内任意两点的距离都不因外力的作用而改变，这样的一类物体称之为**刚体**。刚体仍是个理想模型。本章将重点研究刚体的定轴转动及其相关的规律，为进一步研究真实物体的机械运动打下基础。

4.1 刚体 刚体的运动

4.1.1 刚体的平动和转动

刚体的运动形式可分为平动和转动。若刚体中所有点的运动轨迹都保持完全相同，或者说，刚体内任意两点间的连线总是平行于它们的初始位置间的连线，那么这种运动叫做平动，如图 4-1（a）所示。刚体平动实际上是质点平动的集中体现。刚体中任意一点的运动都可代替刚体的运动。一般常以质心作为代表点。而转动是指刚体中所有的点都绕同一直线做圆周运动，如图 4-1（b）所示。这条直线叫做转轴。

转动分为定轴转动和非定轴转动两种。若转轴的位置或方向固定不变，这种转动叫做刚体的定轴转动，此时，垂直于转轴所在的平面叫做**转动平面**。刚体上各点都绕同一固定转轴做不同半径的圆周运动，且在相同时间内转过相同的角度，即有相同的角速度。反之，若转轴不固定，刚体做的就是非定轴转动。一般情况下，刚体的运动可以看作平动和转动的合成运动。例如，行进中的车轮的运动，可以看作是车轮中心点的平动以及轮上周围各点围绕中心点的转动的合成，如图 4-2 所示。

(a) 刚体的平动　　　　(b) 刚体的转动

图 4-1　刚体的平动和转动

图 4-2　刚体的一般运动

本章中，我们重点研究的是刚体的定轴转动。

4.1.2　定轴转动的角量和线量

在第 1 章里面，我们已经介绍过关于角量的问题。刚体的定轴转动可以看作是刚体中所有质点均围绕其转轴做圆周运动，也有角位置、角位移、角速度和角加速度等物理量。因此，可以参考 1.3 节中的角量和线量的关系来描述刚体定轴转动中的相应物理量。

如图 4-3 所示，有一做定轴转动的刚体，角速度大小为 ω，转动平面上有任意一点 P，其线速度大小为 v，于是有

$$v = r\omega \tag{4-1a}$$

图 4-3　角量和线量的关系

可以看出，刚体上点的线速度大小 v 与各点到转轴的距离 r 成正比，距离越远，线速度越大。上式也可写成矢量形式

$$\vec{v} = r\omega\vec{e}_t \tag{4-1b}$$

P 点的切向加速度和法向加速度则分别为

$$a_t = r\alpha \tag{4-2}$$

$$a_n = r\omega^2 \tag{4-3}$$

总加速度

$$\vec{a} = r\alpha\vec{e}_t + r\omega^2\vec{e}_n \tag{4-4}$$

由式（4-2）、式（4-3）可知，对于绕定轴转动的刚体，距离轴越远，其切向加速度和法向加速度越大。

【例 4-1】　一飞轮半径为 0.2m，转速为 150r/min，因受制动而均匀减速，经 30s 停止转动。试求：

（1）角加速度和在此时间内飞轮所转的圈数；

（2）制动开始后 $t = 6s$ 时飞轮的角速度；

（3）$t = 6s$ 时飞轮边缘上一点的线速度、切向加速度和法向加速度。

解：（1）由题意可知，$\omega_0 = 5\pi\,\mathrm{rad \cdot s^{-1}}$，当 $t = 30s$ 时，$\omega = 0$。设 $t = 0$ 时，$\theta_0 = 0$。因为飞轮做匀减速运动，角加速度

$$\alpha = \frac{\omega - \omega_0}{t} = \frac{0 - 5\pi}{30} \text{rad} \cdot \text{s}^{-1} = -\frac{\pi}{6} \text{rad} \cdot \text{s}^{-2}$$

飞轮30s内转过的角度

$$\theta = \frac{\omega^2 - \omega_0^2}{2\alpha} = \frac{-(5\pi)^2}{2 \times (-\pi/6)} = 75\pi \text{ rad}$$

所以，转过的圈数为

$$N = \frac{\theta}{2\pi} = \frac{75\pi}{2\pi} = 37.5 \text{ rad}$$

（2）$t = 6\text{s}$ 时飞轮的角速度

$$\omega = \omega_0 + \alpha t = (5\pi - \frac{\pi}{6} \times 6) \text{rad} \cdot \text{s}^{-1} = 4\pi \text{rad} \cdot \text{s}^{-1}$$

（3）$t = 6\text{s}$ 时飞轮边缘上一点的线速度大小为

$$v = r\omega = 0.2 \times 4\pi \text{m} \cdot \text{s}^{-2} = 2.5 \text{m} \cdot \text{s}^{-2}$$

该点的切向加速度和法向加速度

$$a_\text{t} = r\alpha = 0.2 \times (-\frac{\pi}{6}) \text{m} \cdot \text{s}^{-2} = -0.105 \text{ m} \cdot \text{s}^{-2}$$

$$a_\text{n} = r\omega^2 = 0.2 \times (4\pi)^2 \text{m} \cdot \text{s}^{-2} = 31.6 \text{ m} \cdot \text{s}^{-2}$$

4.2 力矩 转动惯量 定轴转动定律

本节将研究刚体绕定轴转动时的一些运动规律。我们知道，要让一个绕定轴的物体转动起来，不仅与外力的大小有关，也与外力的作用点和方向有关，例如，门把手的位置将影响到开关门的力量。这涉及一个物理概念——力矩。

4.2.1 力矩

图 4-4 所示为一绕 Oz 轴转动的刚体的转动平面，外力 $\vec{F}$ 在此平面内且作用于 P 点，P 点相对于 O 点的位矢为 $\vec{r}$，则定义力 $\vec{F}$ 对 O 点的**力矩**为

$$\vec{M} = \vec{r} \times \vec{F} \tag{4-5}$$

如果 $\vec{r}$ 和力 $\vec{F}$ 之间的夹角为 θ，从点 O 到力 $\vec{F}$ 的作用线的垂直距离为 d，则 d 叫做力对转轴的**力臂**。此时力矩的大小为

$$M = Fr\sin\theta = Fd \tag{4-6}$$

力矩垂直于 $\vec{r}$ 和 $\vec{F}$ 组成的平面。如图 4-5 所示力矩 $\vec{M}$ 的方向为：**右手拇指伸直，四指弯曲，弯曲的方向为由 $\vec{r}$ 通过小于 $180°$ 的角转到 $\vec{F}$ 的方向，则此时拇指的方向为力矩 $\vec{M}$ 的方向。**

在国际单位制中，力矩的单位为 N·m。

对于定轴转动的刚体，作用在同一作用点上的力，若其方向相反，对于刚体的转动的作用效果来说也正好是相反的。

图 4-4 力矩   图 4-5 力矩的方向

若 $\vec{F}$ 不在转动平面内，则可将 $\vec{F}$ 分解为平行于转轴的分力 $\vec{F}_z$ 和垂直于转轴的分力 $\vec{F}_\perp$，其中 $\vec{F}_z$ 对转轴的力矩为零，对转动起作用的只有分力 $\vec{F}_\perp$，如图 4-6 所示。故 $\vec{F}$ 对转轴的力矩为

$$M_z \vec{k} = \vec{r} \times \vec{F}_\perp \tag{4-7a}$$

即

$$M_z = r F_\perp \sin \theta \tag{4-7b}$$

若有几个外力同时作用在绕定轴转动的刚体上，那么它们的合力矩等于这几个外力力矩的**矢量和**。

$$\vec{M} = \vec{M}_1 + \vec{M}_2 + \vec{M}_3 + \cdots$$

若这几个力都在转动平面内或平行于转动平面，各个力的力矩方向要么同向，要么反向，此时，其合力矩等于这几个力的力矩的**代数和**。

由于质点间的力总是成对出现，且符合牛顿第三定律，因此，刚体内质点间作用力和反作用力的力矩互相抵消，即：**内力的力矩对于刚体转动的作用效果为零**，如图 4-7 所示。

$$\vec{M}_{ij} = -\vec{M}_{ji}$$

图 4-6 不在转动平面内的力的力矩

图 4-7 内力的力矩

【**例 4-2**】 一质量为 m、长为 l 的均匀细棒，可在水平桌面上绕通过其一端的竖直固定轴转动，已知细棒与桌面的摩擦系数为 μ，求棒转动时受到的摩擦力矩的大小。

解： 如图 4-8 所示，在细棒上距离转轴为 x 处，沿 x 方向取一长度为 $\mathrm{d}x$ 的质量元，此质量元的质量为

$$\mathrm{d}m = \frac{m}{l} \mathrm{d}x$$

图 4-8 例 4-2

对于此质量元，受到的摩擦力矩大小为

$$dM = x(\mu dm g)$$

因此，整个细棒所受到的摩擦力矩可以用积分的形式求得

$$M = \int x\mu dm g = \frac{\mu mg}{l} \int_0^L x dx = \frac{1}{2}\mu mgL$$

4.2.2 转动定律

首先我们来看一种情况，如图 4-9 所示，单个质点质量为 m，与一转轴 Oz 刚性相连，其相对于 O 点的位矢为 $\vec{r}$，设质点受到垂直于转轴且在质点转动平面内的外力 $\vec{F}$ 作用，$\vec{r}$ 和力 $\vec{F}$ 之间的夹角为 θ。此时，力 $\vec{F}$ 可分解为沿着转动轨迹切向的分力 $\vec{F}_t$ 和沿径向的分力 $\vec{F}_n$，显然，过转轴的分力 $\vec{F}_n$ 对于质点绕 Oz 轴的转动无贡献，有贡献的只有其切向分力 $\vec{F}_t$。由圆周运动和牛顿定律，得

$$F_t = ma_t = mr\alpha$$

此时，力矩的大小

$$M = rF\sin\theta$$

而 $F\sin\theta = F_t$，所以得

$$M = rF_t = mr^2\alpha \tag{4-8}$$

下面我们再看另一种情况，如图 4-10 所示，设质点 P 为绕定轴 Oz 转动的刚体中任一质点，质量为 Δm_i，P 点离转轴的距离为 r_i，即其位矢为 $\vec{r}_i$，刚体绕定轴转动的角速度和角加速度分别为 ω 和 α。此时质点既受到系统外的作用力（即外力 $\vec{F}_{ei}$），又受到系统内其他质点的作用力（即内力 $\vec{F}_{ii}$）。简单起见，设 $\vec{F}_{ei}$ 和 $\vec{F}_{ii}$ 均在转动平面内且通过质点 P，根据牛顿第二定律，对于质点 P，有

$$\vec{F}_{ei} + \vec{F}_{ii} = \Delta m_i \vec{a}_i$$

式中，$\vec{a}_i$ 为质点的加速度，质点在合力的作用下绕转轴做圆周运动。

图 4-9 单个质点的转动   图 4-10 转动定律的推导图

此时，若分别用 $\vec{F}_{eit}$ 和 $\vec{F}_{iit}$ 表示外力和内力沿切向方向的分力，则有

$$F_{eit} \pm F_{iit} = \Delta m_i r_i \alpha$$

在等式两边同时乘以 r_i，可得

$$F_{eit} r_i \pm F_{iit} r_i = \Delta m_i r_i^2 \alpha \tag{4-9}$$

式中，$F_{eit}r_i$ 和 $F_{iit}r_i$ 分别为外力 $\overline{F}_{ei}$ 和内力 $\overline{F}_{ii}$ 力矩的大小。因此

$$M_{ei} \pm M_{ii} = \Delta m_i r_i^2 \alpha$$

对整个刚体，有

$$\sum M_{ei} \pm \sum M_{ii} = \sum \Delta m_i r_i^2 \alpha$$

由于刚体中内力的力矩互相抵消，有 $\sum M_{ii} = 0$，所以上式可写为

$$\sum M_{ei} = (\sum \Delta m_i r_i^2) \alpha$$

用 M 表示刚体内所有质点所受的外力对转轴的力矩的代数和，即

$$M = \sum M_{ei}$$

可得

$$M = (\sum \Delta m_i r_i^2) \alpha$$

式中，$\sum \Delta m_i r_i^2$ 叫做刚体的**转动惯量**，用符号"J"表示，它只与刚体的几何形状、质量分布以及转轴的位置有关，即：转动惯量只与刚体本身的性质和转轴的位置有关。绕定轴转动的刚体一旦确定，其转动惯量即为一恒定量。此时，上式可写作

$$M = J\alpha \tag{4-10a}$$

其矢量形式为

$$\overline{M} = J\vec{\alpha} \tag{4-10b}$$

式（4-10）即为刚体绕定轴转动时的转动定律，简称**转动定律**。其文字表述为：**刚体绕定轴转动的角加速度与它所受的合外力矩成正比，与刚体的转动惯量成反比**。转动定律是解决刚体定轴转动问题的基本方程，其地位相当于解决质点运动问题时的牛顿第二定律。由式（4-10）也可以看出，转动定律的形式和牛顿第二定律的形式是一致的。对于同样的外力，分别作用于两个绕定轴转动的刚体，其分别获得的角加速度是不一样大的。转动惯量大的刚体获得的角加速度小，即保持原有转动状态的惯性大；反之，转动惯量小的刚体获得的角加速度大，即其转动状态容易改变。因此，转动惯量是描述刚体转动惯性的物理量。

4.2.3 转动惯量 平行轴定理和正交轴定理

下面讨论一下转动惯量的计算问题。由于 $J = \sum \Delta m_i r_i^2$，对于质量离散分布的刚体来说，其转动惯量为各离散质点的转动惯量的代数和，即

$$J = \sum_i \Delta m_i r_i^2 = m_1 r_1^2 + m_2 r_2^2 + \cdots \tag{4-11a}$$

对于质量连续分布的刚体，其转动惯量可以用积分的形式进行计算，即

$$J = \sum_i \Delta m_i r_i^2 = \int r^2 \mathrm{d}m \tag{4-11b}$$

式中，$\mathrm{d}m$ 叫做质量元。解题时，往往先取任一质量元，然后利用密度这个中间量进行转化后求解。

例如，对于质量线分布的刚体，设其质量线密度为 λ，则 $\mathrm{d}m = \lambda\mathrm{d}l$；对于质量面分布的刚体，其质量面密度为 σ，则 $\mathrm{d}m = \sigma\mathrm{d}S$；对于质量体分布的刚体，其质量体密度为 ρ，则 $\mathrm{d}m = \rho\mathrm{d}V$。请读者针对具体情况进行具体分析。

在国际单位制中，转动惯量的单位为：千克平方米，其符号为 $\mathrm{kg\cdot m^2}$。

需要注意的是，只有形状简单、质量连续且均匀分布的刚体，才能用积分的形式求其转动惯量。而对于一般刚体来说，往往通过实验来测定其转动惯量。表 4-1 所示为一些常见刚体的转动惯量。

表 4-1   **常见刚体的转动惯量**

【例 4-3】 一质量为 m、长为 l 的均匀细长棒，求通过棒中心并与棒垂直的轴的转动惯量。

解： 如图 4-11 所示，设棒的线密度为 λ，取一距离转轴 OO' 为 r 处的质量元 $\mathrm{d}m = \lambda\mathrm{d}r$，则此质量元对转轴的转动惯量为 $\mathrm{d}J = r^2\mathrm{d}m = \lambda r^2\mathrm{d}r$，由于细棒两端通过其中心对称，故可求其总的转动惯量为

图 4-11 例 4-3

$$J = 2\lambda\int_0^{l/2} r^2\mathrm{d}r = \frac{1}{12}\lambda l^3 = \frac{1}{12}ml^2$$

同理，若转轴过端点垂直于棒，则其对转轴的转动惯量为

$$J = \lambda\int_0^l r^2\mathrm{d}r = \frac{1}{3}ml^2$$

可以看出，细棒对通过其中心的轴和通过其一端的轴的转动惯量是不同的。通常，我们用 J_c 表示转轴通过刚体质心时的转动惯量。从上面两个结果可以看出，$J_\mathrm{c} = \frac{1}{12}ml^2$，而通其一端的转动惯量 J 和 J_c 有如下关系

$$J = \frac{1}{3}ml^2 = \frac{1}{12}ml^2 + \frac{1}{4}ml^2 = J_\mathrm{c} + m\left(\frac{1}{2}l\right)^2$$

式中，$\dfrac{1}{2}l$ 为两个转轴之间的距离。实验证明，若质量为 m 的刚体围绕通过其质心的轴转动，刚体的转动惯量为 J_c。则对任一与该轴平行，相距为 d 的转轴的转动惯量为

$$J = J_c + md^2 \tag{4-12}$$

上述关系叫做转动惯量的**平行轴定理**（见图 4-12）。例 4-3 的结果是验证平行轴定理很好的例子。从式（4-12）可以看出，刚体通过其质心轴的转动惯量 J_c 最小，而其他任何与质心轴平行的轴线的转动惯量都大于 J_c。

图 4-12　平行轴定理

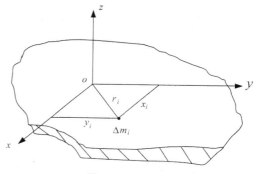

图 4-13　正交轴定理

设有一薄板如图 4-13 所示，过其上一点 O 作 z 轴垂直于板面，x、y 轴在板面内，若取一质量元 Δm_i，则有

$$J_z = \sum \Delta m_i r_i^2 = \sum \Delta m_i (x_i^2 + y_i^2) = \sum \Delta m_i x_i^2 + \sum \Delta m_i y_i^2 = J_x + J_y$$

即

$$J_z = J_x + J_y \tag{4-13}$$

式（4-13）说明，薄板型刚体对于板内的两条正交轴的转动惯量之和等于这个物体对该两轴交点并垂直于板面的那条转轴的转动惯量，这一结论称为正交轴定理。

【例 4-4】　质量为 m_1 的物体 A 静止在光滑水平面上，和一不计质量的绳索相连接，绳索跨过一半径为 R、质量为 m_c 的圆柱形滑轮 C，并系在另一质量为 m_2 的物体 B 上，B 竖直悬挂，滑轮与绳索间无滑动，且滑轮与轴承间的摩擦力可略去不计。求：

（1）两物体的线加速度为多少？水平和竖直两段绳索的张力各为多少？

（2）物体 B 从静止落下距离 y 时，其速率是多少？

解：（1）在第 2 章的关于滑轮的例题中，我们曾假设滑轮的质量不计，即不考虑滑轮的转动。但在实际情况中，滑轮的质量是不能忽略的，其本身具有转动惯量，要考虑它的转动。A、B 两个物体做的是平动，其加速度分别由其所受的合外力决定。而滑轮做转动，其角加速度是由其所受的合外力矩决定。因此，我们用隔离法分别对各物体做受力分析，如图 4-14 所示，以向右和向下为正方向建立坐标。

隔离体法分析物体受力如图 4-15 所示。物体 A 受到重力、支持力以及水平方向上拉力 $\vec{F}_{T1}$ 作用，物体 B 受到向下的重力和向上的拉力 $\vec{F}'_{T2}$ 作用。滑轮受到自身重力、转轴对它的约束力、以及两侧的拉力 $\vec{F}'_{T1}$ 和 $\vec{F}'_{T2}$ 产生的力矩作用，由于其自身重力及轴对它的约束力都过滑轮中心轴，对转动没有贡献，故影响其转动的只有拉力 $\vec{F}'_{T1}$ 和 $\vec{F}_{T2}$ 的力矩。这里，我们不能先假

定 $\vec{F}_{T1} = \vec{F}_{T2}$，但是 $\vec{F}_{T1} = \vec{F}'_{T1}$，$\vec{F}_{T2} = \vec{F}'_{T2}$。

图 4-14　例 4-4　　　　　　　　　　图 4-15　隔离体法分析物体受力

由于不考虑绳索的伸长，因此，对 A、B 两物体，可由牛顿第二定律求解，得

$$F_{T1} = m_1 a$$

$$m_2 g - F_{T2} = m_2 a$$

对于滑轮，有

$$RF_{T2} - RF_{T1} = J\alpha$$

式中，J 为滑轮的转动惯量，可知 $J = \dfrac{1}{2}m_c R^2$。由于绳索无滑动，滑轮边缘上一点的切向加速度与绳索和物体的线加速度大小相等，即角量和线量有如下的关系

$$a = R\alpha$$

上述 4 个式子联立，可得

$$a = \frac{m_2 g}{m_1 + m_2 + m_c/2}$$

$$F_{T1} = \frac{m_1 m_2 g}{m_1 + m_2 + m_c/2}$$

$$F_{T2} = \frac{(m_1 + m_c/2)m_2 g}{m_1 + m_2 + m_c/2}$$

可以看出，$\vec{F}_{T1}$ 和 $\vec{F}_{T2}$ 并不相等。只有当忽略滑轮质量，即当 $m_c = 0$ 时，才有

$$\vec{F}_{T1} = \vec{F}_{T2} = \frac{m_1 m_2 g}{m_1 + m_2}$$

（2）由题意知，B 由静止出发做匀加速直线运动，下落距离 y 时的速率为

$$v = \sqrt{2ay} = \sqrt{\frac{2m_2 gy}{m_1 + m_2 + m_c/2}}$$

【例 4-5】　质量为 m、长为 l 的匀质细杆一端固定在地面上，一开始杆竖直放置，当其受到微小扰动时便可在重力的作用下绕轴自由转动，问当细杆摆至与水平面呈 60°夹角时和到达水平位置时的角速度角、加速度为多大。

解：细杆受到自身重力和固定端的约束力的作用，因为细杆是匀质的，所以重力可以看作集中于杆的中心处，当杆转过与水平方向呈角度 θ 时，其重力力矩为 $mg\dfrac{l}{2}\cos\theta$，因为约束力过转轴，所以其力矩为零，如图 4-16 所示。由转动定律，得

图 4-16　例 4-5

$$mg\frac{l}{2}\cos\theta = J\alpha = \frac{1}{3}ml^2\alpha$$

式中，$J = \frac{1}{3}ml^2$ 为杆绕一端转动时的转动惯量。杆的角加速度为

$$\alpha = \frac{3g\cos\theta}{2l}$$

由角加速度的定义，有

$$\frac{\mathrm{d}\omega}{\mathrm{d}t} = \frac{3g\cos\theta}{2l}$$

在等式左面同时乘以和除以 $\mathrm{d}\theta$，上式的值不变，有

$$\frac{\mathrm{d}\omega}{\mathrm{d}t}\frac{\mathrm{d}\theta}{\mathrm{d}\theta} = \frac{3g\cos\theta}{2l}$$

因为 $\omega = \frac{\mathrm{d}\theta}{\mathrm{d}t}$，所以上式可变形为

$$\omega\mathrm{d}\omega = \frac{3g\cos\theta}{2l}\mathrm{d}\theta$$

其初始状态 $t = 0$ 时，$\theta_0 = 0$，$\omega_0 = 0$，上式两端同时积分，得

$$\int_0^\omega \omega\mathrm{d}\omega = \int_0^\theta \frac{3g}{2l}\cos\theta\mathrm{d}\theta$$

于是得，当细杆与水平面呈任意角度 θ 时的角速度为

$$\omega = \sqrt{\frac{3g}{l}\sin\theta}$$

将 $\theta = 60°$ 代入到上式，得

$$\omega_1 = \sqrt{\frac{3g}{l}\sin 60°} = \sqrt{\frac{3\sqrt{3}}{2l}g}$$

$$\alpha_1 = \frac{3}{4l}g$$

当 $\theta = 0$ 时，得

$$\omega_2 = \sqrt{\frac{3g}{l}\sin 0°} = 0$$

$$\alpha_2 = \frac{3}{2l}g$$

4.3 角动量 角动量守恒定律

本节我们将探讨力矩对时间的积累问题。

4.3.1 质点的角动量和角动量守恒定律

质量为 m 的质点以速度 $\vec{v}$ 在空间运动。某时刻相对原点 O 的位矢为 $\vec{r}$，如图 4-17（a）所示，我们定义质点相对于原点的**角动量**为

$$\vec{L} = \vec{r} \times \vec{p} = \vec{r} \times m\vec{v} \tag{4-14}$$

角动量是一个矢量，用符号"$\vec{L}$"表示，其方向垂直于$\vec{r}$和$\vec{v}$组成的平面，并遵守右手螺旋定则：**右手的拇指伸直，四指弯曲的方向为由$\vec{r}$通过小于 180° 的角转到$\vec{v}$的方向，此时，拇指的方向为力矩$\vec{L}$的方向**，如图 4-15（b）所示。

(a)　　　　　　　　　　(b)

图 4-17　质点的角动量

角动量的大小可由积矢法则求得

$$L = rmv\sin\theta \tag{4-15}$$

式（4-15）中θ为位矢$\vec{r}$和速度$\vec{v}$之间的夹角。另外，由于速度$\vec{v}$与动量$\vec{p}$的方向一致，所以上述式子中描述$\vec{v}$的方向可用$\vec{p}$的方向来代替。在国际单位制中，角动量的单位为：千克平方米/每秒，其符号为 $kg \cdot m^2 \cdot s^{-1}$。

质点以角速度ω做半径为r的圆周运动时，由于任意点的位矢$\vec{r}$和速度$\vec{v}$总是垂直的，所以质点相对圆心的角动量$\vec{L}$的大小为

$$L = mr^2\omega = J\omega$$

如图 4-18 所示。

应当注意的是：并非质点仅在做圆周运动时才具有角动量，质点做直线运动时，对于不在此直线上的参考点也具有角动量。角动量和所选取的参考点 O 的位置有关，参考点不同，角动量往往不同，因此，在描述质点的角动量时，必须指明是相对哪一点的角动量。

另外，虽然质点相对于任一直线（例如 z 轴）上的不同参考点的角动量是不相等的，但是这些角动量在该直线上的投影却是相等的。如图 4-19 所示，取 S 平面与 z 轴垂直，则质点对于 O 点及 O' 点的角动量分别为 L 与 L'，L 和 L' 分别等于以 r 及 mv 为邻边及以 r' 及 mv 为邻边的平行四边形的面积，L 与 L' 在 z 轴上的投影分别是 $L_z = L\cos\alpha$ 和 $L_z' = L'\cos\alpha'$（α 和 α' 分别为 L 与 L' 和 z 轴间的夹角。由图 4-17 可以看出，L_z 和 L_z' 分别是相应的两个平行四边形在 S 面上的投影面积，两者是相同的，故

$$L_z = L'$$

图 4-18　质点圆周运动时的角动量

图 4-19　角动量的投影

下面，介绍质点的角动量定理。

设质点在合外力 $\vec{F}$ 的作用下运动，某时刻其相对原点的位矢为 $\vec{r}$，动量为 $\vec{p}$。由角动量的定义

$$\vec{L} = \vec{r} \times \vec{p}$$

上式两端同时对 t 求导，可得

$$\frac{\mathrm{d}\vec{L}}{\mathrm{d}t} = \frac{\mathrm{d}}{\mathrm{d}t}(\vec{r} \times \vec{p}) = \vec{r} \times \frac{\mathrm{d}\vec{p}}{\mathrm{d}t} + \frac{\mathrm{d}\vec{r}}{\mathrm{d}t} \times \vec{p}$$

等式右面第二项中，由于 $\dfrac{\mathrm{d}\vec{r}}{\mathrm{d}t} = \vec{v}$，而 $\vec{v} \times \vec{p} = 0$，因此其第二项为零。

可得

$$\frac{\mathrm{d}\vec{L}}{\mathrm{d}t} = \vec{r} \times \frac{\mathrm{d}\vec{p}}{\mathrm{d}t}$$

由牛顿第二定律可知 $\dfrac{\mathrm{d}\vec{p}}{\mathrm{d}t} = \vec{F}$，上式可变为

$$\frac{\mathrm{d}\vec{L}}{\mathrm{d}t} = \vec{r} \times \frac{\mathrm{d}\vec{p}}{\mathrm{d}t} = \vec{r} \times \vec{F}$$

而式中 $\vec{r} \times \vec{F}$ 为合外力 $\vec{F}$ 对参考原点 O 的合力矩 $\vec{M}$。于是上式可写作

$$\vec{M} = \frac{\mathrm{d}\vec{L}}{\mathrm{d}t} \tag{4-16}$$

式（4-16）表明，**作用于质点的合力对参考点 O 的力矩，等于质点对该 O 的角动量随时间的变化率。**这就是**质点的角动量定理。**

式（4-16）还可写成 $\mathrm{d}\vec{L} = \vec{M}\mathrm{d}t$。若外力在质点上作用了一段时间，即有力矩对时间的积累，那么，上式两端取积分，可得

$$\int_{t_1}^{t_2} \vec{M}\mathrm{d}t = \vec{L}_2 - \vec{L}_1 \tag{4-17}$$

式中，$\vec{L}_1$ 和 $\vec{L}_2$ 分别为质点在 t_1 和 t_2 时刻对参考点 O 的角动量，$\displaystyle\int_{t_1}^{t_2} \vec{M}\mathrm{d}t$ 叫做质点在 t_1 到 t_2 时间内所受的**冲量矩**。因此，角动量定理还可表述为如下形式：**对同一参考点 O，质点所受的冲量矩等于质点角动量的增量。**

从式（4-17）可以看出，当质点所受的合外力矩为零，即 $\displaystyle\int_{t_1}^{t_2} \vec{M}\mathrm{d}t = 0$ 时，$\vec{L}_1 = \vec{L}_2$。其物理意义为：**质点所受对参考点 O 的合力矩为零时，质点对该参考点 O 的角动量为一恒矢量。**这就是**质点的角动量守恒定律。**

可能有以下几种情况，导致质点的角动量守恒：一种是质点所受的合外力为零；另一种是合外力虽然不为零，但合外力过参考点，导致合外力矩为零，质点做匀速圆周运动时就属于这种情况，此时质点所受到的合力为向心力，对圆心的角动量守恒。另外，只要作用于质点的力为向心力，那么，质点对于力心的力矩总是零，其角动量总是守恒。例如，以太阳为参考点，地球围绕太阳的角动量是守恒的。

【例 4-6】 一半径为 R 的光滑圆环置于竖直平面内。一质量为 m 的小球穿在圆环上，并可在圆环上滑动。小球开始时静止于圆环上的点 A（该点在通过环心 O 的水平面上），然后从 A 点开始下滑。设小球与圆环间的摩擦略去不计，求小球滑到点 B 时对环心 O 的角动

量和角速度。

解：如图 4-20 所示，小球受重力和支持力作用。支持力指向圆心，其力矩为零，故小球所受合外力矩仅为重力矩，其方向垂直纸面向里，大小为

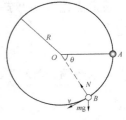

图 4-20　例 4-6

$$M = mgR\cos\theta$$

小球在下滑过程中，角动量的大小时刻变化，但是其方向也始终垂直纸面向里。由质点的角动量定理，得

$$\vec{M}\mathrm{d}t = \mathrm{d}\vec{L}$$

$$mgR\cos\theta = \frac{\mathrm{d}L}{\mathrm{d}t}$$

移项之后，得

$$\mathrm{d}L = mgR\cos\theta\,\mathrm{d}t$$

因为 $\omega = \mathrm{d}\theta/\mathrm{d}t$，$L = mRv = mR^2\omega$，所以上式左端乘以 L，右端乘以 $mR^2\omega$ 后其值不变，有

$$L\mathrm{d}L = m^2gR^3\cos\theta\,\mathrm{d}\theta$$

因为 $t = 0$ 时，$\theta_0 = 0$，$L_0 = 0$，可对上式两端积分，得

$$\int_0^L L\mathrm{d}L = m^2gR^3 \int_0^\theta \cos\theta\,\mathrm{d}\theta$$

因此，有

$$L = mR^{3/2}(2g\sin\theta)^{1/2}$$

将 $L = mR^2\omega$ 代入上式可得

$$\omega = (\frac{2g}{R}\sin\theta)^{1/2}$$

4.3.2　刚体定轴转动的角动量定理

下面介绍由多个质点组成的系统—刚体绕定轴转动时的角动量定理。

如图 4-21 所示，以角速度 ω 绕定轴 Oz 转动的刚体上任意一点 m_i，距离中心轴为 r_i，其对于转轴的角动量为 $m_ir_iv_i = m_ir_i^2\omega$。由于刚体上所有质点都以相同的角速度绕 Oz 轴做圆周运动，因此，刚体上所有质点对转轴的角动量为

图 4-21　刚体的角动量

$$\vec{L} = (\sum_i m_ir_i^2)\vec{\omega}$$

这也是刚体对转轴 Oz 的角动量。

可以看出，$\sum_i m_ir_i^2$ 为刚体绕转轴 Oz 的转动惯量，即 $J = \sum_i m_ir_i^2$。因此，上式可写成

$$\vec{L} = J\vec{\omega} \tag{4-18}$$

对于刚体上任意质点 m_i，满足质点的角动量定理，设其所受的合力矩为 $\vec{M}_i$，则应有

$$\vec{M}_i = \frac{\mathrm{d}\vec{L}_i}{\mathrm{d}t} = \frac{\mathrm{d}}{\mathrm{d}t}(m_ir_i\vec{\omega})$$

而合力矩 $\overline{M_i}$ 既包括来自系统外的力的力矩（外力矩 $\overline{M}_{ei}$），又包括来自系统内质点间力的力矩（即内力矩 $\overline{M}_{ii}$）。我们知道，对于绕定轴转动的刚体，其内部各质点间的内力矩之和为零，即 $\sum \overline{M}_{ii} = 0$，因此，作用于绕定轴 Oz 转动刚体的力矩 $\overline{M}$ 为

$$\overline{M} = \sum \overline{M}_{ei} = \frac{\mathrm{d}}{\mathrm{d}t}(\sum \vec{L}_i) = \frac{\mathrm{d}}{\mathrm{d}t}((\sum m_i r_i^2)\vec{\omega})$$

$\overline{M}$ 为其所受的合外力矩。上式也可写成

$$\overline{M} = \frac{\mathrm{d}\vec{L}}{\mathrm{d}t} = \frac{\mathrm{d}(J\vec{\omega})}{\mathrm{d}t} \qquad (4\text{-}19)$$

这就是刚体绕定轴转动的角动量定理：刚体绕定轴转动时，作用于刚体的合外力矩等于刚体绕此定轴的角动量随时间的变化率。

刚体的角动量定理也可用积分形式表示。若在外力矩作用下，绕定轴转动的刚体角动量在 t_1 到 t_2 时间内，由 $L_1 = J\omega_1$ 变为 $L_2 = J\omega_2$，则其所受合力对给定轴的冲量矩为

$$\int_{t_1}^{t_2} M\mathrm{d}t = J\omega_2 - J\omega_1 \qquad (4\text{-}20\mathrm{a})$$

若刚体在转动过程中，其内部各质点对于转轴的距离或位置发生了变化，此时刚体的转动惯量也要相应发生变化，设在 t_1 到 t_2 时间内，转动惯量由 J_1 变为 J_2，则式（4-20a）应写为

$$\int_{t_1}^{t_2} M\mathrm{d}t = J_2\omega_2 - J_1\omega_1 \qquad (4\text{-}20\mathrm{b})$$

式（4-20b）在由多个离散质点组成的质点系中表现得尤为明显。

式（4-20）表明，**定轴转动的刚体对轴的角动量的增量等于外力对该轴的冲量矩。**

4.3.3　刚体定轴转动的角动量守恒定律

由前面可知，质点所受的合外力矩为零时，质点对参考点的角动量守恒。同样，也可得出刚体绕定轴转动的角动量守恒定律，即：**当作用在刚体上的合外力矩为零，或外力矩虽然存在，但其沿转轴的分量为零时，刚体对给定轴的角动量守恒。** 或表述为

$$\text{若 } M = 0，\text{则有 } L = J\omega = \text{常量} \qquad (4\text{-}21)$$

若刚体的转动惯量保持不变，刚体会以恒定角速度转动；若其转动惯量发生了变化，那么刚体转动的角速度也会发生相应变化，但二者的乘积保持不变。

如果刚体由多个离散物体组成，同样也可得出系统的角动量守恒定律。最简单的情况，设系统由两个物体组成，其中一个的转动惯量为 J_1，角速度为 ω_1；另一个转动惯量为 J_2，角速度为 ω_2，则有

$$\text{当 } M = 0 \text{ 时，} J_1\omega_1 = J_2\omega_2 = \text{常量} \qquad (4\text{-}22)$$

即：当系统内一个物体的角动量发生了变化，另外一个物体的角动量必然要发生与之相应的变化，从而保持整个系统的角动量不发生变化。

另外，角动量守恒定律是矢量式，它有 3 个分量，各分量可以分别守恒。例如，

若 $M_x = 0$，则 $L_x = $ 常量；

若 $M_y = 0$，则 $L_y = $ 常量；

若 $M_z = 0$，则 $L_z = $ 常量。

和动量守恒、能量守恒定律一样，角动量守恒定律也是自然界普遍适用的一条基本规律。日常生活中，好多现象也可用角动量守恒来解释。例如滑冰运动员，在做旋转动作时，往往先将双臂展开旋转，然后迅速将双臂收拢靠近身体。这样，运动员就获得了更快的旋转角速度，如图 4-20 所示。又如跳水运动员的"团身—展体"动作，运动员在空中时往往将手臂和腿蜷缩起来，以减小其转动惯量，从而获得更大的角速度。在快入水时，又将手臂和腿伸展开，从而减小转动的角速度，保证其能以一定的方向入水。

图 4-22　滑冰

【例 4-7】 如图 4-23 所示，一质量为 m 的子弹以水平速度射入一静止悬于顶端长棒的下端，穿出后速度损失 3/4，求子弹穿出后，棒的角速度 ω。已知棒长为 l，质量为 M。

解： 碰撞的过程中，棒对子弹的阻力 f 和子弹对棒的作用力 f' 为作用力与反作用力，其大小相等，方向相反。

对子弹来说，碰撞过程中，棒对子弹的阻力 f 的冲量为

$$\int f \mathrm{d}t = m(v - v_0) = -\frac{3}{4}mv_0$$

而子弹对棒的反作用力对棒的冲量矩为

$$\int f'l\mathrm{d}t = l\int f'\mathrm{d}t = J\omega$$

由 $f' = -f$，又棒绕其一端转动时转动惯量为 $J = \frac{1}{3}Ml^2$，上两式联立，可得

$$\omega = \frac{3mv_0l}{4J} = \frac{9mv_0}{4Ml}$$

【例 4-8】 如图 4-24（a）所示，一质量很小、长度为 l 的均匀细杆，可绕过其中心 O 并与纸面垂直的轴在竖直平面内转动。当细杆静止于水平位置时，有一只小虫以速率 v_0 垂直落在距点 O 为 $l/4$ 处，并背离点 O 向细杆的端点 A 爬行。设小虫与细杆的质量均为 m。问：欲使细杆以恒定的角速度转动，小虫应以多大速率向细杆端点爬行？

(a)　　　　　　　　　　　(b)

图 4-24　例 4-8

解： 选小虫与细杆为系统，小虫落在细杆上，即小虫和细杆的碰撞可视为完全非弹性碰撞，因为碰撞时间极短，所以重力的冲量矩可以忽略。碰撞后，细杆连同小虫一起以角速度 ω 转动，见图 4-24（b）。碰撞前后系统角动量守恒，即

$$mv_0 \frac{l}{4} = \left[\frac{1}{12}ml^2 + m\left(\frac{l}{4}\right)^2 \right]\omega$$

可得 $\omega = \frac{12}{7}\frac{v_0}{l}$ ，为小虫和杆的共同角速度。

　　又因为细杆对转轴 O 的重力矩为零，所以小虫爬到距 O 点为 r 的点 P 时，系统所受到的外力矩仅为小虫的重力矩，即

$$M = mgr\cos\theta$$

又因为角速度恒定，由角动量定理可得

$$M = \frac{\mathrm{d}L}{\mathrm{d}t} = \frac{\mathrm{d}(J\omega)}{\mathrm{d}t} = \omega\frac{\mathrm{d}J}{\mathrm{d}t}$$

而小虫在 P 点时，小虫和细杆的转动惯量分别为 mr^2 和 $\frac{1}{12}ml^2$ ，因此

$$mgr\cos\theta = \omega\frac{\mathrm{d}}{\mathrm{d}t}\left(\frac{1}{12}ml^2 + mr^2\right) = 2mr\omega\frac{\mathrm{d}r}{\mathrm{d}t}$$

考虑到 $\theta = \omega t$ ，由上式可得

$$\frac{\mathrm{d}r}{\mathrm{d}t} = \frac{g}{2\omega}\cos\omega t = \frac{7lg}{24v_0}\cos(\frac{12v_0}{7l}t)$$

按照速率的定义， $\dfrac{\mathrm{d}r}{\mathrm{d}t}$ 即为小虫的爬行速率。

　　本题为一理想情况。在实际情况中，想控制小虫的爬行速度几乎是不可能的，但是可以用数字机器人来模拟上述的过程。

4.4　刚体定轴转动的功能关系

本节要介绍的是力矩对空间的累积效应——力矩的功。

4.4.1　力矩的功和功率

图 4-25　力矩的功

　　力矩对绕定轴转动刚体做功的效果是：刚体在外力的作用下转动而发生了角位移。

　　如图 4-25 所示，刚体在外力 $\vec{F}$ 的作用下，围绕转轴转过了 $\mathrm{d}\theta$ 角，即其角位移为 $\mathrm{d}\theta$ ；力的作用点的位移为 $\mathrm{d}s = r\mathrm{d}\theta$ 。此时，可将外力 $\vec{F}$ 分解为沿着切向的分力 $\vec{F}_t$ 和沿着法向的分力 $\vec{F}_n$ 。在刚体绕定轴转动时 F_t 做功，而 F_n 不做功。

　　因此，在此过程中，外力做的元功为

$$\mathrm{d}W = F_t\mathrm{d}s = F_t r\mathrm{d}\theta$$

又因为上式中 $F_t r$ 即为 F_t 对于转轴的力矩大小，即 $M = F_t r$ ，所以上式可写为

$$\mathrm{d}W = M\mathrm{d}\theta$$

若力矩的大小和方向都为恒定值，当刚体在此力矩作用下从角度 θ_0 转到角度 θ 时，外力矩做的总功为

$$W = \int_{\theta_0}^{\theta} \mathrm{d}W = \int_{\theta_0}^{\theta} M\mathrm{d}\theta = M\int_{\theta_0}^{\theta} \mathrm{d}\theta = M(\theta - \theta_0) = M\Delta\theta \qquad (4\text{-}23)$$

即：**合外力矩对绕定轴转动刚体所做的功为合外力矩与角位移的乘积。**

按照功率的定义，单位时间内力矩对刚体做的功叫做力矩的功率。设刚体在外力矩作用下，在 $\mathrm{d}t$ 时间内转过了 $\mathrm{d}\theta$ 角，力矩的功率为

$$P = \frac{\mathrm{d}W}{\mathrm{d}t} = M\frac{\mathrm{d}\theta}{\mathrm{d}t} = M\omega \qquad (4\text{-}24)$$

4.4.2 刚体的转动动能

刚体绕定轴转动时，动能为刚体内所有质点动能的总和，叫做转动动能。转动动能是动能的一种，也用符号"E_k"表示，我们把质点做平动时具有的动能叫做平动动能。设刚体中各质量元的质量分别为 Δm_1，Δm_2，...，Δm_i，...，其线速率分别为 v_1，v_2，...，v_i，...，各质量元到转轴的垂直距离分别为 r_1，r_2，...，r_i，...，当刚体以角速度 ω 转动时，任一点 Δm_i 的动能为

$$\frac{1}{2}\Delta m_i v_i^2 = \frac{1}{2}\Delta m_i r_i^2 \omega^2$$

所以整个刚体的转动动能为

$$E_k = \sum_{i=1}^{n} \frac{1}{2}\Delta m_i r_i^2 \omega^2 = \frac{1}{2}\left(\sum_{i=1}^{n}\Delta m_i r_i^2\right)\omega^2$$

因为 $\sum_{i=1}^{n}\Delta m_i r_i^2$ 即为刚体的转动惯量，所以上式可写为

$$E_k = \frac{1}{2}J\omega^2 \qquad (4\text{-}25)$$

上式表明，**刚体绕定轴转动的转动动能等于刚体的转动惯量与其角速度的平方的乘积的一半。** 可以看出，转动动能与质点的平动动能 $E_k = \frac{1}{2}mv^2$ 相比，数学表达形式是完全一致的。

4.4.3 刚体绕定轴转动的动能定理

刚体在力矩的作用下转过一定角度，力矩对刚体做了功，做功的效果是改变刚体的转动状态，改变了刚体的什么状态？答案是改变了刚体的转动动能。

设刚体在合外力矩作用下，在 Δt 时间内，从角度 θ_0 转到角度 θ，其角速度从 ω_0 变为 ω，由合外力矩的功的定义

$$W = \int_{\theta_0}^{\theta} M\mathrm{d}\theta$$

设转动惯量 J 为常量，力矩 $M = J\alpha = J\dfrac{\mathrm{d}\omega}{\mathrm{d}t}$，代入上式中，则功为

$$W = \int_{\theta_0}^{\theta} M\mathrm{d}\theta = \int_{\theta_0}^{\theta} J\frac{\mathrm{d}\omega}{\mathrm{d}t}\mathrm{d}\theta$$

而 $\omega = \dfrac{\mathrm{d}\theta}{\mathrm{d}t}$ ，则上式等价于

$$W = \int_{\omega_0}^{\omega} J\omega\mathrm{d}\omega$$

即

$$W = \frac{1}{2}J\omega^2 - \frac{1}{2}J\omega_0^2 \tag{4-26}$$

这就是刚体绕定轴转动的动能定理：合外力矩对绕定轴转动的刚体做功的代数和等于刚体转动动能的增量。

当系统中既有平动的物体又有转动的刚体，且系统中只有保守力做功，其他力与力矩不做功时，物体系的机械能守恒。这叫做物体系的机械能守恒定律。此时，物体系的机械能包括质点的平动动能、刚体的转动动能、势能等。具体情况可以具体分析。

【例 4-9】　如图 4-26 所示，质量为 m、半径为 R 的圆盘，以初角速度 ω_0 在摩擦系数为 μ 的水平面上绕质心轴转动，问：圆盘转动几圈后静止。

解： 以圆盘为研究对象，则圆盘在转动过程中只有摩擦力矩做功。

其始末状态动能分别为

$$E_{k0} = \frac{1}{2}J\omega_0^2 \quad \text{和} \quad E_k = 0$$

根据绕定轴转动刚体的动能定理，摩擦力矩的功等于刚体转动动能的增量，下面我们求摩擦力矩的功，根据题意，先求摩擦力矩的大小。图 4-27 所示为将圆盘分割成无限多个圆环。

图 4-26　例 4-9

图 4-27　将圆盘分割成无限多个圆环

圆盘的面密度为 $\sigma = \dfrac{m}{\pi R^2}$ ，圆环的质量为：$\mathrm{d}m = \sigma\mathrm{d}S = \sigma 2\pi r\mathrm{d}r$ ，因此，每个圆环产生的摩擦力矩，即阻力矩 $\mathrm{d}M_{阻} = -\mu\mathrm{d}mgr$ 。

于是，可得整个圆盘产生的阻力矩

$$M_{阻} = \int \mathrm{d}M_{阻} = -\int_0^R \mu\mathrm{d}mgr$$

$$= -\int_0^R 2\pi\mu g\sigma r^2\mathrm{d}r = -\frac{2}{3}mg\mu R$$

下面求阻力矩的功

$$W_{阻} = \int M_{阻}\mathrm{d}\theta$$

$$= -\int_0^\theta \frac{2}{3}mg\mu R\mathrm{d}\theta = -\frac{2}{3}mg\mu R\theta$$

由动能定理，可得

$$-\frac{2}{3}mg\mu R\theta = 0 - \frac{1}{2}J\omega_0^2$$

对绕中心轴转动的圆盘来说，转动惯量 $J = \frac{1}{2}mR^2$，代入上式中，可得转过的角度为

$$\theta = \frac{3J\omega_0^2}{4mg\mu R}$$

则转过的圈数为

$$n = \frac{\theta}{2\pi} = \frac{3R\omega_0^2}{16\pi g\mu}$$

【例 4-10】 如图 4-28 所示，一质量为 M、半径为 R 的圆盘，可绕垂直通过盘心的无摩擦的水平轴转动。圆盘上绕有轻绳，一端挂质量为 m 的物体。问物体在静止下落高度 h 时，其速度的大小为多少？设绳的质量忽略不计。

解： 如图 4-29 所示，取向下为正方向，

分析受力，对圆盘转动起作用的力矩为向下的绳的拉力 $\vec{F}_1$，设 θ、θ_0 和 ω、ω_0 分别为圆盘最终和起始时的角坐标和角速度。

拉力 $\vec{T}_1$ 对圆盘做功。由刚体绕定轴转动的动能定理可得：拉力 $\vec{T}_1$ 的力矩所做的功为

$$\int_{\theta_0}^{\theta} T_1 R\mathrm{d}\theta = R\int_{\theta_0}^{\theta} T_1\mathrm{d}\theta = \frac{1}{2}J\omega^2 - \frac{1}{2}J\omega_0^2$$

而物体受到向下的重力和向上的拉力 $\vec{T}_1$，对物体应用质点动能定理，有

$$mgh - R\int_{\theta_0}^{\theta} T_1\mathrm{d}\theta = \frac{1}{2}mv^2 - \frac{1}{2}mv_0^2$$

因为物体由静止开始下落，所以 $v_0 = 0, \omega_0 = 0$。并考虑到圆盘的转动惯量 $J = \frac{1}{2}MR^2$，而 $v = \omega R$，可得

图 4-28 例 4-10　　　图 4-29 例 4-10 受力分析

$$v = 2\sqrt{\frac{mgh}{M + 2m}} = \sqrt{\frac{m}{(M/2) + m}2gh}$$

本题也可用物体系的机械能守恒来计算。取圆盘及物体为系统，因为系统内只有保守力做功，所以系统机械能守恒。

根据物体系机械能守恒定律，有

$$mgh = \frac{1}{2}J\omega^2 + \frac{1}{2}mv^2$$

将 $J = \frac{1}{2}MR^2$ 和 $\varpi = \omega R$ 代入，同样可得

$$v = 2\sqrt{\frac{mgh}{M + 2m}} = \sqrt{\frac{m}{(M/2) + m}2gh}$$

可以看出，应用物体系机械能守恒定律解题会更加简单。

刚体绕定轴转动的规律的学习，可以对比前面质点运动的一些规律。表 4-2 列举了这两方面一些对应的物理量和公式，供读者参考。

表 4-2　　　　　　　　　　　　　　质点的运动规律和刚体定轴转动规律的对比

质点的运动	刚体的定轴转动
速度 $\vec{v} = \dfrac{\mathrm{d}\vec{r}}{\mathrm{d}t}$	角速度 $\omega = \dfrac{\mathrm{d}\theta}{\mathrm{d}t}$
加速度 $\vec{a} = \dfrac{\mathrm{d}\vec{v}}{\mathrm{d}t}$	角加速度 $\alpha = \dfrac{\mathrm{d}\omega}{\mathrm{d}t}$
质量 m，力 F	转动惯量 J，力矩 M
力的功 $W = \displaystyle\int_a^b \vec{F} \cdot \mathrm{d}\vec{r}$	力矩的功 $W = \displaystyle\int_{\theta_a}^{\theta_b} M \cdot \mathrm{d}\theta$
动能 $E_k = \dfrac{1}{2}mv^2$	转动动能 $E_k = \dfrac{1}{2}J\omega^2$
运动定律 $\vec{F} = m\vec{a}$	运动定律 $M = J\alpha$
动量定理 $\vec{F} = \dfrac{\mathrm{d}(m\vec{v})}{\mathrm{d}t}$	角动量定理 $M = \dfrac{\mathrm{d}(J\omega)}{\mathrm{d}t}$
动量守恒 $\displaystyle\sum_i m_i v_i = $ 常量	角动量守恒 $\displaystyle\sum J\omega = $ 常量
动能定理 $W = \dfrac{1}{2}mv^2 - \dfrac{1}{2}mv_0^2$	动能定理 $W = \dfrac{1}{2}J\omega^2 - \dfrac{1}{2}J\omega_0^2$

4.5 *进动

日常生活中，并不是所有的刚体都围绕定轴转动，也有一些绕非定轴转动的现象存在。大家应该都玩过陀螺的游戏，陀螺在急速转动时，除了绕自身对称轴线转动外，对称轴还将绕竖直轴 Oz 转动，这种回转现象称为**进动**，又称为**旋进**。

图 4-30 所示为一个较简单的陀螺进动示意图。当陀螺按图示方向转动时，其对 O 点的角动量可以看作是对其本身对称轴的角动量；另外可以看出，陀螺所受的外力矩仅有重力的力矩 $\vec{M}$，其方向垂直于转轴和重力组成的平面。在 $\mathrm{d}t$ 时间内，陀螺的角动量由 $\vec{L}$ 增加到 $\vec{L} + \mathrm{d}\vec{L}$，即增加了 $\mathrm{d}\vec{L}$，由定义式 $\vec{M}\mathrm{d}t = \mathrm{d}\vec{L}$ 可以看出，$\mathrm{d}\vec{L}$ 的方向与外力矩的方向一致，因外力矩方向垂直于 $\vec{L}$ 的方向，故 $\mathrm{d}\vec{L}$ 和 $\vec{L}$ 的方向也互相垂直，使 $\vec{L}$ 大小不变而方向发生了变化。此时，陀螺按逆时针方向转过了角度 $\mathrm{d}\varphi$，将出现在途中 $\vec{L} + \mathrm{d}\vec{L}$ 的位置上，由图可以看出，此时

图 4-30　进动

$$\left| \mathrm{d}\vec{L} \right| = L \sin\theta \, \mathrm{d}\varphi$$

由于 $\mathrm{d}L = M\mathrm{d}t$，代入上式中，得

$$Mdt = L\sin\theta d\varphi = J\omega\sin\theta d\varphi$$

式中，ω 为陀螺自转的角速度，J 为陀螺绕自身轴转动时的转动惯量。按照定义，进动的角速度用符号"Ω"表示，$\Omega = \dfrac{d\varphi}{dt}$，得

$$\Omega = \frac{M}{J\omega\sin\theta} \tag{4-27}$$

进动现象应用非常广泛，子弹、炮弹、导弹在飞行时常遇到阻力，阻力往往可以使子弹发生反转而并不一定是弹头着地。为了解决这个问题，人们在枪膛或者炮膛中设计了来复线，使子弹或者炮弹在飞行过程中绕自身的轴旋转，遇到阻力偏离轴向后，产生进动，总的运动仍保持原方向前进。

进动的现象在微观世界中也能看到，例如，自旋电子在外磁场中一方面自转，另一方面还以外磁场的方向为轴做进动。我们在电磁学中还将会学到这方面的内容。

复 习 题

一、思考题

1. 汽车在转弯时做的运动是不是平动？在平直公路上向前运动时呢？

2. 平行于 z 轴的力对 z 轴的力矩一定是零，垂直于 z 轴的力对 z 轴的力矩一定不是零，这两种说法都对吗？

3. 一个有固定轴的刚体，受有两个力作用，当这两个力的矢量和为零时，它们对轴的合力矩也一定是零吗？当这两个力的合力矩为零时，它们的矢量和也一定为零吗？举例说明之。

4. 影响刚体转动惯量的因素有哪些？

5. 一个系统动量守恒和角动量守恒的条件有何不同？

6. 两个半径相同的轮子，质量相同，但一个轮子的质量聚集在边缘附近，另一个轮子的质量分布比较均匀。试问：

（1）如果它们的角动量相同，哪个轮子转得快？

（2）如果它们的角速度相同，哪个轮子的角动量大？

7. 有的矢量是相对于一定点（或轴）来确定的，有的矢量是与定点（或轴）的选择无关的。请指出下列矢量各属于哪一类：

（1）位置矢量；（2）位移；（3）速度；（4）动量；（5）角动量；（6）力；（7）力矩。

8. 做匀速圆周运动的质点，对于圆周上的某一定点，它的角动量守恒吗？对于哪一个定点，它的角动量守恒？

9. 如果不计摩擦阻力，做单摆运动的质点，角动量是否守恒？为什么？

10. 一个生鸡蛋和一个熟鸡蛋放在桌子上使之旋转，请问如何判断哪个是生鸡蛋？哪个是熟鸡蛋？并说明原因。

11. 细线一端连接一质量 m 的小球，另一端穿过水平桌面上的光滑小孔，小球以角速度 ω_0 转动，用力 f 拉线，使转动半径从 r_0 减小到 $r_0/2$，则拉力做功是否为零？为什么？

二、习题

1. 一因受制动而均匀减速的飞轮半径为 0.2m，减速前转速为 150r·min⁻¹，经 30s 停止转动。求：

（1）角加速度以及在此时间内飞轮所转的圈数；

（2）制动开始后 t=6s 时飞轮的角速度；

（3）t=6s 时飞轮边缘上一点的线速度、切向加速度和法向加速度。

2. 设一质量为 m、长为 l 的均匀细棒，可在水平桌面上绕通过其一端的竖直固定轴转动，已知细棒与桌面的摩擦系数为 μ，求棒转动时受到的摩擦力矩的大小。

3. 一转轮的质量为 60kg、直径为 0.50m、转速为 1 000r/min，现要求在 5s 内使其制动，求制动力 F 的大小。设闸瓦与转轮之间的摩擦系数 μ=0.4，且转轮的质量全部分布在轮的外周上。

4. 风扇在开启电源后，经 t_1 时间达到了额定转速，此时的角速度为 ω_0，当关闭电源后，经过 t_2 时间风扇停止转动。已知风扇电机转子的转动惯量为 J，并假设摩擦阻力矩和电机的电磁力矩均为常量，求电机的电磁力矩。

5. 如图 4-31 所示，两个同心圆盘结合在一起可绕中心轴转动，大圆盘质量为 m_1、半径为 R，小圆盘质量为 m_2、半径为 r，两圆盘都受到力 f 作用，求角加速度。

6. 如图 4-32 所示，设一光滑斜面倾角为 θ，顶端固定一半径为 R，质量为 M 的定滑轮，一质量为 m 的物体用一轻绳缠在定滑轮上沿斜面下滑，试求：下滑的加速度 a。

图 4-31　习题 5

图 4-32　习题 6

7. 一电动机带动一个转动惯量为 J=50kg·m² 的系统做定轴转动。在 0.5s 内由静止开始最后达到 120r/min 的转速。假定在这一过程中转速是均匀增加的，求电动机对转动系统施加的力矩。

8. 如图 4-33 所示，物体 1 和 2 的质量分别为 m_1 与 m_2，滑轮的转动惯量为 J，半径为 r。

（1）如物体 2 与桌面间的摩擦系数为 μ，求系统的加速度 a 及绳中的张力 T_1 和 T_2（设绳子与滑轮间无相对滑动，滑轮与转轴无摩擦）；

（2）如物体 2 与桌面间为光滑接触，求系统的加速度 a 及绳中的张力 T_1 和 T_2。

9. *如图 4-34 所示，质量为 m、长为 l 的细杆两端用细线悬挂在天花板上，当其中一细线烧断的瞬间另一根细线中的张力为多大？

图 4-33 习题 8

图 4-34 习题 9

10. 在光滑水平桌面上放置一个静止的质量为 M、长为 $2l$、可绕中心转动的细杆，有一质量为 m 的小球以速度 v_0 与杆的一端发生完全弹性碰撞，求小球的反弹速度 v 及杆的转动角速度 ω。

11. 如图 4-35 所示，匀质圆盘 M 静止，有一粘土块 m 从高 h 处下落，并与圆盘粘在一起。已知 $M = 2m$，$\theta = 60°$，求碰撞后瞬间圆盘角速度 ω_0 的值。P 点转到 x 轴时圆盘的角速度和角加速度各为多少？

12. 如图 4-36 所示，一轻绳绕过一半径为 R，质量为 $m/4$ 的滑轮。质量为 m 的人抓住了绳的一端，在绳的另一端系一个质量为 $m/2$ 的重物。求当人相对于绳匀速上爬时，重物上升的加速度是多少？

图 4-35 习题 11

图 4-36 习题 12

13. 一轻绳绕在有水平轴的定滑轮上，滑轮质量为 m，绳下端挂一物体，物体所受重力为 mg，滑轮的角加速度为 α_1，若将物体去掉而以与 mg 相等的力直接向下拉绳子，试比较滑轮的角加速度 α_2 与 α_1 的大小。

14. *一质量为 m，长为 l 的均匀棒，若用水平力 F 打击在离轴下 y 处，求：轴的反作用力。

15. 一轻绳绕于半径 $r=20$cm 的飞轮边缘，在绳端施以大小为 98N 的拉力，飞轮的转动惯量 $J=0.5$kg·m^2。设绳子与滑轮间无相对滑动，飞轮和转轴间的摩擦不计。试求：

（1）飞轮的角加速度；

（2）当绳端下降 5m 时，飞轮的动能；

（3）如以质量 $m=10$kg 的物体挂在绳端，试计算飞轮的角加速度。

16．如图 4-37 所示，一圆柱体质量为 m，长为 l，半径为 R，用两根轻软的绳子对称地绕在圆柱两端，两绳的另一端分别系在天花板上。现将圆柱体从静止释放，试求：

（1）它向下运动的线加速度；

（2）向下加速运动时，两绳的张力。

17．如图 4-38 所示，转台绕中心竖直轴以角速度 ω 作匀速转动。转台对该轴的转动惯量 $J=5\times10^{-5}$kg·m^2。现有砂粒以 1g/s 的流量落到转台，并粘在台面形成一半径 $r=0.1$m 的圆。试求砂粒落到转台，使转台角速度变为 $\omega/2$ 所花的时间。

18．*半径为 R 的均匀细圆环，可绕通过环上 O 点且垂直于环面的水平光滑轴在竖直平面内转动，若环最初静止时直径 OA 沿水平方向（如图 4-39 所示）。环由此位置下摆，求 A 到达最低位置时的速度。

图 4-37　习题 16

图 4-38　习题 17

19．如图 4-40 所示，人和转盘的转动惯量为 J_0，哑铃的质量为 m，初始转速为 ω_1，求：双臂收缩由 r_1 变为 r_2 时的角速度及机械能增量。

图 4-39　习题 18

图 4-40　习题 19

20．质量为 M、长为 L 的均质细棒静止平放在滑动摩擦系数为 μ 的水平桌面上。它可绕 O 点垂直于桌面的固定光滑轴转动。另有一水平运动的质量为 m 的小滑块，从侧面垂直于棒的方向与棒发生碰撞，设碰撞时间极短。已知碰撞前后小滑块速度分别为 $\vec{v}_1$ 和 $\vec{v}_2$。求细棒碰撞后直到静止所需的时间是多少？

21．如图 4-41 所示，质量为 M，半径为 R 并以角速度 ω 旋转的飞轮，在某一瞬时，突然有一片质量为 m 的碎片从轮的边缘飞出。假定碎片脱离了飞轮时的速度正好向上，设其速度为 $\vec{v}_0$。求：

（1）碎片上升的高度为多少？

（2）余下部分的角速度、角动量及动能各为多少？

22．行星在椭圆轨道上绕太阳运动，太阳质量为 m_1，行星质量为 m_2，行星在近日点和远日点时离太阳中心的距离分别为 r_1 和 r_2 ，求行星在轨道上运动的总能量。

23．如图 4-42 所示，弹簧的劲度系数为 $k=2.0\text{N/m}$ ，轮子的转动惯量为 $0.5\text{kg}\cdot\text{m}^2$ ，轮子半径 $r=30\text{cm}$ 。当质量为 60kg 的物体落下 40cm 时的速率是多大？假设开始时物体静止而弹簧无伸长。

图 4-41　习题 21　　　　　　　　　　图 4-42　习题 23

模块2 热 学

　　热学是研究物质热现象、热运动规律以及热运动同其他运动形式之间转化规律的一门学科。它起源于人类对生存领域气候变化冷热现象的探索。

　　本模块共有两章，前一章介绍热运动的宏观理论——气体动力学。热运动的宏观表现是热现象，热现象的产生是物质内部大量分子无规则运动导致的。在讨论和研究热现象规律时，物体的整体宏观机械运动已不再属于讨论的范畴。区别于机械运动，这一章将从分子热运动观点出发，运用统计方法来寻求宏观量与微观量之间的联系，以便揭示其微观本质。

　　后一章介绍的是热运动的微观理论——热力学基础。它从能量观点出发，以观察和实验为基础，研究气体分子热运动的宏观性质和变化规律，并不涉及物质的微观结构和微观粒子的相互作用。热力学理论得出的结果具有高度的普遍性和可靠性，也可用来证实微观理论的正确性。

　　虽然，气体动力学和热力学基础的研究对象都是热现象，但是它们从不同的角度研究了物质的热运动规律。两者是相辅相成的，缺一不可。

第 5 章 气体动力学

【学习目标】

- 了解气体分子热运动的图像，理解平衡态、理想气体等概念。
- 熟练掌握理想气体的压强公式和温度公式，能从宏观以及微观两方面理解压强和温度的统计意义。
- 掌握分子自由度的概念，理解能量均分定理，会计算理想气体的内能。
- 理解麦克斯韦速率分布律、速率分布函数和速率分布曲线的物理意义。
- 掌握气体分子热运动的 3 种统计速度的概念，并学会计算。
- 掌握气体分子平均自由程和平均碰撞次数的概念以及公式。

本章主要讨论有关气体性质和现象的宏观规律，从气体分子热运动出发，利用经典统计的方法揭示和解释气体宏观性质及其宏观规律的微观本质。本章的主要内容有：热力学平衡态、理想气体的压强和温度的微观本质、气体分子速率分布律和气体中的输运过程。

5.1 热运动的描述 理想气体的状态方程

力学中，物体的运动状态可以通过位移和速度来描述；电磁学中，则通过电场强度和磁场强度来描述，我们把这些描述物体状态及其变化的参量称为状态参量。状态参量可以是力学参量、电磁参量、几何参量、化学参量等。根据系统本身的性质，可以选择合适的状态参量来描述系统的状态。

5.1.1 气体的状态参量

热学中，气体中包含有大量的分子。位移和速度只能描述每一个分子的微观状态，而不能表征气体的宏观状态。实验表明，一般情况下，对于一定量的气体，可以通过气体的体积、压强和温度来描述气体的状态。这 3 个物理量就是**气体的状态参量**。

气体的体积指的是盛装气体的容器的体积，即气体分子所能达到的空间，用符号"V"来表示。在国际单位制（SI）中，单位为：立方米，符号是"m^3"，有时也用：升（立方分米），符号是"L"，$1L=10^{-3}m^3$。

注意：气体的体积与气体分子自身体积总和是完全不同的。

气体的压强指的是气体作用于容器壁，容器壁上单位面积所受到的力，用符号"p"表示。

单位：帕斯卡（Pa），即：牛顿/平方米（N•m^{-2}），常用单位还有：标准大气压（atm），其换算公式为

$$1atm=1.013\ 25\times10^5 Pa$$

气体的温度是物质内部分子运动剧烈程度的宏观表征，可以用温度来描述物体的冷热程度。温度的数值表示法称为温标，常用的温标有两种，一种是国际单位制（SI）中的热力学温标 T，单位为：开尔文（K）。按照国际规定，热力学温标是最基本的温标，且 1 开尔文是水的三相点热力学温度的 $1/273.16$，即把水的三相点温度 273.16 规定为热力学温标的固定点。另一种是摄氏温标 t，单位是摄氏度：（℃），它是由热力学温标导出的，一般规定热力学温度 273.15K 为摄氏温标的零点（$t=0$），即

$$t=T-273.15$$

当然，研究气体在电场中的性质时，还必须考虑用电场强度和极化强度来描述气体系统的电状态。当研究的是混合气体时，这时各种化学成分的含量是不同的，需要用到反映各种化学成分的参量。究竟需要增加哪些参量才能对气体系统的状态作完全的描述，这将由气体系统本身的性质决定。

5.1.2　平衡态

热力学系统的宏观状态可以分为两类：平衡态和非平衡态。比如，有一封闭容器用隔板将其分为 A 和 B 两部分，开始时 A 部充满气体，B 部为真空。将隔板抽去后，A 部的气体就会向 B 部运动，如图 5-1 所示。在此过程中，气体内各处的状况是不均匀的，随时间而改变，最后达到处处均匀一致的状态。如果没有外界影响，系统的温度和压强将不再随时间变化，容器中气体将始终保持这一状态不变，此时，气体处于平衡状态。

图 5-1　平衡态和非平衡态

这样的现象很多，实验总结得到：**一定量的气体，在不受外界的影响下，经过一定的时间，系统达到一个稳定的宏观性质不随时间变化的状态称为平衡态**。实际中并不存在完全不受外界影响的系统，平衡态只是一个理想状态，是一定条件下对实际状态的近似。

注意：平衡态是指系统的宏观性质不随时间而改变，但是微观上，分子的无规则的热运动并没有停止。因此，热力学中的平衡态实际上是一种热动平衡。

5.1.3　理想气体的状态方程

实验表明，表征一定量气体平衡态的 3 个参量 p、V 和 T 中，当任一个参量发生变化时，其他两个参量也将随之变化。各种实际气体在压强不太大、温度不太低时，遵从玻意耳（R·Boyle）—马略特定律、盖·吕萨克（J·L·Gay-Lussac）定律和查理（J·A·C·Charles）定律。不难推出，质量为 M、摩尔质量为 M_{mol} 的气体，在任一平衡态时状态量之间有如下关系

$$pV=\nu RT=\frac{M}{M_{mol}}RT \tag{5-1}$$

我们把任何情况下都严格遵从式（5-1）的气体称为**理想气体**，式（5-1）称为理想气体物态方程，又称为克拉伯龙方程。R 是摩尔气体常量，且 $R=8.31J•mol^{-1}•K^{-1}$，ν 是气体的摩尔数。

若某个气体分子质量为 m ，体积 V 中的气体分子数为 N ，分子数密度为 n ，则 $\dfrac{N}{V}=n$ ，且 $\dfrac{N}{N_A}=\dfrac{M}{M_{mol}}=v$ ，于是，理想气体物态方程又可写为

$$p=\frac{N}{VN_A}RT=n\frac{R}{N_A}T=nkT \qquad (5\text{-}2)$$

式中，k 称为玻尔兹曼常量，$k=1.38\times10^{-23}\text{J}\cdot\text{K}^{-1}$。

从上面的分析可知，理想气体的各状态参量只要确定任意两个，就可确定气体的一个平衡态。如图 5-2 所示的 p-V 曲线，曲线上任一点都对应着一个平衡态，任一曲线就是一个平衡过程。图 5-2 描述的是温度一定时，压强随体积变化的曲线，称为等温线。随着温度增加，相应的等温线位置变高。

图 5-2 等温线

【例 5-1】 一氧气瓶容积为 $V=30\text{L}$，充满氧气后压强为 130atm，氧气厂规定，当压强降到 10atm 时就应重新充气。今有一车间每天需用 $V_0=40\text{L}$、$p_0=1\text{atm}$ 的氧气。问一瓶氧气可用多少天？设氧气为理想气体。

解： 氧气在使用过程中温度不变，计算的关键是比较使用前后的氧气的体积。设充气后瓶内氧气体积为 V_1，压强为 p_1；使用后瓶内剩余氧气的体积为 V_2，压强为 p_2；用去的氧气体积为 V_3。

充气后，根据玻意耳—马略特定律

$$p_1V=p_0V_1$$

得

$$V_1=p_1V/p_0$$

使用后，由玻意耳—马略特定律

$$p_2V=p_0V_2$$

解得

$$V_2=p_2V/p_0$$

故用去的氧气体积为

$$V_3=V_1-V_2=(p_1-p_2)V/p_0$$

所以可用的天数为

$$n=\frac{V_3}{V_0}=\frac{(130-10)\times30}{1\times40}=90 \quad (\text{天})$$

5.2 分子热运动的统计规律性

投掷骰子时，我们不能预先知道骰子一定出现几点，从 1 点到 6 点都有可能，也就是说，骰子出现哪几点纯属偶然。但是，当我们投掷骰子的次数很多时，出现 1 点到 6 点中任一点的次数几乎相等，约为总次数的 1/6。这说明，投掷骰子一次，出现的点数是偶然的，但是大量地投掷时，骰子点数的出现呈现一定统计规律。

又如用伽尔顿板实验测量小球落入狭槽的规律。如图 5-3 所示，在一块竖直平板的上部钉上一排排的等间距的铁钉，下部用竖直隔板隔成等宽的狭槽，然后用透明板封盖，在顶端装一漏斗形入口。此装置称为伽尔顿板。

图 5-3　伽尔顿板实验示意图

取一小球从入口投入，小球在下落的过程中将与一些铁钉碰撞，最后落入某一槽中，再投入另一小球，它下落在哪个狭槽与前者可能完全不同，这说明单个小球下落时与一些铁钉碰撞，最后落入哪个狭槽完全是无法预测的偶然事件。但是，如果把大量小球从入口慢慢倒入，我们会发现总体上按狭槽的分布有确定的规律性：落入中央狭槽的小球较多，而落入两端狭槽的小球较少，离中央越远的狭槽落入的小球越少。上述实验表明，对于单个小球落入哪个狭槽完全是偶然的，但大量的小球按狭槽的分布呈现出一定的规律性。

大量气体分子都在不停地做无规则运动。虽然单个分子的运动行为是偶然的，运动轨迹是无规则的；但是大量分子所组成的系统却表现出一定的规律性。我们把这种大量随机事件的总体所具有的规律性，称为统计规律性。

容器中气体的单个分子的运动是随机的，大量气体分子热运动的集体表现将服从宏观统计规律。但是，气体的分子数目巨大，且分子在热运动中的碰撞极其频繁，某一时刻分子的速度是多少，会出现在哪一个位置等，这些运动状态将会有什么统计规律？不难观察到，气体在平衡态时，分子热运动满足下面的统计假设。

（1）容器内气体的分子数密度 n 处处相同。

（2）分子沿各个方向运动的机会是相等的，在任何一个方向的运动并不比其他方向占有优势。也就是说，在沿着各个方向运动的分子数目都是相等的。如在正方体积元 ΔV 中，在相同的时间间隔 Δt 内，朝着直角坐标系的 x、$-x$、y、$-y$、z 和 $-z$ 轴等各个方向运动的分子数应相等，并且都等于 ΔV 中分子数 ΔN 的 1/6，即

$$\Delta N_x = \Delta N_{-x} = \Delta N_y = \Delta N_{-y} = \Delta N_z = \Delta N_{-z} = \frac{1}{6}\Delta N$$

（3）分子速度在各个方向上的分量的各种统计平均值相等。若气体含有 N 个分子，其分子速度的分量分别为 v_x、v_y、v_z，它们的平均值为

$$\bar{v}_i = \frac{v_{1i} + v_{2i} + \cdots + v_{Ni}}{N} \quad (i = x, y, z)$$

由于速度是矢量，正负方向的分量值互相抵消，即

$$\bar{v}_x = \bar{v}_y = \bar{v}_z = 0 \tag{5-3}$$

气体分子速度的分量的平方平均值为

$$\overline{v_i^2} = \frac{v_{1i}^2 + v_{2i}^2 + \cdots + v_{Ni}^2}{N} \quad (i = x, y, z) \text{ 且 } \overline{v_x^2} = \overline{v_y^2} = \overline{v_z^2}$$

由于

$$\overline{v^2} = \overline{v_x^2} + \overline{v_y^2} + \overline{v_z^2}$$

故得

$$\overline{v_x^2} = \overline{v_y^2} = \overline{v_z^2} = \frac{1}{3}\overline{v^2} \qquad (5\text{-}4)$$

气体的压强、温度等都是大量分子统计规律性的表现。所计算的统计平均值与实际数值还是有偏差的。参与统计的事件越多，其偏差越小，统计平均值就越接近实际值。如标准状态下，每立方厘米气体中的分子数为 2.0×10^{19} 个，每秒内总的碰撞次数约为 10^{29}。这时，将统计规律应用于热现象时，偏差基本上是没有的。因此，统计规律性对大量分子的整体才有意义。

5.3 压强公式 压强的统计意义

理想气体的压强是描述气体状态的宏观量，为了解释其微观本质，我们先建立一个微观模型，然后运用统计平均的方法，找出气体的宏观量与微观量的统计平均值之间的关系，从而揭示宏观量和微观量的联系。

5.3.1 理想气体的微观模型

气体中各分子之间的距离约是分子线度的10倍，所以，可以把气体看做是间距很大的分子的集合，即可以把理想气体简化为一个理想模型，它有如下特点。

（1）由于分子的线度 $d \approx 10^{-10}\,\mathrm{m}$，分子间间距 $r \approx 10^{-9}\,\mathrm{m}$；$d << r$，故分子可视为质点。

（2）除碰撞瞬间，分子间的相互作用力和分子与器壁之间的相互作用力可忽略不计。在两次碰撞之间，分子的运动可以视为匀速直线运动。

（3）发生的碰撞均为完全弹性碰撞，气体分子的动能不因碰撞而损失。

（4）单个分子的运动服从经典力学的规律。若没有特别强调，不计分子的重力。

5.3.2 理想气体的压强公式及统计意义

无规则运动的气体分子不断地与容器壁碰撞，如同雨滴打到伞上一样。一个雨滴打在雨伞上是断续的，大量雨滴打在伞上对伞产生一个持续的压力。就某一个分子来说，它对容器壁的碰撞是断续的，每次给器壁的冲量是随机的；但对大量分子来说，某一时刻许多分子与器壁碰撞，宏观上表现为一个恒定的、持续的压力作用在容器壁上。

取一个边长分别为 x、y 和 z 的长方体容器，如图 5-4（a）所示，容器中有 N 个全同的质量为 m 的气体分子，在平衡态时，容器各处的分子数密度相同，气体分子沿各个方向运动的概率是相等的，则器壁各处的压强是完全相等的，我们只需计算任一器壁 A_1 所受的压强。

首先考虑单一分子在碰撞中对器壁 A_1 的作用，设某一分子速度为 $\vec{v}$，在 x、y 和 z 3 个方向的分量分别为 v_x、v_y 和 v_z。在水平方向，分子以速度 v_x 与 A_1 面发生弹性碰撞，碰撞过程中动量守恒和机械能守恒，分子将被反弹回来，速度为 $-v_x$，故碰撞一次分子在 x 方向的动

量改变量为 $\Delta p = -2mv_x$，由动量定理知，A_1 面施加给该分子的冲量为 $-2mv_x$，则该分子给 A_1 面施加的冲量为 $2mv_x$。

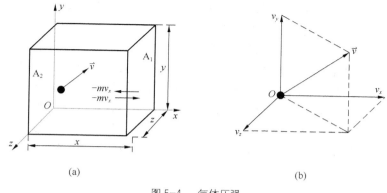

图 5-4　气体压强

分子以 $-v_x$ 继续匀速运动 $t = \dfrac{x}{v_x}$ 后，分子到达 A_2。同样发生弹性碰撞，然后被反弹回来。因此，分子在 A_1 和 A_2 之间做往返运动，且往返一次所需时间为 $t = \dfrac{2x}{v_x}$。则单位时间里和 A_1 发生碰撞的次数为 $\dfrac{v_x}{2x}$，单位时间内该分子给 A_1 面施加的冲量为

$$\Delta I = 2mv_x \frac{v_x}{2x}$$

在容器里，分子数目是很大的，每一个分子都会和器壁发生碰撞，从统计角度来看，这样的碰撞是均匀地分布在器壁的各部位。整体相当于有一个均匀的力作用在器壁 A_1 上。则单位时间里 N 个粒子对器壁的总冲量为

$$\sum_i \frac{mv_{ix}^2}{x} = \frac{m}{x}\sum_i v_{ix}^2 = \frac{Nm}{x}\sum_i \frac{v_{ix}^2}{N} = \frac{Nm}{x}\overline{v_x^2}$$

所以 A_1 面上单位时间内所受到的冲力为

$$\overline{F} = \overline{v_x^2}\, Nm/x$$

器壁受到的压强为

$$p = \frac{\overline{F}}{yz} = \frac{Nm}{xyz}\overline{v_x^2}$$

又 $n = \dfrac{N}{xyz}$，$\overline{v_x^2} = \dfrac{1}{3}\overline{v^2}$，则有

$$p = \frac{1}{3}nm\overline{v^2}$$

又可写为

$$p = \frac{2}{3}n\overline{\varepsilon}_k \tag{5-5}$$

其中，$\bar{\varepsilon}_k = \dfrac{1}{2}m\overline{v^2}$ 定义为气体的平均平动动能。从式（5-5）中可以看出，理想气体的压强 p 取决于单位体积内的分子数 n 和分子的平均平动动能 $\bar{\varepsilon}_k$。n 和 $\bar{\varepsilon}_k$ 越大，压强 p 越大。即单位体积内分子数越多，分子与器壁碰撞的次数就越多，理想气体的压强就越大；分子运动越剧烈，分子对器壁碰撞的冲量就越大，理想气体的压强就越大。

压强是大量分子对器壁碰撞的统计平均值。离开了"大量分子"这一前提，压强这一概念就失去意义。从压强公式来看，单位体积内的分子数是偶然的，n 是一个统计平均值，气体分子的平均平动动能 $\bar{\varepsilon}_k$ 也是一个统计平均值。因此，压强公式通过宏观量 p 将微观量的统计平均值 n 和 $\bar{\varepsilon}_k$ 联系起来，揭示了宏观量和微观量的关系。压强公式只是一个统计规律，不是一个力学规律。我们可以通过该公式来解释理想气体的有关实验定律，但是无法实现用实验直接验证。

5.4 理想气体分子的平均平动动能与温度的关系

将理想气体的状态方程 $p = nkT$ 带入式（5-5）中，得理想气体的温度 T 与其分子平均平动动能 $\bar{\varepsilon}_k$ 的关系为

$$\bar{\varepsilon}_k = \frac{1}{2}m\overline{v^2} = \frac{3}{2}kT \qquad (5\text{-}6)$$

式（5-6）表明气体分子的平均平动动能 $\bar{\varepsilon}_k$ 与系统的热力学温度 T 成正比，与气体性质无关。它从微观的角度阐明了温度的实质，表明温度是气体分子平均平动动能的量度。温度越高，物体内部分子无规则热运动越剧烈。所以，处于同一温度时的平衡态的任两种气体的平均平动动能是相等的。温度和压强一样是宏观量，它是大量分子热运动的集体表现，对于个别分子来说，温度是没有意义的。

从式（5-6）也可得到，当温度达到绝对零度时，分子的平均平动动能等于零。事实告诉我们，在未达到绝对零度前，气体就已转变为液体和固体，其性质和行为显然不能再用理想气体状态方程来描述，此时，由其所得到的公式也不再适用。

【例 5-2】 一容器内储有氧气，其压强为 $1.01 \times 10^5 \, \text{Pa}$，温度为 $27.0\,^\circ\text{C}$，求：（1）气体的分子数密度；（2）氧气的密度；（3）分子的平均平动动能；（4）分子间的平均距离。（设分子间均匀等距排列）

解：（1）由理想气体状态方程 $p = nkT$ 可得气体分子数密度

$$n = \frac{p}{kT} = \frac{1.01 \times 10^5}{1.38 \times 10^{-23} \times 300} \, \text{m}^{-3} = 2.44 \times 10^{25} \, \text{m}^{-3}$$

（2）由理想气体状态方程 $pV = \dfrac{M}{M_{\text{mol}}}RT$ 可得氧气的密度为

$$\rho = \frac{M}{V} = \frac{pM_{\text{mol}}}{RT} = \frac{1.01 \times 10^5 \times 32 \times 10^{-3}}{8.31 \times 300} \, \text{kg/m}^3 = 1.30 \, \text{kg/m}^3$$

（3）由气体分子平均平动动能的公式可得氧分子的平均平动动能为

$$\bar{\varepsilon}_k = \frac{3}{2}kT = \frac{3}{2} \times 1.38 \times 10^{-23} \times 300 \, \text{J} = 6.21 \times 10^{-21} \, \text{J}$$

（4）设氧气分子间的平均距离为 $\bar{d}$，由于分子间均匀等距排列，平均每个分子占有的体积为 d^{-3}，则 $1\mathrm{m}^3$ 含有的分子数为 $\dfrac{1}{d^{-3}}=n$。

因此

$$\bar{d}=\sqrt[3]{1/n}=\sqrt[3]{1/(2.44\times10^{25})}\mathrm{m}=3.45\times10^{-9}\mathrm{m}$$

5.5　能量均分定理　理想气体的内能

气体分子本身有一定的大小和较复杂的内部结构。分子除平动外，还有转动和分子内部原子的振动。研究分子热运动的能量时，应将分子的平动动能、转动动能和振动动能都包括进去。它们服从一定的统计规律——能量按自由度均分定理。

5.5.1　分子的自由度

为了确定分子各种形式运动能量的统计规律，我们引用自由度的概念。通常，把**完全确定一个物体空间位置所需的独立坐标数目，称为该物体的自由度。**

一个质点在空间自由运动，它需要 3 个独立坐标（如 x、y、z）来确定它的空间位置，因此，自由质点有 3 个自由度。若将质点限制在一个平面或一个曲面上运动，它有两个自由度。若将质点限制在一条直线或一条曲线上运动，它只有一个自由度。

刚体的运动一般可以看做是质心的平动和绕通过质心轴的转动。确定刚体在空间的位置可决定如下（见图 5-5）。

（1）确定质心在平动过程中任一时刻的位置。需要 x、y、z 3 个独立坐标，即 3 个平动自由度。

（2）确定刚体绕过质心轴的转动状态。即需要确定该轴在空间的方位，常用 (α,β,γ) 来表示，因为 $\cos^2\alpha+\cos^2\beta+\cos^2\gamma=1$，所以在这 3 个量中，只需要确定两个量的大小，即可确定轴的方位。

（3）确定刚体绕轴转动还需一个自由度 θ。

刚体有 6 个自由度，其中 3 个平动自由度、3 个转动自由度。当刚体转动受到某种限制时，自由度数也会减少。如转动的摇头电风扇需要 5 个自由度。

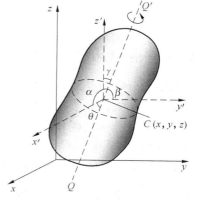

图 5-5　刚体的自由度

根据分子的结构，可分为单原子分子、双原子分子和多原子分子，如图 5-6 所示。由上述概念可确定它们的自由度。单原子分子可看作是自由运动的质点，有 3 个平动自由度。如 He、Ne 等。双原子分子可看作是两个原子用一个刚性细杆连接起来，若原子间的间距不发生变化，则认为是刚性分子。因为确定其质心需要 3 个平动自由度，确定其连线的方位需要 2 个自由度，所以刚性双原子分子有 5 个自由度，如 H_2、N_2、O_2、CO 等。对于多原子分子，如 H_2O、NH_4、CH_3 等，若这些原子间的间距不发生变化，则认为是自由刚体，故有 6 个自由度。当双原子或是多原子分

图 5-6　不同分子的结构

子的原子间的间距因振动而发生变化时，还应考虑振动自由度。

5.5.2 能量按自由度均分定理

对于理想气体，分子的平均平动动能为

$$\overline{\varepsilon_k} = \frac{3}{2}kT = \frac{1}{2}m\overline{v^2}$$

分子有 3 个平动自由度，且在平衡态时，分子沿各个方向运动的概率相等，即

$$\overline{v_x^2} = \overline{v_y^2} = \overline{v_z^2} = \frac{1}{3}\overline{v^2}$$

故

$$\frac{1}{2}m\overline{v_x^2} = \frac{1}{2}m\overline{v_y^2} = \frac{1}{2}m\overline{v_z^2} = \frac{1}{2}kT \tag{5-7}$$

式（5-7）表明，分子的平均平动动能 $\frac{3}{2}kT$ 均匀地分配到每一个平动自由度上，每一个自由度上都具有大小为 $\frac{1}{2}kT$ 的平均平动动能。

经典统计力学将上述结果推广到分子的转动和振动中，指出：气体处于温度为 T 的平衡态时，气体分子的任何一个自由度的平均能量都相等，大小均为 $\frac{1}{2}kT$。这个结论称为能量按自由度均分定理，简称能量均分定理。若气体分子有 t 个平动自由度，r 个转动自由度，s 个振动自由度，则分子的平均总能量可表示为

$$\frac{1}{2}(t+r+s)kT$$

其中，分子的平均平动动能为 $\frac{t}{2}kT$，平均转动动能为 $\frac{r}{2}kT$，平均振动动能为 $\frac{s}{2}kT$。

能量均分定理是对大量分子统计平均所得的结果，它反映了分子热运动动能的统计规律。谈论个别气体分子的平均动能是无实际意义的。由于分子间的频繁碰撞，对于大量分子这个系统，分子之间和自由度之间会发生能量传递，系统达到平衡态时，能量就按自由度均匀分配。

如果分子内原子的振动不能忽略，则可近似地看作是简谐振动。因此振动过程中除了动能外，还应考虑势能。每一个振动自由度的总能量，应当为平均动能 $\frac{1}{2}kT$ 与平均势能 $\frac{1}{2}kT$ 之和 kT，s 个振动自由度的能量为 skT，则分子的平均总能量为

$$\overline{\varepsilon} = \frac{1}{2}(t+r+2s)kT \tag{5-8}$$

一般在常温下，气体分子可近似看成是刚性分子，即只考虑分子的平均自由度和转动自由度，而不考虑振动自由度。表 5-1 给出了不同类型的分子的自由度、分子平均动能和分子平均能量的理论值。从表中可以看出，对于刚性分子，分子的平均能量就是平均动能。但是，在非刚性分子中，由于需要考虑振动所产生的势能，分子的平均能量和平均动能是不同的。

表 5-1　　　　　不同类型分子的自由度、分子平均动能和分子平均能量的理论值

分子类型	单原子分子	双原子分子		多原子分子	
		刚　性	非　刚　性	刚　性	非　刚　性
自由度	3（平）	3（平）+2（转）	3（平）+2（转）+2（振）	3（平）+3（转）	3（平）+3（转）+6（振）
分子的平均动能	$\frac{3}{2}kT$	$\frac{5}{2}kT$	$3kT$	$3kT$	$\frac{9}{2}kT$
分子的平均能量	$\frac{3}{2}kT$	$\frac{5}{2}kT$	$\frac{7}{2}kT$	$3kT$	$6kT$

5.5.3　理想气体的内能

　　热力学中，把与热运动有关的能量称为内能。一切物体都具有内能。物体的内能代表了物体微观上的能量形式。一般来说，气体的内能包括分子的各种形式动能和势能。对于理想气体，分子之间无相互作用力，因此理想气体的内能只能是分子各种形式的动能和分子内部原子之间的振动势能的总和。

　　对于摩尔质量为 M_{mol}，质量为 M 的理想气体，含有的分子数为 $\frac{M}{M_{mol}}N_A$，每一个分子的平均能量是 $\frac{i}{2}kT$，则理想气体的内能

$$E = \frac{M}{M_{mol}}N_A\frac{i}{2}kT = v\frac{i}{2}RT \tag{5-9}$$

　　式（5-9）说明了理想气体内能的大小是由温度 T 来决定的，是温度的单值函数，和压强 P 和体积 V 是无关的。因此，对于 1mol 的单原子分子气体的内能为 $E = \frac{3}{2}RT$，1mol 的刚性双原子分子气体的内能为 $E = \frac{5}{2}RT$，1mol 的刚性多原子分子气体的内能为 $E = \frac{6}{2}RT$。

　　因为内能是状态函数，在不同的变化过程，内能的变化值 ΔE 将只取决于初末状态温度的变化值 ΔT，即

$$\Delta E = v\frac{i}{2}R\Delta T$$

【例 5-3】　2mol 氧气，温度为 300K 时，分子的平均平动动能是多少？气体分子的总平动动能是多少？气体分子的总转动动能是多少?气体分子的总动能是多少？该气体的内能是多少?

　　解：由题意知 $T = 300K$，$v = 2$，$i = 5$（其中 3 个平动自由度，2 个转动自由度）
　　（1）分子的平均平动动能

$$\bar{\varepsilon}_k = \frac{3}{2}kT = \frac{3}{2} \times 1.38 \times 10^{-23} \times 300 = 6.21 \times 10^{-21} J$$

　　（2）气体分子的平动总动能

$$E_{平} = v\frac{3}{2}RT = 2 \times \frac{3}{2} \times 8.31 \times 300 = 7.48 \times 10^3 J$$

　　（3）气体分子的转动总动能

$$E_{\text{转}} = v\frac{2}{2}RT = 2 \times \frac{2}{2} \times 8.31 \times 300 = 4.99 \times 10^3 \text{J}$$

（4）气体分子的总动能

$$E_k = E_{\text{平}} + E_{\text{转}} = 1.25 \times 10^4 \text{J}$$

（5）气体的内能

$$E = v\frac{5}{2}RT = 2 \times \frac{5}{2} \times 8.31 \times 300 = 1.25 \times 10^4 \text{J}$$

5.6 气体分子的速率分布

对于个别分子，平衡态时，它以某一速率沿各个方向运动的情况是偶然的；但是大量分子的速率分布却有着一定的统计规律。那么，大量气体分子的速率将如何分布，又有什么样的分布特点。下面结合具体问题来说明气体分子的速率统计分布规律。

5.6.1 速率分布曲线

表 5-2 给出了空气分子在 273K 时的速率分布情况。设总的分子数为 N，ΔN 表示分布在某一速率区间的分子数。$\Delta N/N$ 表示分布在该区间内的分子数占总分子数的百分比。

表 5-2 　　　　　　　　　　　空气分子在 273K 时速率分布情况

速率间隔（单位 m·s^{-1}）	分子数的百分比（$\Delta N/N$%）	速率间隔（单位 m·s^{-1}）	分子数的百分比（$\Delta N/N$%）
<100	1.4	400～500	20.5
100～200	8.4	500～600	15.1
200～300	18.2	600～700	9.2
300～400	21.5	>700	7.7

由表 5-2 可知，同一速率附近不同的间隔内的 $\Delta N/N$ 是不同的；不同的速率附近相同的间隔内的 $\Delta N/N$ 也是不同的；因此，$\Delta N/N$ 是 Δv 和 v 的函数。若将 Δv 取得足够小，此时有

$$f(v) = \lim_{\Delta v \to 0} \frac{\Delta N}{N\Delta v} = \frac{1}{N} \lim_{\Delta v \to 0} \frac{\Delta N}{\Delta v} = \frac{1}{N}\frac{dN}{dv} \tag{5-10}$$

我们把 $f(v)$ 称为**速率分布函数**，它表示：**速率分布在 v 附近单位速率区间的分子数占总分子数的比例**。或者说，**气体分子速率分布在 v 附近的单位速率区间的概率**。

若以 v 为横轴，$f(v)$ 为纵轴，建立速率分布曲线，它可以形象地描绘气体分子速率分布的情况，如图 5-7 所示。在任一速率区间 $v \sim v + dv$ 内，曲线下的矩形面积为

$$dS = f(v)dv = \frac{dN}{N}$$

上式表示：在温度为 T 的平衡态下，速率在 v 附近 dv 速率区间的分子数占总数的比例，或分子速率分布在 $v \sim v + dv$ 区间内的概率。若是在速率区间 $v_1 \sim v_2$ 内，曲线下的面积为

$$S = \int_{v_1}^{v_2} f(v)dv = \frac{\Delta N}{N}$$

上式表示的是：在有限速率区间 $v_1 \sim v_2$ 内的分子数占总分子数的比例。

从图 5-7 可知，速率很小和速率很大的分子数较少，在某一速率附近的分子数最多，但是在 0～∞ 速率范围内，全部分子将百分之百出现，所以有

$$\int_0^\infty f(v)\mathrm{d}v = 1 \qquad (5\text{-}11)$$

图 5-7　速率分布图

我们把关系式（5-11）称为速率分布函数的**归一化条件**。它是速率分布函数 $f(v)$ 必须满足的条件。

5.6.2　麦克斯韦气体分子速率分布律

1859 年，英国物理学家麦克斯韦（J·C·Maxwell）首先从理论上导出在平衡态时气体分子的速率分布函数的数学表达式

$$f(v) = 4\pi \left(\frac{m}{2\pi kT}\right)^{3/2} \mathrm{e}^{-\frac{mv^2}{2kT}} v^2 \qquad (5\text{-}12)$$

式中，T 为气体的温度，m 为分子质量，k 为玻尔兹曼常量。故麦克斯韦速率分布律又可写作

$$\frac{\mathrm{d}N}{N} = 4\pi \left(\frac{m}{2\pi kT}\right)^{3/2} \mathrm{e}^{-\frac{mv^2}{2kT}} v^2 \mathrm{d}v$$

由于单个分子出现是偶然的，大量分子出现具有一定的统计规律，故麦克斯韦速率分布律只适用于大量分子组成的、处于平衡态的气体。

5.6.3　三种统计速率

从麦克斯韦速率分布函数可以导出气体分子的三种统计速率。

1. 最概然速率 v_p

如图 5-8 所示，在速率分布曲线上有一个峰值，即 $f(v)$ 的最大值，我们将 $f(v)_{\max}$ 所对应的速率称为最概然速率 v_p，其物理意义是：**在温度一定时，速率在 v_p 附近的单位间隔内的分子数占总分子数的百分比最大**。要确定 v_p，可以对分布函数 $f(v)$ 求一阶导数，令其等于零，即

$$\left.\frac{\mathrm{d}f(v)}{\mathrm{d}v}\right|_{v=v_\mathrm{p}} = 0$$

图 5-8　最概然速率

代入速率分布函数，即可求得

$$f(v) = 4\pi \left(\frac{m}{2\pi kT}\right)^{3/2} e^{-\frac{mv^2}{2kT}} v^2$$

$$\frac{df}{dv} = 4\pi (\frac{m}{2\pi kT})^{3/2} e^{-\frac{mv^2}{2kT}} 2v(1 - \frac{m}{2kT} v^2) = 0$$

即

$$1 - \frac{m}{2kT} v^2 = 0$$

$$v_p = \sqrt{\frac{2kT}{m}} = \sqrt{\frac{2RT}{M_{mol}}} \approx 1.41 \sqrt{\frac{RT}{M_{mol}}} \qquad (5-13)$$

式（5-13）表明，气体温度越高，v_p 越大；气体的质量越小，v_p 越大。如图 5-9 所示，氮气分子在不同温度下的速率分布曲线。当温度升高时，分子热运动加剧，速率大的分子数增多速率小的分子数减少，$f(v) - v$ 曲线的最高点右移。由于曲线下的面积恒等于1，则温度高的曲线变的较平坦。图 5-10 所示为同一温度下，氢气和氧气分子的速率分布图。氧气分子的质量较大，其 v_p 较小，由于曲线下的面积恒等于1，故曲线的最高点左移，且曲线变得较尖锐。需要注意，最概然速率不同于最大速率。

图 5-9　氮气速率分布曲线

图 5-10　氢气和氧气分子速率分布曲线

2. 平均速率 $\overline{v}$

在平衡态下，气体分子速率有大有小，但是从统计上说，总会有一个平均值。设速率为 v_1 的分子有 dN_1 个，速率为 v_2 的分子有 dN_2 个……总的分子数为 N，则大量分子的速率平均值为

$$\overline{v} = \frac{v_1 dN_1 + v_2 dN_2 + \cdots + v_i dN_i + \cdots + v_n dN_n}{N}$$

$$\overline{v} = \frac{\int_0^N v dN}{N} = \frac{\int_0^\infty v N f(v) dv}{N}$$

计算得

$$\overline{v} = \int_0^\infty v f(v) dv = \sqrt{\frac{8kT}{\pi m}} = \sqrt{\frac{8RT}{\pi M_{mol}}} \approx 1.60 \sqrt{\frac{RT}{M_{mol}}} \qquad (5-14)$$

3. 方均根速率 $\sqrt{\overline{v^2}}$

与求平均速率类似，利用麦克斯韦速率分布函数可以求出方均根速率

$$\overline{v^2} = \frac{\int_0^N v^2 \mathrm{d}N}{N} = \frac{\int_0^\infty v^2 Nf(v)\mathrm{d}v}{N} = 3kT/m$$

故方均根速率为

$$\sqrt{\overline{v^2}} = \sqrt{\frac{3kT}{m}} = \sqrt{\frac{3RT}{M_{\mathrm{mol}}}} \approx 1.73\sqrt{\frac{RT}{M_{\mathrm{mol}}}} \tag{5-15}$$

三种统计速率都反映了大量分子作热运动时的统计规律，都与 $\sqrt{T}$ 成正比，与 $\sqrt{M_{\mathrm{mol}}}$ 成反比。对于给定的气体，当温度一定时，有 $v_{\mathrm{p}} < \overline{v} < \sqrt{\overline{v^2}}$，如图 5-11 所示，而且三种统计速率各自有着不同的应用。如在讨论速率分布时，常用的是最概然速率 v_{p}；在计算分子的平均自由程 $\overline{\lambda}$ 时，要用到平均速率 $\overline{v}$；在计算分子的平均平动动能 $\overline{\varepsilon_{\mathrm{k}}}$ 时，则要用到方均根速率 $\sqrt{\overline{v^2}}$。

图 5-11　三种统计速率

5.7　玻尔兹曼能量分布定律　重力场中的等温气压公式

建立理想气体的微观模型，在我们研究状态参量压强、温度的微观本质以及探讨处于平衡态时分子的速率分布规律等问题上，有着很重要的意义。在微观模型中，我们并不考虑分子间的作用力，也不考虑外场（如重力场）对分子的作用，但在一些实际问题中，外场的作用是不容忽视的，气体分子的能量既包括动能，也包括势能。下面就重力场中分子的分布进行讨论。

5.7.1　玻尔兹曼能量分布律

玻尔兹曼认为：当气体处于一定温度 T 的平衡态时，在坐标间隔为 $(x \sim x + \mathrm{d}x$，$y \sim y + \mathrm{d}y$，$z \sim z + \mathrm{d}z)$、同时速度间隔为 $(v_x \sim v_x + \mathrm{d}v_x$，$v_y \sim v_y + \mathrm{d}v_y$，$v_z \sim v_z + \mathrm{d}v_z)$ 的微小区间内的分子数为

$$\mathrm{d}N = n_0 \left(\frac{m}{2\pi kT}\right)^{\frac{3}{2}} \mathrm{e}^{-\varepsilon/kT} \mathrm{d}v_x \mathrm{d}v_y \mathrm{d}v_z \mathrm{d}x\mathrm{d}y\mathrm{d}z$$

$$= n_0 \left(\frac{m}{2\pi kT}\right)^{\frac{3}{2}} \mathrm{e}^{-(\varepsilon_{\mathrm{p}}+\varepsilon_{\mathrm{k}})/kT} \mathrm{d}v_x \mathrm{d}v_y \mathrm{d}v_z \mathrm{d}x\mathrm{d}y\mathrm{d}z \tag{5-16}$$

换句话说，在温度为 T 的平衡态下，任何系统的微观粒子按状态的分布，即在某一状态区间的粒子数与该状态区间的一个粒子的能量 ε 有关，与 $\mathrm{e}^{-(\varepsilon_{\mathrm{p}}+\varepsilon_{\mathrm{k}})/kT}$ 成正比。式（5-16）称为玻尔兹曼能量分布律，简称**玻尔兹曼分布律**。其中 n_0 表示在势能 $\varepsilon_{\mathrm{p}} = 0$ 处，单位体积内所有各种速度值的分子数。玻尔兹曼分布律是一个普遍的规律，它对任何物质的微粒在任何保守力场中的运动情形都适用。

若将式（5-16）中所有可能的速度积分，可得在坐标间隔（$x \sim x + \mathrm{d}x$，$y \sim y + \mathrm{d}y$，$z \sim z + \mathrm{d}z$）内所有分子数为

$$\mathrm{d}N_{x,y,z} = n_0 \left(\frac{m}{2\pi kT}\right)^{\frac{3}{2}} \left[\int_{-\infty}^{+\infty} \mathrm{e}^{-\varepsilon_{\mathrm{k}}/kT} \mathrm{d}v_x \mathrm{d}v_y \mathrm{d}v_z\right] \mathrm{e}^{-\varepsilon_{\mathrm{p}}/kT} \mathrm{d}x\mathrm{d}y\mathrm{d}z \tag{5-17}$$

考虑到麦克斯韦速度分布函数的归一化

$$\int_{-\infty}^{+\infty}(\frac{m}{2\pi kT})^{\frac{3}{2}}\mathrm{e}^{-\varepsilon_k/kT}\mathrm{d}v_x\mathrm{d}v_y\mathrm{d}v_z=1 \qquad (5-18)$$

把式（5-18）代入式（5-17）中，得

$$\mathrm{d}N_{x,y,z}=n_0\mathrm{e}^{-\varepsilon_\mathrm{P}/kT}\mathrm{d}x\mathrm{d}y\mathrm{d}z \qquad (5-19)$$

式（5-19）左右两端同时除以 $\mathrm{d}x\mathrm{d}y\mathrm{d}z$，得

$$n=\frac{\mathrm{d}N_{x,y,z}}{\mathrm{d}x\mathrm{d}y\mathrm{d}z}=n_0\mathrm{e}^{-\varepsilon_\mathrm{P}/kT} \qquad (5-20)$$

这是玻尔兹曼分布律的又一种常用的形式，它描述了不同位置的分子数分布律。

5.7.2 重力场中的等温气压公式

地球表面附近大气的密度随高度的增加而变稀疏。这是因为在地球这个重力场中，气体受到两种相互对立的作用：一方面无规则的热运动使得气体分子均匀分布在它们所能达到的空间，另一方面重力则要使气体分子聚拢在地面上。当两种作用力达到平衡时，气体分子在空间呈现非均匀分布。

先假设大气层的温度处处相等，单位体积的分子数为 n_0，则分布在高度为 h 处单位体积内的分子数为

$$n=n_0\mathrm{e}^{-mgh/kT}$$

若 $h=0$ 时，气体的压强为 p_0，将 $p=nkT$ 代入，可得

$$p=n_0kT\mathrm{e}^{-mgh/kT}=p_0\mathrm{e}^{-mgh/kT}=p_0\mathrm{e}^{-M_{\mathrm{mol}}gh/RT} \qquad (5-21)$$

式（5-21）称为**等温气压公式**，它表明重力场中的气体压强随高度的增加按指数减小。

若将式（5-21）两端取对数，得

$$h=\frac{kT}{mg}\ln\frac{p_0}{p}=\frac{RT}{M_{\mathrm{mol}}g}\ln\frac{p_0}{p} \qquad (5-22)$$

故在登山运动和航空技术中，可通过式（5-22）测定大气压随高度的变化，来估算上升的高度 h。

5.8 *分子碰撞频率 *平均自由程

室温下，气体分子的平均速率达每秒几百米，气体中的一切过程理应瞬时完成，但实际并非如此，如气体的扩散过程进行得很慢。这是因为分子由一处运动到另一处的过程中，将不断地与其他分子发生碰撞，其运动轨迹是无规则的曲线，如图5-12所示。气体的扩散和热传导等过程进行的快慢，决定于气体分子在热运动中和其他分子碰撞的频繁程度。

分子之间的碰撞是极其频繁的。就个别分子来说，它与其他分子发生的碰撞是不可预测的、偶然的；但是对于大量分子来说，分子间的碰撞却遵从某一统计规律。我们把一个气体分子在连续两次碰撞之间所经过的自由路程的平均值称为**平均自由程**，常用 $\bar{\lambda}$ 来表示。一个分子在单位时间内与其他分子相碰的次数，称为**平均碰撞频率**，也叫做**平均碰撞次数**，用 $\bar{Z}$

来表示。

借助于平均自由程 $\overline{\lambda}$ 和平均碰撞频率 $\overline{Z}$，我们可以对某些热现象进行很好的论述。那么，$\overline{\lambda}$ 和 $\overline{Z}$ 的大小又与哪些因素有关呢？为便于分析，我们建立一个模型。假设气体中每一个分子都是直径为 d 的刚性小球，只有一个分子 A 以平均速率 $\overline{u}$ 相对于其他分子在运动，其他分子都是静止不动的，我们可以跟踪这个运动的分子 A。

如图 5-13 所示，虚线表示运动小球的运动轨迹，只要其他小球的球心与折线的距离小于等于 d 时，都将会发生碰撞。以单位时间内运动分子的轨道为轴，d 为半径作一圆柱体，则球心在该圆柱体内的所有分子，均将与运动分子发生碰撞。设气体分子数密度为 n，圆柱体的体积为 $\pi d^2 \overline{u}$，则该圆柱体内的分子数为 $\pi d^2 \overline{u} n$。那么，单位时间内与其他分子发生碰撞的平均碰撞次数 $\overline{Z}$ 为

$$\overline{Z} = \pi d^2 \overline{u} n$$

图 5-12　气体分子的无规则运动

图 5-13　平均自由程计算用图

若考虑到所有分子的运动，且都服从麦克斯韦速率分布，则可证明气体分子的平均相对速率与平均速率有如下关系

$$\overline{u} = \sqrt{2}\,\overline{v}$$

因此

$$\overline{Z} = \sqrt{2}\,\pi d^2 \overline{v} n \qquad (5-23)$$

式（5-23）表明，**分子的平均碰撞频率 $\overline{Z}$ 与分子数密度 n、分子的平均速率成正比，与分子的有效直径 d 的平方成正比。**

对于每一个分子，单位时间内平均走的路程为 $\overline{v}$，且单位时间内和其他分子碰撞的平均碰撞次数为 $\overline{Z}$，则平均自由程 $\overline{\lambda}$ 为

$$\overline{\lambda} = \frac{\overline{v}}{\overline{z}} = \frac{1}{\sqrt{2}\,\pi d^2 n} \qquad (5-24)$$

式（5-24）表明，**气体分子的平均自由程 $\overline{\lambda}$ 与分子数密度 n 及分子的有效直径 d 的平方成反比，而与分子的平均速率 $\overline{v}$ 无关。**

将气体状态方程 $p = nkT$，代入式（5-24），可得

$$\overline{\lambda} = \frac{kT}{\sqrt{2}\,\pi d^2 p} \qquad (5-25)$$

可见，当温度一定时，$\overline{\lambda}$ 与压强成正比。压强越大气体分子的平均自由程越小。常用的杜瓦瓶（热水瓶胆）内装的就是低压气体，它具有双层玻璃器壁，两壁间的空气被抽的很稀

薄，分子的平均自由程大于两壁之间的距离，从而可以达到良好的隔热作用。表 5-3 给出了 273K 时，不同压强下空气分子的平均自由程。表 5-4 给出了标准状态下几种气体分子的平均自由程。

表 5-3 在 **273K** 时，不同压强下空气的 $\bar{\lambda}$

压强（m²Hg）	$\bar{\lambda}$(m)
760	7×10^{-8}
1	5×10^{-5}
10^{-2}	5×10^{-3}
10^{-4}	0.5
10^{-6}	50

表 5-4 标准状态下几种气体分子的 $\bar{\lambda}$

气体	氢	氮	氧	空气
$\bar{\lambda}$(m)	1.123×10^{-7}	0.599×10^{-7}	0.647×10^{-7}	7×10^{-8}

【例 5-4】 设氮气分子的有效直径为 10^{-10}m，（1）求氮气在标准状态下的平均碰撞次数；（2）若温度不变，气压降到 1.33×10^{-4}Pa，则平均碰撞次数又为多少？

解： 由题意知：$d=10^{-10}$m，$p=1.013 \times 10^5$Pa，$T=273$K，$p'=1.33 \times 10^{-4}$Pa

（1）根据气体分子平均速率公式

$$\bar{v} = \sqrt{\frac{8RT}{\pi M_{mol}}} = \sqrt{\frac{8 \times 8.31 \times 273}{3.14 \times 28 \times 10^{-3}}} = 454 \text{m/s}$$

$$n = \frac{p}{kT} = \frac{1.013 \times 10^5}{1.38 \times 10^{-23} \times 273} = 2.69 \times 10^{25} \text{ 个/m}^3$$

则

$$\bar{Z} = \sqrt{2}n\pi d^2 \bar{v} = 5.42 \times 10^8 \text{ 次/s}$$

（2）可以看出 $\bar{Z}$ 和 p 成正比，即

$$\frac{\bar{Z}'}{\bar{Z}} = \frac{p'}{p}$$

则

$$\bar{Z}' = \frac{p'}{p}\bar{Z} = \frac{1.33 \times 10^{-4}}{1.013 \times 10^5} \times 5.42 \times 10^8 = 0.71 \text{ 次/s}$$

5.9 *气体的运输现象

气体各部分因流速、温度、密度不同，可以引起动量、能量、质量传递或交换的现象。这些现象分别称为粘滞（或内摩擦）、热传导、扩散现象，统称为**气体输运现象**，又称为**气体迁移现象**。孤立系统中，通过动量、能量、质量的传递，各部分之间的宏观相对运动、温度差异、密度差异逐渐消失，系统由非平衡态过渡到平衡态。但在实际问题中，各种输运过程往往同时存在，交叉影响。输运现象不仅发生在气体中，在液体、固体、等离子体中也会发生。

5.9.1 粘滞现象

在流动的气体中，若各气层的流速不同，则相邻气层的接触面上就会出现形成一对阻碍两气层相对运动的等值而反向的摩擦力，这种力称为**内摩擦力**，又称为**粘滞力**。它是气体内部各气层沿接触面方向互施的作用力。粘滞力可使流动慢的气层加速，流动快的气层减速。我们把这种现象称为**气体粘滞现象**。

图 5-14 所示为气流，将其限定在 A、B 两个平板间，下板静止，上板以速度 u_0 沿着 x 轴正方向匀速运动。若把气体看作许多个平行于平板的气层，则沿着 z 轴正方向各气层的流速逐渐增大，我们把流速在其变化最大的方向上的单位长度上的增量 $\dfrac{\mathrm{d}u}{\mathrm{d}z}$ 称为流速梯度。设想，一垂直于 Oz 轴的平面 $\mathrm{d}S$ 将气流分为两个区间 A 和 B。A 区和 B 区沿着接触面 $\mathrm{d}S$ 互施粘滞力，且力的大小相等，方向相反。实验证实，粘滞力 $\mathrm{d}f$ 与该处的流速梯度成正比，与接触面的面积 $\mathrm{d}S$ 也成正比，即

图 5-14 粘滞现象

$$\mathrm{d}f = -\eta \frac{\mathrm{d}u}{\mathrm{d}z} \mathrm{d}S \tag{5-26}$$

式（5-26）称为**牛顿（Newton）粘滞定律**。其中，负号表示粘滞力的方向与速度梯度方向相反，η 称为粘滞系数，单位为：牛顿秒每平方米，符号为 $N \cdot s \cdot m^{-2}$ 或 $Pa \cdot s$。

由气体动力学理论可导出粘滞系数

$$\eta = \frac{1}{3} \rho \bar{v} \bar{\lambda} \tag{5-27}$$

式中，ρ 是气体的质量密度，$\bar{v}$ 是气体分子的平均速率，$\bar{\lambda}$ 是气体分子的平均自由程。

将 $\bar{v} = \sqrt{\dfrac{8RT}{\pi M_{\text{mol}}}}$，$\bar{\lambda} = \dfrac{1}{\sqrt{2}\pi d^2 n}$ 代入式（5-27）中，得

$$\eta = \frac{1}{3\pi d^2 n} \rho \sqrt{\frac{4RT}{\pi M_{\text{mol}}}} \tag{5-28}$$

式（5-28）表明，**粘滞系数 η 随温度 T 的增加而增加，与压强的大小无关**。

因气体的宏观流速不同，$\mathrm{d}S$ 面下侧的分子定向运动速度比 $\mathrm{d}S$ 面上侧的分子的定向运动速度要小，即下侧的分子的定向动量要比上侧的小。气体内部的分子由于热运动不断地交换速度，定向动量较小的下侧分子进入上侧，定向动量较大的上侧分子进入下侧，结果使得下侧气层的定向动量有所增加，而上侧气层的定向动量则有所减小。其宏观效果为：$\mathrm{d}S$ 面上下两侧的气层互施粘滞力，使得本来流速小的气层加速，而本来流速大的气层减速。所以说，**粘滞现象的微观本质是气体分子在热运动中定向动量的迁移**。表 5-5 给出了 1 标准大气压，20°C 时常见的几种气体的黏度的实验值。

表 5-5　　　　　　　　　　　　**20℃时 1atm 下几种气体的黏度的实验值**

气体	O_2	N_2	CO	空气	SO_2
$\eta / \text{Pa} \cdot \text{s}$	2.03×10^{-5}	1.76×10^{-5}	1.75×10^{-5}	1.71×10^{-5}	1.25×10^{-5}

5.9.2　热传导现象

如果气体中各处的温度不同，则热量将从温度较高处传递到温度较低处。这种现象称为**热传导现象**。

图 5-15　热传导现象

如图 5-15 所示，假设温度只沿 z 方向增大，即沿 z 轴的温度梯度为 $(\dfrac{\mathrm{d}T}{\mathrm{d}z})$。在 $z = z_0$ 处，垂直于 z 轴的截面 $\mathrm{d}S$ 将气体分为 A、B 两部分，则热量将通过截面 $\mathrm{d}S$ 由 B 部传递到 A 部，沿着 z 轴单位时间内传递的热量为

$$\mathrm{d}Q = -\kappa(\frac{\mathrm{d}T}{\mathrm{d}z})\mathrm{d}S\mathrm{d}t \tag{5-29}$$

式（5-29）称为**傅里叶（Fourier）定律**。其中，负号表示热量传递的方向与温度梯度的方向相反，κ 称为导热系数，单位为：瓦特每米开尔文，符号为 $\mathrm{W} \cdot \mathrm{m}^{-1} \cdot \mathrm{K}^{-1}$。

由气体分子运动论可导出

$$\kappa = \frac{1}{3}\rho \overline{v} \overline{\lambda} \frac{C_V}{M_{\mathrm{mol}}} \tag{5-30}$$

式中，C_V 是气体的等体摩尔热容，M_{mol} 是气体的摩尔质量。

从分子运动论的观点来看，气体内部各处的温度不均匀，A 部温度较低，分子的平均动能较小；而温度较高的 B 部，分子的平均动能较大。由于热运动，$\mathrm{d}S$ 两侧的分子相互交换，结果使得一部分能量从 B 部输送到 A 部。微观上的气体分子输送热量的过程，宏观上就表现为气体的热传导。

5.9.3　扩散现象

若系统中有两种或两种以上的气体组成，经过一段时间后，系统中各部分气体成分和气体密度都趋于一致。这种现象称为**扩散现象**。扩散现象是气体分子的一种输运现象。

本节只研究单纯的扩散过程。在温度和压强各处都一致的条件下，两种有效直径相近的气体混合，系统中会出现成分不均匀、各处的密度不均匀的现象。由于温度相同，分子量相近，所以两种分子的平均速率近似相等，这时，两种气体将因密度的不均匀而进行单纯的扩散，从而实现成分均匀化。

若系统中某种气体沿 z 轴的密度梯度为 $\dfrac{\mathrm{d}\rho}{\mathrm{d}z}$，即沿 z 方向的密度逐渐增大。在 z_0 处有一垂直于 z 轴的截面 ΔS，将气体分为 A 和 B 两部分，则气体将从 B 扩散到 A，如图 5-16 所示。设在 $\mathrm{d}t$ 时间内，沿轴正方向穿越 ΔS 面迁移的气体质量为 $\mathrm{d}M$，实验证实，$\mathrm{d}M$ 可以表示为

图 5-16　扩散现象

$$\mathrm{d}M = -D(\frac{\mathrm{d}\rho}{\mathrm{d}z})_{z_0} \Delta S\mathrm{d}t \tag{5-31}$$

式（5-31）称为**斐克（Fick）定律**。其中，负号表示气体分子从密度大的地方向密度小的方向扩散，$\left(\dfrac{\mathrm{d}\rho}{\mathrm{d}z}\right)_{z_0}$ 表示在 z_0 处气体的密度梯度，比例系数 D 称为气体的扩散系数，其单位为：平方米每秒，符号为 $\mathrm{m}^2 \cdot \mathrm{s}^{-1}$。

扩散过程是气体分子携带自身的质量输运的宏观表现。扩散系数 D 与分子微观量 $\bar{v}$、$\bar{\lambda}$ 之间，有如下关系

$$D = \frac{1}{3}\bar{v}\bar{\lambda} \tag{5-32}$$

从分子运动论的观点来看，A 部的密度小，单位体积内的分子少；B 部的密度大，单位体积内的分子多。因此，在相同的时间内，从 A 部转移到 B 部的分子少，而从 B 部转移到 A 部的分子多。微观上表现为分子在热运动中输运质量的过程，宏观上就表现为气体的扩散。

由上面讨论可见，粘滞现象的本质是动量迁移，热传导的本质是能量传输，而扩散的本质是质量迁移。这三种过程统称为**气体的输运过程**。它们有着共同的宏观特征，即**气体内部都是从不均匀性趋于均匀性，从不平衡状态趋于平衡状态**。

5.10　*实际气体的范德瓦耳斯方程

理想气体模型主要在两个问题上对实际气体分子进行了简化：一是忽略了气体分子的体积，二是忽略了分子力的相互作用。前面曾指出，在高温、低压条件下，实际气体的行为接近理想气体，这说明在高温、低压条件下，实际气体分子的体积和分子力作用是可以忽略的。由此，我们可以推断：当偏离高温、低压条件时，实际气体的行为偏离理想气体的原因，是因为此时分子的体积和分子力作用不能再忽略了。下面我们就从分子的体积和分子力的作用这两个方面对理想气体物态方程进行修正，从而得出更能描述实际气体行为的范德瓦耳斯方程。

5.10.1　分子体积引起的修正

摩尔理想气体状态方程为

$$pV = RT$$

式中，V 为每个分子可以自由活动的空间体积。对于理想气体，分子无大小，V 就是容器的体积。但是对于实际气体，需考虑分子本身的大小 b，即每个分子自由活动的空间为 $V - b$。

气体的状态方程应修改为

$$p = \frac{RT}{V - b} \tag{5-33}$$

设想 1mol 的气体中除了某一个分子 α 外，其他的分子都是静止的。分子 α 不断地与其他的分子相碰撞。d 为分子的有效直径，当分子 α 与任一分子 β 的中心距离为 d 时，它们就会发生碰撞，如图 5-17 所示。此时可将分子 α 看成是一个点，β 分子看成是半径为 d 的小球，当 α 分子的中心在半径为 d 的球

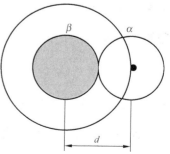

图 5-17　气体分子碰撞

形区域时，或者说，α 分子的体积至少一半在球形区域时，两个分子才会发生碰撞。这样，就可以确定修正量 b 的大小为

$$b = (N_A - 1) \times \frac{1}{2} \times \frac{4}{3}\pi d^3 \approx N_A \times \frac{16}{3}\left(\frac{d}{2}\right)^3$$

因为每个分子的体积为 $\frac{4\pi}{3}\left(\frac{d}{2}\right)^3$，所以 b 的量值约为 1mol 气体分子体积的 4 倍。对于给定的气体，b 是一个恒量，可由实验来测定。

5.10.2　分子引力引起的修正

实际气体的分子之间存在相互引力作用，引力的大小随着分子间距的增大而迅速减小。当两个分子中心的间距小于或等于分子力平均作用半径 r 时，引力才有作用；超出该作用半径时，引力可忽略不计。对任意一个分子而言，与它发生引力作用的分子，都处于以该分子中心为球心、以 r 为半径的球体内。显然，容器内部的分子（见图 5-18 中的 α 分子）所受其他分子的引力作用是球对称的，它们对 α 的引力作用相互抵消为零；而处于靠近器壁、厚度为 r 的边界层内的气体分子（见图 5-18 中的 β 分子），情形就大不相同，其所受其他分子的引力不再是球对称的，引力的合力也不再为零，可以看出，β 分子将受到垂直于器壁并指向气体内部的拉力 F 作用。

图 5-18　气体分子的受力

气体对器壁的压强是由分子对器壁的碰撞引起的。分子要与器壁碰撞，就必须通过边界区域。在进入边界区域以前，分子的运动情形与理想气体模型中的运动没有区别。但是到达边界区域内，它就会受到垂直指向气体内部的拉力的作用，使得垂直于器壁方向上的动量减小，此时，分子与器壁碰撞时作用于器壁的冲量也相应减小，从而减小了分子对器壁的冲力。根据牛顿第三定律可知，器壁实际受到的冲力要比理想气体的情形小些。也就是说，由于分子引力的存在而产生了一个内压强 Δp。器壁实际受到的压强应为

$$p = \frac{RT}{V-b} - \Delta p \tag{5-34a}$$

即

$$(p + \Delta p)(V - b) = RT \tag{5-34b}$$

内压强 Δp 等于气体表面单位时间、单位面积上所受到的内向拉力。若单位体积内的分子数为 n，则分子受到的内向拉力与分子数密度 n 成正比；同时，单位时间内与单位面积相碰的分子数与分子数密度 n 也成正比。因此，气体的内压强 $\Delta p \propto n^2 \propto \frac{1}{V^2}$，可写作

$$\Delta p = \frac{a}{V^2} \tag{5-35}$$

式中，a 是一个比例系数，由气体的性质决定。

5.10.3　范德瓦尔斯方程

将式（5-35）代入式（5-34b），可得适用于 1mol 气体的**范德瓦耳斯方程**

$$\left(p+\frac{a}{V^2}\right)(V-b)=RT \tag{5-36}$$

式中，a 和 b 称为范德瓦尔斯常量。a 和 b 都可由实验来测定。对于不同种类的气体，范德瓦尔斯常量是不同的。表 5-6 列出了不同种类气体的范德瓦耳斯常量。范德瓦耳斯方程只是一个近似的状态方程，实际的气体分子运动要复杂得多。表 5-7 列出了 1mol 氮气在等温压缩过程中的实验值和理论值。可以看出，压强较低时，理想气体方程和范德瓦尔斯方程得到的结果较符合，近似等于 $RT=22.68$。随着压强的增大，理想气体方程不再适用，但是范德瓦尔斯方程得到的结果却很好地满足。表明在很大的范围内，范德瓦尔斯方程可以很好地反映实际气体的热运动规律。

表 5-6　　　　　　　　　　　　一些气体的范德瓦耳斯常量

气　　体	$a/(10^{-6}\text{atm}\cdot\text{m}^6\cdot\text{mol}^{-2})$	$b/(10^{-6}\text{m}^3\cdot\text{mol}^{-1})$
氢（H_2）	0.244	27
氦（He）	0.034	24
氮（N_2）	1.39	39
氧（O_2）	1.36	32
氩（Ar）	1.34	32
水蒸气（H_2O）	5.46	30
二氧化碳（CO_2）	3.59	43
正戊烷（C_5H_{12}）	19.0	146
正辛烷（C_8H_{18}）	37.3	237

表 5-7　　　　　　　　1mol 氮气在 273K 时的实验值和理论值

实　验　值		理论值（单位 atm·L）	
p/atm	V/L	pV	$\left(p+\dfrac{a}{V^2}\right)(V-b)$
1	22.41	22.41	22.41
100	0.222 4	22.24	22.40
500	0.062 35	31.18	22.67
700	0.053 25	37.27	22.65
900	0.048 25	43.43	22.40
1 000	0.046 40	48.40	22.00

复　习　题

一、思考题

1. 对一定量气体来说，若保持温度不变，气体的压强随体积减少而增大；若保持体积不变，气体压强随温度升高而增大。从宏观来看，这两种变化同样使压强增大，从微观来看，它们有何区别？

2. 试由玻意耳—马略特定律，盖·吕萨克定律或查理定律和阿伏伽德罗常数导出理想气体状态方程。

3. 一容器内储有某种气体，若容器漏气，则容器内气体的温度是否会因漏气而变化？

4. 如果把盛有气体的密封绝热容器放在汽车上，而汽车做匀速直线运动，此时气体的温度与汽车静止时是否一样？如果汽车突然刹车，容器内的温度是否会变化？

5. 对汽车轮胎打气，使达到所需要的压强，问在夏天与冬天，打入轮胎内的空气质量是否相同？为什么？

6. 在推导理想气体压强公式时，我们没有考虑分子之间的碰撞。试问如果考虑到这种碰撞，是否会影响得到的结果？

7. 气体为什么容易被压缩，但又不能无限地被压缩？

8. 为什么统计规律对大量偶然事件才有意义，偶然事件越多，统计规律越稳定？

9. 试确定下列物体的自由度数：

（1）小球沿长度一定的杆运动，而杆又以一定的角速度在平面内转动。

（2）小球沿一固定的弹簧运动，弹簧的半径和节距固定不变。

（3）长度不变的棒在平面内运动。

（4）在三维空间里运动的任意物体。

10. 指出下列各式所表示的物理意义：

（1）$\dfrac{1}{2}kT$　　（2）$\dfrac{3}{2}kT$　　（3）$\dfrac{i}{2}RT$　　（4）$\dfrac{M}{M_{\mathrm{mol}}}\dfrac{3}{2}RT$

11. 能量按自由度均分定理中的能量指的是什么能量？

12. 速率分布函数的物理意义是什么？试说明下列各量的意义：

（1）$f(v)\mathrm{d}v$　　　　　　　（2）$Nf(v)\mathrm{d}v$　　　　　　　（3）$\displaystyle\int_{v_1}^{v_2}f(v)\mathrm{d}v$

（4）$\displaystyle\int_{v_1}^{v_2}Nf(v)\mathrm{d}v$　　　（5）$\displaystyle\int_{v_1}^{v_2}vf(v)\mathrm{d}v$　　　（6）$\displaystyle\int_{v_1}^{v_2}Nvf(v)\mathrm{d}v$

13. 为什么地球大气主要由 N_2 和 O_2 组成，而没有氢和氦？

14. 设分子的速率分布曲线如图 5-19 所示，试在横坐标轴上大致标出最概然速率、平均速率和方均根速率的位置。

15. 最概然速率是否就是分子速率分布中最大速率值？

16. 有人说："平均自由程就是各个分子在两次碰撞间走过的路程"。这样的说法是否正确？

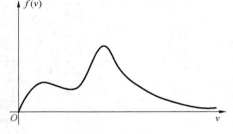

图 5-19　思考题 14

17. 气体分子的最概然速率、平均速率和方均根速率各是如何定义的？它们的大小由哪些因素决定？各有什么用处？

18. 气体分子的平均速率可达到几百米每秒，为什么在房间内打开一香水瓶后，需隔一段时间才能传到几米外？

19. 试通过平均自由程来解释热水瓶胆为什么保温效果良好？

20. 三种输送过程遵从怎样的宏观规律？它们有哪些共同的特征？

21. 试说明气体分子模型在分子运动学中所讨论的（1）内能公式；（2）分子平均碰撞频率；（3）范德瓦尔斯方程等问题时，有何不同？

22. 范德瓦尔斯方程中 $p + \dfrac{a}{V^2}$ 和 $V - b$ 两项各有什么物理意义？其中 P 表示的是理想气体的压强，还是真实气体的压强？

二、习题

1. 关于温度的意义，有下列几种说法：
（1）气体的温度是分子平均平动动能的量度；
（2）气体的温度是大量气体分子热运动的集体表现，具有统计意义；
（3）温度的高低反应了物质内部分子运动剧烈程度的不同；
（4）从微观上看，气体的温度表示每个气体分子的冷热程度。
以上说法中正确的是（　　　）。

　　（A）（1）、（2）、（4）　　　　　　　　　（B）（1）、（2）、（3）

　　（C）（2）、（3）、（4）　　　　　　　　　（D）（1）、（3）、（4）

2. 理想气体处于平衡状态，设温度为 T，气体分子的自由度为 i，则每个气体分子所具有的（　　　）。

　　（A）动能为 $\dfrac{i}{2} kT$　　　　　　　　　（B）动能为 $\dfrac{i}{2} RT$

　　（C）平均动能为 $\dfrac{i}{2} kT$　　　　　　　（D）平均平动动能为 $\dfrac{i}{2} RT$

3. 已知一定量的某种理想气体，如图 5-20 所示，在温度为 T_1 与 T_2 时，分子的最概然速率分别为 v_{p1} 和 v_{p2}，分子速率函数的最大值分别为 $f(v_{p1})$ 合 $f(v_{p2})$，已知 $T_1 > T_2$，则（　　　）。

　　（A）$v_{p1} > v_{p2}, f(v_{p1}) > f(v_{p2})$　　　　　（B）$v_{p1} < v_{p2}, f(v_{p1}) > f(v_{p2})$

　　（C）$v_{p1} > v_{p2}, f(v_{p1}) < f(v_{p2})$　　　　　（D）$v_{p1} < v_{p2}, f(v_{p1}) < f(v_{p2})$

图 5-20　习题 3

4. 3 个容器 A、B、C 中装有同种理想气体，其分子数密度 n 是相同的，且方均根速率之比为

$$\left(\overline{v_A^2}\right)^{1/2} : \left(\overline{v_B^2}\right)^{1/2} : \left(\overline{v_C^2}\right)^{1/2} = 1 : 2 : 4$$

则其压强之比 $p_A : p_B : p_C$ 为（　　　）。

　　（A）1:2:4　　　（B）4:2:1　　　（C）1:4:16　　　（D）1:4:8

5. 一定量的理想气体，在温度不变的条件下，当压强降低时，分子的平均碰撞频率 $\overline{Z}$ 和平均自由程 $\overline{\lambda}$ 的变化情况是：（　　　）。

(A) $\bar{Z}$ 和 $\bar{\lambda}$ 都增大   (B) $\bar{Z}$ 和 $\bar{\lambda}$ 都减小

(C) $\bar{Z}$ 增大而 $\bar{\lambda}$ 减小   (D) 减小而 $\bar{\lambda}$ 增大

6. 设想太阳是由氢原子组成的理想气体，其密度可认为是均匀的。若此理想气体的压强为 1.35×10^{14}Pa，试估计太阳的温度（已知氢原子的质量为 1.67×10^{-27}kg。太阳半径为 6.96×10^{8}m，太阳质量为 1.99×10^{30}kg）。

7. 有一体积为 V 的房间充满着双原子理想气体，冬天室温为 T_1，压强为 p_0。现经供暖器将室温提高到温度为 T_2，因房间不是封闭的，室内气压仍为 p_0。试证：室温由 T_1 升高到 T_2，房间内气体的内能不变。

8. 有一个具有活塞的容器盛有一定量的气体，如果压缩气体并对它加热，使它的温度从 27℃ 升到 177℃，体积减少一半，求气体压强变化了多少？这时气体分子的平均平动动能变化了多少？

9. 容器为 20L 的瓶子以速率 200m/s 做匀速运动，瓶中充有 100g 氮气。若瓶子突然停止运动，全部定向运动动能都变为气体分子热运动动能，且瓶子与外界无热量交换，则热平衡后氮气的（1）温度升高多少？（2）压强增加多少？（3）内能增加多少？（4）分子平均动能增加多少？

10. 2g 的氢气与 2g 氦气分别装在两个容积相同、温度也相同的封闭容器内，试求氢气和氦气的（1）平均平动动能之比；（2）压强之比；（3）内能之比。

11. 计算在 300K 时氧分子的最概然速率、平均速率和方均根速率。

12. 气体的温度 $T=273$K，压强 $p=1.0 \times 10^5$Pa，密度 $\rho = 1.24 \text{kg} / \text{m}^3$。

试求：（1）气体的分子量，并确定它是什么气体。（2）气体分子的方均根速率。

13. 有 N 个质量均为 m 的同种气体分子，它们的速率分布如图 5-21 所示：（1）说明曲线与横坐标所包围面积的含义；（2）由 N 和 v_0 求 a 值；（3）求在速率 $v_0/2$ 到 $3v_0/2$ 间隔内的分子数；（4）求分子的平均平动动能。

14. 假定 N 个粒子的速率分布函数为

$$f(v) = \begin{cases} a, & v_0 > v > 0 \\ 0, & v > v_0 \end{cases}$$

图 5-21　习题 13

（1）作出速率分布曲线；（2）由 v_0 求常量 a；（3）求粒子的平均速率。

15. 设氢气的温度是 300K，求速率在 $3\,000 \sim 3\,010 \text{m} \cdot \text{s}^{-1}$ 之间的分子数 ΔN_1 与速率在 $1\,500 \sim 1\,510 \text{m} \cdot \text{s}^{-1}$ 之间的分子数 ΔN_2 之比。

16. 一飞机在地面时机舱中压力计示数为 1.013×10^5Pa，到高空后，压强降为 8.104×10^4Pa，设大气的温度为 27℃，问此时飞机距地面的高度是多少？（设空气的摩尔质量为 2.89×10^{-2}kg·mol^{-1}）

17. 氧气在标准状态下的扩散系数为 1.887×10^{-5}m$^2 \cdot$s^{-1}，求氧分子的平均自由程和有效直径。

18. 在温度273K、压强1.0×10^5Pa 情况下，空气的密度为 $1.293 \times$kg·m^{-3}，$\bar{v} = 4.6 \times 10^2$m·s^{-1}，$\bar{\lambda} = 6.4 \times 10^{-8}$m，求黏度。

第 **6** 章　**热力学基础**

【学习目标】

- 熟练掌握内能、功和热量等概念；理解准静态过程。
- 掌握热力学第一定律，理解理想气体的等体摩尔热容、等压摩尔热容的概念，并能分析计算理想气体在等体、等压、等温和绝热过程中的功、热量和内能的改变。
- 掌握循环的概念以及意义，理解循环过程中的能量转换关系，会计算卡诺循环和其他简单循环的效率。
- 掌握可逆过程和不可逆过程的特点，理解热力学第二定律和熵增加原理。

在本章中，我们将研究关于热现象的宏观理论—热力学基础，它是研究热能和其他形式能量间相互转化的规律。其基础是热力学第一定律和热力学第二定律。这两个定律都是人类经验的总结，具有牢固的实践基础，它们的正确性已被无数次实验所证实。

6.1　准静态过程 功 热量 内能

热力学的研究对象是由大量分子和原子组成的系统，如气体、固体、液体等，这个系统称为**热力学系统**。热力学系统的周围环境称为外界，且系统与外界存在着一定的相互作用。若系统与外界有能量和物质交换，称为开放系统；若系统与外界无物质交换，但有能量交换，则称为封闭系统；若系统与外界既没有能量交换，也没有物质交换，则称为孤立系统。

6.1.1　准静态过程

热力学系统从一个状态过渡到另一个状态的变化过程称为**热力学过程**。当系统从一个平衡态开始变化时，原来的平衡态被破坏成为非平衡态，需要经过一段时间才能达到新的平衡态，这段时间称为**弛豫时间**，用符号 τ 表示。如果热力学过程进行得较快，即 $t < \tau$，非平衡态还没有达到新的平衡态时，就又开始了下一个变化，此时，在热力学过程中必然会有一个（或多个）中间状态是非平衡态，整个过程就称为**非静态过程**。如果热力学系统变化过程进行得较慢，即 $t > \tau$，使得系统中的每一时刻的状态都无限接近于平衡态，则此过程就定义为**准静态过程**。

应当指出，严格的准静态过程是不存在的，它只是一种理想状况。实际中无限缓慢、无摩擦的过程，一般可以近似看作是准静态过程。图 6-1 所示为无限缓慢地压缩气缸，在这个过程中，非平衡态到平衡态的过渡时间，即弛豫时间约为 10^{-3} s，实际压缩一次所用时间为 1s，故可以看作是准静态过程。又如，爆炸过程进行得极快，则属于非静态过程。

图 6-1　无限缓慢地压缩气缸

6.1.2　功

功是能量传递和转换的量度。大量的实验证实，对系统做功可以改变系统的热运动状态。例如，摩擦生热就是通过摩擦力做功使得系统的温度升高，改变系统的热运动状态。也就是将宏观运动的能量转换为热运动的能量。

这里，我们以一气缸为例，设气缸内气体压强为 p，活塞的面积为 S。如图 6-2 所示，当活塞移动一微小位移 $\mathrm{d}l$ 时，气体所做的元功为

$$\mathrm{d}W = F\mathrm{d}l = pS\mathrm{d}l = p\mathrm{d}V \tag{6-1}$$

式中，$\mathrm{d}V$ 表示气体体积的微小变量。当气体膨胀时，$\mathrm{d}V>0$，$\mathrm{d}W>0$，表示系统对外界做正功；当气体压缩时，$\mathrm{d}V<0$，$\mathrm{d}W<0$，表示外界对系统做功，或系统对外界做负功。

当气体从状态 1 变化到状态 2 时，系统对外做的功为

$$W = \int_{V_1}^{V_2} p\,\mathrm{d}V \tag{6-2}$$

式中，V_1、V_2 分别表示状态 1、状态 2 的体积。$p-V$ 曲线如图 6-3 所示，曲线下面的面积就是系统对外做功的大小。由此得到结论：系统从一个状态变化到另一个状态，所做的功不仅与始末状态有关，也与系统所经历的过程有关，功是一个过程量。

图 6-2　气体膨胀时所做的功

图 6-3　气体膨胀做功的 $p-V$ 图

6.1.3　热量

如图 6-4（a）所示，重物下落带动轮叶旋转，通过搅拌，对绝热容器中的液体做功，使得水的温度升高。在这个过程中，通过做功可以实现温度升高。图 6-4（b）所示为通过电炉对储水器内的水加热，从而使得水的温度升高。这种利用系统与外界之间有温度差而发生传递能量的过程称为**热传导**，简称**传热**，传递的能量称为热量。

对于这两个实验，其本质是完全不同的：第 1 个实验是用机械方式对系统做功，从而使其热力学状态改变，是通过物体的宏观位移来实现的，是系统外物体的有规则运动与系统内分子无规则运动之间的能量转换；第 2 个实验中，热传导则是利用系统与外界存在温度差，

从而引起系统外物体分子无规则运动与系统内物体分子无规则运动之间的能量转换。

图 6-4 热传导现象

不管是那种方式，都使得热力学状态发生改变。实验证明：**改变热力学系统的状态，传热和做功是等效的**。焦耳通过实验测定了热量和功之间的当量关系，即

$$1cal=4.18J$$

和功一样，热量也是一个过程量，一般用符号"Q"表示。因此，对于"系统有多少功"、"系统有多少热量"这样的描述是无意义的，我们只能说"系统对外做了多少功"、"系统吸收或放出了多少热量"。但是对于状态参量，如温度、压强等，我们就可以直接描述"系统的温度是多少"、"系统的压强是多少"。

6.1.4 内能

要使热力学系统状态发生改变，既可以通过系统对外界做功来实现，也可以通过传热来实现。只要系统的始末状态确定，做功和传热的量值是相当的。因此，在热力学系统中有一个仅由热运动状态单值决定的能量，称为系统的**内能**。系统的内能常用符号"E"来表示，单位为焦耳（J）。

内能描述了系统处于某一状态时所具有的能量，即 $E = E(T)$。系统状态变化所引起的内能变化 ΔE，只与系统的始末状态有关，而与中间过程无关。若系统经过一系列变化又回到初始状态，系统的内能将保持不变。

6.2 热力学第零定律和第一定律

热力学第零定律和第一定律都涉及系统与外界之间的相互作用，下面分别介绍这两个定律。

6.2.1 热力学第零定律

若两个热力学系统中的每一个都与第三个热力学系统处于热平衡（温度相同），则它们彼此也必定处于热平衡。这一结论称作**热力学第零定律**。如图 6-5 所示，若系统 A 和 C、B 和 C 均处于热平衡状态，则 A 和 B 必处于热平衡状态。

温度是判定一系统是否与其他系统互为热平衡的标志。

图 6-5 热平衡实验图

6.2.2 热力学第一定律

18 世纪末 19 世纪初，随着蒸汽机在生产中的广泛应用，人们越来越关注热和功的转化问题。于是，热力学应运而生。德国医生、物理学家迈尔在 1841～1843 年间提出了热与机械运动之间相互转化的观点，这是热力学第一定律的雏形。焦耳通过实验测定了电热当量和热功当量，证实了热力学第一定律，补充了迈尔的论证，有

$$Q = \Delta E + W \tag{6-3}$$

对于无限小的状态变化过程，热力学第一定律可表示为

$$dQ = dE + dW \tag{6-4}$$

热力学第一定律的文字表述为：**系统从外界所吸收的热量，一部分将用于增加系统的内能，另一部分用于系统对外做功。**在应用第一定律时应当注意以下几点。

（1）热力学第一定律的本质是用于热力学系统的能量转换和守恒定律。

（2）Q、ΔE 和 W 三者均采用国际单位制单位（SI），即用焦耳（J）表示；Q、ΔE 和 W 三者的取值可正可负，表 6-1 列出了对于符号的规定。

表 6-1   热、内能和做功符号正负的规定

	Q	ΔE	W
+	系统吸热	内能增加	系统对外界做功
−	系统放热	内能减少	外界对系统做功

（3）热力学第一定律适用于所有的热力学过程，在应用时只要确定始、末状态为平衡态，而中间态并不要求一定为平衡态，即热力学第一定律适用于两个平衡态之间的任何过程。

历史上有不少人有过这样美好的愿望：制造一种不需要动力的机器，它可以源源不断地对外界做功，这样可以创造出巨大的财富，这种机器称为第一类永动机。在科学历史上从没有过永动机成功过。随着能量守恒定律的发现，使人们更坚定地认识到：任何一部机器，只能使能量从一种形式转化为另一种形式，而不能无中生有地制造能量。因此，热力学第一定律又可表述为：**第一类永动机是不可能制造出来的。**

6.3 理想气体的等体过程和等压过程

作为热力学第一定律的应用，本节将对理想气体的一些典型的准静态过程中的功、热量和内能的改变量进行定量分析。

6.3.1 等体过程

设有一气缸，活塞保持固定不变，气缸与一有微小温度差的恒温热源相接触，使气缸内气体的温度逐渐上升、压强增大，但保持气体的体积不变，这个过程就是**等体过程**。如图 6-6（a）所示，等体过程的特征是：气体体积保持不变，即 V 为恒量，或 $dV=0$，在 $p-V$ 图中等体过程为一条平行于 p 轴的直线，如图 6-6（b）所示。

图 6-6 等体过程

下面我们将对于等体过程中做功、热量和内能的改变量进行定量分析。

（1）等体过程中所做的功。即

$$dV = 0$$

$$W = \int_{V_1}^{V_2} p\,dV = 0$$

不难看出，在等体过程中，系统对外不做功。

（2）等体过程中的内能变化。

内能是状态量，是温度的单值函数，内能的变化只和始末状态间温度的变化有关。

$$\Delta E = v\frac{i}{2}R(T_2 - T_1)$$

（3）等体过程中的热量。

根据热力学第一定律，可得

$$Q = \Delta E + W = \Delta E = v\frac{i}{2}R(T_2 - T_1)$$

可见，在等体升压过程中，系统对外界并不做功，系统从外界所吸收的热量将全部用来增加系统的内能。同理，在等体降压过程中，系统将向外界放热，从而使得系统的内能减少。在该过程中，系统对外界也是不做功的。

6.3.2　等压过程

设有气缸与一有微小温度差的恒温热源相接触，同时有一恒定的外力作用于活塞上，缓慢推动活塞，系统的体积减少、温度降低，但系统内的压强保持不变，这个过程称为**等压过程**，如图 6-7（a）所示。例如，把普通锅炉中的水加热成水蒸气的过程就是等压过程。在等压过程中，系统的压强始终保持不变，即 P 为常量，或 $dp = 0$。在 $p - V$ 图上等压过程为一条平行于 OV 轴的直线。如图 6-7（b）所示。

当 $v$mol 的理想气体从状态 1 等压膨胀到状态 2 时，过程中所做的功、内能变化和热量有如下关系。

（1）等压过程中所做的功。即

$$W = \int_{V_1}^{V_2} p\,dV = p(V_2 - V_1)$$

图 6-7　等压过程

根据理想气体状态方程

$$pV = vRT$$

$$W = vR(T_2 - T_1)$$

（2）等压过程中的内能变化。即

$$\Delta E = v\frac{i}{2}R(T_2 - T_1)$$

（3）等压过程中的热量。

根据热力学第一定律，可得

$$Q = \Delta E + W = v\frac{i}{2}R(T_2 - T_1) + vR(T_2 - T_1)$$

$$= v\frac{i+2}{2}R\Delta T$$

气体在等压过程中，系统从外界所吸收的热量，一部分用于增加系统的内能，另一部分用于对外做功。

6.3.3　等体摩尔热容　等压摩尔热容

1. 热容

设有一质量为 m 的物体，在某一过程 x 中吸收热量 $\mathrm{d}Q$，其温度升高 $\mathrm{d}T$，则定义

$$C = \frac{\mathrm{d}Q}{\mathrm{d}T}$$

为物体在该过程的**热容**。它表示的是**物体在该过程中温度升高（降低）1K 时所吸收（放出）的热量**，单位为：焦耳每开尔文，符号为 $\mathrm{J \cdot K^{-1}}$。我们把 1mol 物质的热容，称为**摩尔热容**，常用 C_m 来表示。单位为：焦耳每摩尔开尔文，符号为 $\mathrm{J \cdot mol^{-1} \cdot K^{-1}}$。

$$C = \frac{M}{M_\mathrm{mol}}C_\mathrm{m}$$

若物体经历 x 过程，温度从初始值 T_1 变化到末态值 T_2，则该过程吸收（放出）的热量为

$$Q_x = \int_{T_1}^{T_2} C\,\mathrm{d}T = C(T_2 - T_1)$$

2．等体摩尔热容

若1mol的气体在体积不变的过程中，温度升高 dT ，需要吸收的热量为 dQ ，则定义

$$C_V = \left(\frac{dQ}{dT}\right)_V$$

为气体的**等体摩尔热容**。单位为：焦耳每摩尔开尔文，符号为 $J \cdot mol^{-1} \cdot K^{-1}$ 。根据热力学第一定律，有

$$dQ = dE + pdV$$

因等体过程中 $dV = 0$ ，则

$$C_V = \left(\frac{dQ}{dT}\right)_V = \left(\frac{dE}{dT}\right)_V \tag{6-5}$$

对于理想气体，内能是温度的单值函数，且有 $E = \frac{i}{2}RT$ ，代入式（6-5）中，可得等体摩尔热容的一般表达式

$$C_V = \frac{i}{2}R \tag{6-6}$$

式（6-6）说明**等体摩尔热容 C_V 决定于气体的自由度 i** 。对于单原子分子， $C_V = \frac{3}{2}R$ ；刚性双原子分子， $C_V = \frac{5}{2}R$ ；刚性多原子分子， $C_V = 3R$ 。 C_V 也为气体内能提供了另一种的计算方法： $\Delta E = \nu C_V \Delta T$ 。

3．等压摩尔热容

若1mol的气体在压强不变的过程中，温度升高 dT 时，需要吸收的热量为 dQ ，则定义

$$C_p = \left(\frac{dQ}{dT}\right)_p$$

为**等压摩尔热容**。单位为：焦耳每摩尔开尔文，符号为 $J \cdot mol^{-1} \cdot K^{-1}$ 。根据热力学第一定律 $dQ = dE + pdV$ ，则有

$$C_p = \frac{dE}{dT} + p\frac{dV}{dT} \tag{6-7}$$

对于一摩尔理想气体， $E = \frac{i}{2}RT$ ， $pV = RT$ ，代入式（6-7）得

$$C_p = \frac{i+2}{2}R = C_V + R \tag{6-8}$$

显然，对于1mol的理想气体，温度升高1K时，等压过程要比等体过程要多吸收 8.31J 的热量。这是因为在等压过程中，系统温度升高（或降低）时，其体积必然膨胀（或压缩），所以气体必然对外做正功（或负功）。若是单原子分子， $C_p = \frac{5}{2}R$ ；刚性双原子分子， $C_p = \frac{7}{2}R$ ；刚性多原子分子， $C_p = 4R$ 。

同时，应用等压摩尔热容，很容易得到理想气体在等压过程中吸收（放出）热量

$$Q = \nu C_p \Delta T$$

实际应用中，常用到等压摩尔热容 C_p 与等体摩尔热容 C_V 的比值，称为**比热容比**，用 γ 来表示

$$\gamma = \frac{C_p}{C_V} = \frac{2+i}{i} \tag{6-9}$$

显然，γ 恒大于1，对于单原子分子气体，$\gamma = 1.67$，刚性双原子分子气体 $\gamma = 1.40$，刚性多原子分子气体 $\gamma = 1.33$。γ 只与分子的自由度有关，而与气体的状态无关。

表 6-2 列出了不同原子的比热容比的实验值和理论值，可以看出：对于单原子和双原子分子气体，γ 的理论值和实验值较接近。而对于多原子分子气体，理论值和实验值有较大的差别。另外，理论上的热容值是与温度无关的，但是实验表明，热容是随温度变化的。表 6-3 列出了在不同温度下氢气的 C_V 的实验值。从表可知，C_V 随温度的升高而增大。这些都是经典物理所不能解释的。

表 6-2　气体摩尔热容的实验数据（C_V，C_p 单位为 $J \cdot mol^{-1} \cdot K^{-1}$）

原子数	气体的种类	C_p（实验）	C_V（实验）	γ（实验）	γ（理论）
单原子	氦	20.95	12.61	1.66	1.67
	氩	20.90	12.53	1.67	
双原子	氢	28.83	20.47	1.41	1.40
	氮	28.88	20.56	1.40	
	氧	29.61	21.16	1.40	
多原子	水蒸气	36.2	27.8	1.31	1.33
	甲烷	35.6	27.2	1.30	
	乙醇	87.5	79.1	1.11	

表 6-3　同一压强（1atm）、不同温度下氢气的 C_V 的实验值（单位为 $J \cdot mol^{-1} \cdot K^{-1}$）

温度℃	-233	-183	-76	0	500	1 000	1 500	2 000	2 500
C_V	12.46	13.59	18.31	20.27	21.04	22.95	25.04	26.71	27.96

经典物理认为粒子能量是连续变化的，而实际的微观粒子的运动的振动能量是一系列不连续的值。低温时，气体分子的振动能量几乎不变，这时可以认为能量是连续变化，实验值和理论值相符合。常温下，振动能量的变化仍然很小，对热容的影响仍可以忽略。高温时，振动能量的变化较大，不再是连续的变化，此时气体分子的运动符合量子力学规律——经典理论将过渡到量子理论。因此必须很好地利用量子理论才能对气体的热容作出完美的解释。

【**例 6-1**】　1mol 单原子理想气体从 300K 加热到 350K，求在下列两过程中：

（1）体积保持不变；

（2）压强保持不变。

分别吸收了多少热量?增加了多少内能?对外做了多少功?

解：（1）等体过程

对外做功

$$W = 0$$

由热力学第一定律得 $Q = \Delta E$ ，所吸收的热量为

$$Q = \Delta E = vC_V(T_2 - T_1) = v\frac{i}{2}R(T_2 - T_1)$$

$$= \frac{3}{2} \times 8.31 \times (350 - 300) = 623.25\text{J}$$

（2）等压过程

由于等压过程中 $Q = vC_p(T_2 - T_1) = v\frac{i+2}{2}R(T_2 - T_1)$ ，所以吸收的热量为

$$Q = \frac{5}{2} \times 8.31 \times (350 - 300) = 1038.75\text{J}$$

又因为 $\Delta E = vC_V(T_2 - T_1)$ ，则内能增加为

$$\Delta E = \frac{3}{2} \times 8.31 \times (350 - 300) = 623.25\text{J}$$

由热力学第一定律， $Q = \Delta E + W$ ，可得对外做功为

$$W = Q - \Delta E = 1038.75 - 623.5 = 415.5\text{J}$$

6.4 理想气体的等温过程和绝热过程 *多方过程

由于理想气体，等温过程与绝热过程的 $p-V$ 图有着相似之处，因此，将这两个过程放到一处讨论。

6.4.1 等温过程

等温过程是热力学过程的一种，是指热力学系统在恒定温度下发生的各种物理或化学过程。在整个等温过程中，系统与外界处于热平衡状态。如图 6-8（a）所示，与恒温箱接触的一个气缸，可用一活塞对其缓慢地压缩，所做的功表现为进入容器内使气体的温度保持不变的能量。日常生活中，蓄电池在室温下缓慢充电和放电，也都可近似地看作是等温过程。

对一定质量的理想气体，等温过程的特征是温度保持不变，即 T 为常量，或 $\mathrm{d}T = 0$ 。由于理想气体的内能仅是温度的函数，因此该过程中内能保持不变。则在等温过程中能量的转换特点为：系统吸收的热量完全等于系统对外所做的功。

(a)　　　　(b)

图 6-8　等温过程

1. 等温过程中的功

当气体的体积发生微量 $\mathrm{d}V$ 变化时，气体做的元功为

$$\mathrm{d}W = p\,\mathrm{d}V \tag{6-10}$$

将理想气体状态方程 $p = \dfrac{v}{V}RT$ 代入式（6-10），得

$$\mathrm{d}W = \frac{v}{V}RT\,\mathrm{d}V$$

当理想气体从状态 1 等温变化到状态 2 时，如图 6-8（b）所示，气体膨胀对外做功为

$$W = \int_{V_1}^{V_2} p\,\mathrm{d}V = \int_{V_1}^{V_2} v\frac{RT}{V}\mathrm{d}V = vRT\ln\frac{V_2}{V_1} \tag{6-11}$$

又因为等温过程中，$p_1 V_1 = p_2 V_2$，所以式（6-11）又可写为

$$W = vRT\ln\frac{p_1}{p_2}$$

2. 等温过程中的内能变化

内能 E 是温度 T 的单值函数，有

$$E = v\frac{i}{2}RT$$

在等温过程中，$T=$ 恒量，故

$$\Delta E = 0$$

即系统的内能也保持不变。

3. 等温过程中的热量

根据热力学第一定律，$Q = \Delta E + W$，得

$$Q = W = vRT\ln\frac{V_2}{V_1} = vRT\ln\frac{p_1}{p_2}$$

可见，在等温膨胀过程中，理想气体所吸收的热量将全部用来对外界做功。同理可得，在等温压缩过程中，外界对理想气体所做的功，将全部转换为系统向外放的热量。

6.4.2　绝热过程

用绝热材料包起来的容器内气体所经历的变化过程（见图 6-9（a））、声波传播时所引起的空气的压缩和膨胀过程、内燃机气缸中燃料燃烧的过程等，都可看作是绝热过程。这些过程的特点是：进行得较快，热量来不及与周围物质进行交换。若在状态变化过程中，系统与外界无热量交换，则该过程称为**绝热过程**。但应当注意的是，自然界中完全绝热的系统是不存在的，实际接触的系统都是近似的绝热系统。

绝热过程的特征是 $Q = 0$ 或 $\mathrm{d}Q = 0$。我们讨论的是准静态过程中的绝热过程。

图 6-9 绝热过程

1. 绝热过程的功、内能和热量

根据热力学第一定律 $\mathrm{d}Q = \mathrm{d}E + \mathrm{d}W$，又绝热过程的特征有 $\mathrm{d}Q = 0$，得

$$\mathrm{d}W = -\mathrm{d}E = -v C_V \mathrm{d}T$$

当系统从状态 1 变化到状态 2 时，如图 6-9（b）所示，系统对外做功为

$$W = \int_{V_1}^{V_2} p \mathrm{d}V = -\int_{T_1}^{T_2} v C_V \mathrm{d}T$$

$$= -v C_V (T_2 - T_1) = -\Delta E$$

在绝热膨胀过程中，气体对外做功是由内能的减少为代价来完成的；在绝热压缩过程中，外界对气体做功将全部用来增加内能。例如，柴油机气缸中的空气和柴油雾的混合物被活塞急速压缩后，温度可升高到柴油的燃点以上，从而使得柴油立即燃烧，形成高温高压气体，再推动活塞做功；给轮胎放气时，可以明显感觉到放出的气体比较凉，这正是由于气体压强下降得足够快，快到可视为绝热过程的缘故，气体内能转化为机械能，温度下降。

2. 绝热方程

因绝热过程中 $\mathrm{d}Q = 0$，则 $\mathrm{d}W = -\mathrm{d}E$，即

$$p \mathrm{d}V = -v C_V \mathrm{d}T \tag{6-12}$$

式（6-12）与理想气体状态方程 $pV = vRT$ 联立，可得

$$v \frac{RT}{V} \mathrm{d}V = -v C_V \mathrm{d}T$$

对上式进行分离变量，可得

$$\frac{\mathrm{d}V}{V} = -\frac{C_V}{R} \frac{\mathrm{d}T}{T}$$

等式两边进行积分，可得

$$\int \frac{\mathrm{d}V}{V} = -\int \frac{1}{\gamma - 1} \frac{\mathrm{d}T}{T}$$

$$V^{\gamma-1} T = 常量 \tag{6-13}$$

式（6-13）称为**泊松方程**。

同理，也可得到 V 与 T 及 p 与 T 之间的关系式。我们把 p、V、T 3 个参量中任两个参量的关系式称为**绝热方程**。

$$V^{\gamma-1}T = 常量$$

$$pV^{\gamma} = 常量$$

$$p^{\gamma-1}T^{-\gamma} = 常量$$

根据泊松方程，系统对外做功又可写为

$$W = \frac{p_2V_2 - p_1V_1}{1-\gamma}$$

6.4.3 绝热线和等温线

在 $p-V$ 图上，绝热过程对应的是一条曲线，为区别于等温线，现将两者作一比较。如图 6-10 所示，虚线表示等温线，实线表示绝热线。两条曲线相交于一点 A，可以看出，绝热线要陡一些。这可以通过计算得到。

对绝热方程 $pV^{\gamma} = 常量$ 取微分，有

图 6-10 绝热线和等温线的比较

$$\gamma pV^{\gamma-1}\mathrm{d}V + V^{\gamma}\mathrm{d}p = 0$$

则绝热过程中曲线的斜率为

$$\left(\frac{\mathrm{d}p}{\mathrm{d}V}\right)_a = -\gamma\frac{p_A}{V_A}$$

同理，对等温方程 $pV = 常量$ 取微分，有

$$p\mathrm{d}V + V\mathrm{d}p = 0$$

则等温过程曲线的斜率为

$$\left(\frac{\mathrm{d}p}{\mathrm{d}V}\right)_T = -\frac{p_A}{V_A}$$

因为 $\gamma > 1$，所以在两线的交点 A 处，绝热线的斜率的绝对值要大于等温线的斜率的绝对值。

$$\left|\left(\frac{\mathrm{d}p}{\mathrm{d}V}\right)_T\right| < \left|\left(\frac{\mathrm{d}p}{\mathrm{d}V}\right)_a\right|$$

若从状态 A 开始，分别通过绝热过程和等温过程来膨胀相同的体积，从图 6-10 可以看出，绝热过程中压强的降低要比在等温过程中大。这是因为：等温过程中，压强的降低是由对外做功所引起的，而在绝热过程中，压强的降低除了对外做功外，温度的降低所引起的内能的改变也是一个原因，所以压强下降得较快。

【例 6-2】 狄塞尔内燃机气缸中的气体，在压缩前压强为 $1.013\times10^5\mathrm{Pa}$，温度为 320K，假定空气突然被压缩为原来体积的 1/16.9，试求末态的压强和温度。设空气的 $\gamma = 1.4$。

解：把空气看成是理想气体，从题知，初态 $p_1 = 1.013\times10^5\mathrm{Pa}$，$T_1 = 320\mathrm{K}$，由于压缩进行得很快，可看成是绝热过程。

由绝热方程 $p_1V_1^{\gamma} = p_2V_2^{\gamma}$，可得末态压强为

$$p_2 = p_1 \left(\frac{V_1}{V_2} \right)^\gamma = 1.013 \times 10^5 \times 16.9^{1.4} = 45.1 \times 10^5 \, \text{Pa}$$

根据 $T_1^{-\gamma} p_1^{\gamma-1} = T_2^{-\gamma} p_2^{\gamma-1}$，可得末态温度为

$$T_2 = T_1 \left(\frac{V_1}{V_2} \right)^{\gamma-1} = 320 \times 16.9^{1.4} = 992 \text{K}$$

【例 6-3】 一绝热容器被隔板分为体积相等的两部分，如图 6-11（a）所示左边容器充满理想气体，初始温度为 T_1，压强为 p_1，右边容器抽成真空。现将隔板抽出，气体最后在整个容器内达到一个新的平衡，这种过程称为自由膨胀，如图 6-11（b）所示，求新的平衡时的压强。

图 6-11 气体的自由膨胀

解： 在该过程中，任一时刻气体均处于非平衡态，因此该过程是非平衡过程，但是初末状态都是平衡态，则热力学第一定律仍然成立

$$Q = \Delta E + W$$

因为过程进行得较快，可视为绝热过程，$Q = 0$；又因为气体向真空冲入，所以它对外不做功，$W = 0$，即

$$\Delta E = E_2 - E_1 = 0$$

因为内能是温度的单值函数，所以初末状态的温度是相同的，即 $T_2 = T_1$。

根据理想气体状态方程，有

$$p_1 V_1 = \nu R T_1, \quad p_2 V_2 = \nu R T_2$$

将 $T_2 = T_1$，$V_2 = 2V_1$ 代入上式，可得

$$p_2 = \frac{1}{2} p_1$$

【例 6-4】 0.01m³ 的氮气在温度为 300K 时，由 1atm 压缩到 10atm。试分别求氮气经等温及绝热压缩后的（1）体积；（2）温度；（3）各过程对外所做的功。

解：（1）等温压缩时，由 $p_1 V_1 = p_2 V_2$，可得

$$V_2 = \frac{p_1 V_1}{p_2} = \frac{1}{10} \times 0.01 = 1 \times 10^{-3} \, \text{m}^3$$

对外做功为

$$W = \nu R T \ln \frac{V_2}{V_1} = p_1 V_1 \ln \frac{V_2}{V_1} = p_1 V_1 \ln \frac{p_1}{p_2}$$

$$= 1 \times 1.013 \times 10^5 \times 0.01 \times \ln 0.01 = -4.67 \times 10^3 \, \text{J}$$

（2）绝热压缩时，由绝热方程有

$$p_1 V_1^\gamma = p_2 V_2^\gamma$$

对于氮气 $\gamma = \dfrac{7}{5}$，代入绝热方程得

$$V_2 = \left(\frac{p_1 V_1^\gamma}{p_2}\right)^{1/\gamma} = \left(\frac{p_1}{p_2}\right)^{\frac{1}{\gamma}} V_1 = \left(\frac{1}{10}\right)^{\frac{1}{4}} \times 0.01 = 1.93 \times 10^{-3}\,\mathrm{m}^3$$

由绝热方程 $T_1^{-\gamma} p_1^{\gamma-1} = T_2^{-\gamma} p_2^{\gamma-1}$ 得

$$T_2^\gamma = \frac{T_1^\gamma p_2^{\gamma-1}}{p_1^{\gamma-1}} = 300^{1.4} \times (10)^{0.4}$$

$$T_2 = 579\mathrm{K}$$

（3）根据热力学第一定律 $Q = \Delta E + W$ 和气体状态方程 $pV = \dfrac{M}{M_{\mathrm{mol}}} RT$，$Q = 0$ 得

$$W = -\frac{M}{M_{\mathrm{mol}}} C_V (T_2 - T_1) = -\frac{p_1 V_1}{R T_1} \frac{5}{2} R(T_2 - T_1)$$

$$= -\frac{1.013 \times 10^5 \times 0.01}{300} \times \frac{5}{2} \times (579 - 300) = -23.5 \times 10^3$$

6.4.4 *多方过程

实际中的气体过程，既不是等值过程也不是绝热过程，而是常常介于这些过程之间。热力学中，常用下列公式来表达气体进行的实际过程

$$pV^n = 常量 \tag{6-14}$$

满足式（6-14）的过程称为**多方过程**，其中 n 为常量，称为多方指数。显然，等温、等压、等体和绝热过程是多方过程的特例。若 $n=0$ 时，对应的是等压过程；$n=1$ 时，对应的是等温过程；$n=2$ 时，对应的是绝热过程；$n = \gamma$ 时，对应的是绝热过程；$n \to \pm\infty$ 时，则对应于等体过程。多方指数 n 可以是任意值，视具体情况而定。

类似于绝热过程中做功的计算，可得多方过程中气体所做的功为

$$W = \frac{p_2 V_2 - p_1 V_1}{1 - n}$$

由内能是温度的单值函数，可得多方过程中内能的增量为

$$\Delta E = \nu C_V (T_2 - T_1)$$

根据热力学第一定律 $Q = \Delta E + W$，多方过程中吸收的热量为

$$Q = \frac{p_2 V_2 - p_1 V_1}{1 - \gamma} + \nu C_V (T_2 - T_1)$$

若在多方过程中，系统的温度升高 $\mathrm{d}T$，需要从外界吸收的热量为 $\mathrm{d}Q = \nu C_n \mathrm{d}T$，则 C_n 叫做理想气体的**多方摩尔热容**。根据热力学第一定律 $Q = \Delta E + W$ 和理想气体的内能公式 $E = \nu C_V T$，可得

$$vC_n \, dT = vC_V \, dT + p \, dV \tag{6-15}$$

对理想气体的状态方程和多方方程分别取微分，可得

$$p \, dV + V \, dp = vR \, dT \tag{6-16}$$

$$\frac{dp}{p} + n\frac{dV}{V} = 0 \tag{6-17}$$

联立式（6-15）、式（6-16）和式（6-17），可得 C_n 和 C_V 的关系

$$C_n = C_V \frac{\gamma - n}{\gamma - 1} \tag{6-18}$$

因此，多方过程中吸收的热量又可表述为

$$Q = vC_n(T_2 - T_1)$$

表 6-4 所示为理想气体在热力学过程中的主要公式。

表 6-4   理想气体在热力学过程中的主要公式

过程	过程方程	系统对外界做的功	系统从外界吸收的热量	内能增量
等体	$\frac{p}{T} =$ 常量	0	$vC_V(T_2 - T_1)$	$vC_V(T_2 - T_1)$
等压	$\frac{V}{T} =$ 常量	$p(V_2 - V_1)$ 或 $vR(T_2 - T_1)$	$vC_p(T_2 - T_1)$	$vC_V(T_2 - T_1)$
等温	$pV =$ 常量	$vRT(\ln V_1 / V_2)$ 或 $vRT(\ln p_2 / p_1)$	$vRT(\ln V_1 / V_2)$ 或 $vRT(\ln p_2 / p_1)$	0
绝热	$pV^\gamma =$ 常量	$-vC_v(T_2 - T_1)$ 或 $\dfrac{(p_1 V_1 - p_2 V_2)}{\gamma - 1}$ 或 $\dfrac{p_1 V_1}{\gamma - 1}[(\dfrac{V_1}{V_2})^{\gamma - 1} - 1]$	0	$vC_V(T_2 - T_1)$
多方	$pV^n =$ 常量	$-\dfrac{vR}{n - 1}(T_2 - T_1)$ 或 $\dfrac{(p_1 V_1 - p_2 V_2)}{n - 1}$ 或 $\dfrac{p_1 V_1}{n - 1}[(\dfrac{V_1}{V_2})^{n-1} - 1]$	$vC_V(T_2 - T_1) - \dfrac{vR}{n - 1}(T_2 - T_1)$	$vC_V(T_2 - T_1)$

6.5 循环过程 卡诺循环

理想气体的状态变化不可能全部都是单一方向的，往往还会涉及周而复始的循环过程。

6.5.1 循环过程

系统从某一初态出发，经历一系列的状态变化后，又回到原来状态的过程，称为**热力学循环过程**，简称**循环**。循环工作的物质称为**工作物质**，简称**工质**。如内燃机、蒸汽机，它们的本质是通过循环来实现热功转换，在整个过程中的工作物质为气体。

常见的蒸汽机中的热力循环如图 6-12 所示，在水泵的作用下，水进入高温热源锅炉中，吸收热量后，变为高温高压蒸汽；随后高温高压蒸汽进入汽轮机，推动涡轮转动对外做功，

在这一过程中，内能通过做功转化为机械能，蒸汽的内能减小。最后，剩下的"废气"进入低温热源冷凝器，放出热量后凝结成水，再在水泵的作用下，重新回到水池，如此循环不息地进行。总的结果就是：工质从高温热源吸收热量用以增加其内能，然后一部分内能通过做功转换为机械能，另一部分内能则在冷凝器处通过放热传到外界，最后工质又重新回到原来状态。

图 6-12　蒸汽机的循环

循环过程在 $p-V$ 图上，表现为一条闭合曲线。若循环是沿顺时针方向进行，称为**正循环**，如图 6-13 所示。若循环是沿着逆时针方向进行，称为**逆循环**。在正循环中，首先经历过程 acb，系统对外做功为 W_1，大小等于曲线 acbfea 所包围的面积；然后经历 bda 过程，外界对系统所做功为 W_2，大小等于曲线 bfeadb 所包围的面积，可见，在一个循环过程中，系统对外界所做的净功为 $W=W_1-W_2$，即曲线 acbda 所包围的面积。也就是说，在任何一个循环过程中，系统所做的净功等于 $p-V$ 图上所示循环包围的面积。因为一个循环过程的初态和末态相同，故**内能没有发生改变**，$\Delta E=0$。这是循环过程的一个重要特征。根据热力学第一定律，循环过程中系统从外界吸收的热量 Q_1 和放出的热量 Q_2 的差值必定等于系统对外所做的功。

图 6-13　正循环的 $p-V$ 图

正循环的能量转化反映了热机的基本工作过程，而逆循环过程则反映了制冷机的工作过程。

6.5.2　热机和制冷机

图 6-14　热机的示意图

1. 热机

常见的蒸汽机、内燃机、火箭发动机等，都是利用工质的正循环，把吸收的热量连续不断地转换为对外做的功。类似这样的装置称为**热机**。

前面所讲的蒸汽机就是一个典型的热机。从能量的角度看，如图 6-14 所示，工作物质从高温热源吸收热量 Q_1，气体膨胀推动活塞对外做功 W，同时向低温热源放出热量 $|Q_2|$，在完成一次正循环后，由于系统的内能无变化，$\Delta E=0$，由热力学第一定律知

$$W=Q_1-|Q_2|$$

热机从外界吸收的热量有多少转化为对外做的功是热机效能的重要标志之一。$\dfrac{W}{Q_1}$ 称为**热机效率**，常用 η 来表示，有

$$\eta=\frac{W}{Q_1}=\frac{Q_1-|Q_2|}{Q_1}=1-\frac{|Q_2|}{Q_1} \tag{6-19}$$

式中，W 为一次循环中系统对外所做的净功，Q_1 为系统从高温热源吸收的热量，$|Q_2|$ 是系统向低温热源放出的热量。若吸收的热量一定，那么，对外做功越多，表明热机把热量转化为有用功的本领越大，效率就越高。对于不同的热机，循环过程的不同，具有的效率也是不同的。表 6-5 列出了几种热机的效率。

表 6-5　　　　　　　　　　　　　　　　实际热机的效率

热机	蒸汽机	汽油机	柴油机	燃气轮机	液体燃料火箭
效率	约 15%	约 25%	约 40%	约 45%	约 48%

2．制冷机

冰箱、空调等装置，是利用工作物质连续不断地从某一低温热源吸收热量，传给高温热源，从来实现制冷的效果，这种装置叫做制冷机。从循环过程方向来看，制冷机与热机的循环方向相反。

如图 6-15 所示，工作物质从低温热源吸收热量，是以外界对工作物质做功为条件的，故制冷机的性能可用 $\dfrac{Q_2}{|W|}$ 来衡量，$\dfrac{Q_2}{|W|}$ 称为制冷系数，即

$$e = \frac{Q_2}{|W|} = \frac{Q_2}{|Q_1| - Q_2} \tag{6-20}$$

式中，Q_2 是一次循环中工作物质从低温热源吸收的热量，W 是外界对工作物质所做的功，$|Q_1|$ 是工作物质向高温热源放出的热量。从式中可知，Q_2 一定时，W 越大，则 e 越大，制冷效果越好。这就意味着以较小的代价获得较大的效益。

注意：在计算 η 和 e 时，W、Q_1 和 Q_2 的数值取的都是绝对值。

常见的压缩式制冷循环过程如图 6-16 所示，压缩机吸入蒸发器中汽化制冷后的低温低压气态制冷剂，然后压缩成高温高压蒸汽；高温高压蒸汽进入冷凝器（高温热源），放出热量 Q_1，被冷凝成液体；常温常压液体经过节流膨胀，压力降低，部分液体吸收自身热量而汽化，温度随之降低；低温低压制冷剂进入蒸发器（低温热源）后，由于压缩机的抽吸作用，使得压强更低，制冷剂在这里发生汽化而吸收热量 Q_2，汽化制冷后的低温低压气态制冷剂被吸入压缩机，开始新一轮循环。

图 6-15　制冷机的示意图

图 6-16　常见的压缩式制冷循环过程

6.5.3 卡诺循环

卡诺（S·Carnot 1796～1832 年，见图 6-17）。卡诺的主要贡献在热力学方面，1824 年卡诺出版了《关于火的动力及专门产生这种动力的机器的见解》一书，书中谈到了他在地球上观察到的许多现象都与热有关，而且提出了著名的卡诺定理。从热质说的观点得到的卡诺定理，为提高热机效率指出了方向，为热力学第二定律的建立打下了基础。虽说热质说是错误的，但是卡诺定理是正确的。当卡诺抛弃热质说，准备进一步研究热机理论时，36 岁的卡诺却在霍乱中病逝。卡诺的座右铭为：知之为知之，不知为不知。

图 6-17 卡诺

热机的发展见证了热力学发展历史，1698 年萨维利和 1705 年纽可门先后发明了蒸汽机。当时蒸汽机的效率极低，只有 3% 左右，从 1794 年到 1840 年，热机效率才提高到 8% 左右。散热、漏气、摩擦等因素一直是能量损耗的主要原因，如何减少这些因素，进一步提高热机的效率就成了当时工程师和科学家共同关心的问题。1824 年，法国青年工程师卡诺设计了一种理想热机—卡诺机。该热机从理论上给出了效率的极限值。

卡诺机在温度为 T_1 的高温热源和温度为 T_2 的低温热源间交换热量，整个循环过程是由两个准静态等温过程和两个准静态绝热过程构成，称为**卡诺循环**。

1. 卡诺热机

设卡诺循环中的工质为理想气体，经过上述 4 个分过程，完成一个正向的卡诺循环。为了求其效率，下面对整个循环中能量的转化情况进行分析，如图 6-18 所示。

（1）AB 段等温膨胀。

气体由状态 A（p_1, V_1, T_1）等温膨胀到状态 B（p_2, V_2, T_2），气体将从高温热源吸收热量

$$Q_1 = vRT_1 \ln \frac{V_2}{V_1}$$

图 6-18 卡诺热机的 p-V 图

（2）BC 段绝热膨胀。

气体由状态 B（p_2, V_2, T_1）绝热膨胀到状态 C（p_3, V_3, T_1），气体与外界没有热量交换，由绝热方程，可得

$$T_1 V_2^{\gamma-1} = T_2 V_3^{\gamma-1} \tag{6-21}$$

（3）CD 段等温压缩。

气体由状态 C（p_3, V_3, T_2）等温压缩到状态 D（p_4, V_4, T_2），气体将向低温热源放出热量

$$Q_2 = vRT_2 \ln \frac{V_4}{V_3} < 0$$

（4）DA 段绝热压缩。

气体由状态 D（p_4, V_4, T_2）绝热压缩到状态 A（p_1, V_1, T_1），气体与外界没有热量交换，由绝热方程，可得

$$V_1^{\gamma-1} T_1 = V_4^{\gamma-1} T_2 \tag{6-22}$$

由式（6-21）和式（6-22），可得

$$\frac{V_2}{V_1} = \frac{V_3}{V_4}$$

因此，卡诺热机的效率为

$$\eta = 1 - \frac{|Q_2|}{Q_1} = 1 - \frac{T_2}{T_1}\frac{\ln\dfrac{V_3}{V_4}}{\ln\dfrac{V_2}{V_1}}$$

即

$$\eta = 1 - \frac{T_2}{T_1} \tag{6-23}$$

式（6-23）表明，卡诺热机的效率与工作物质无关，只与两个热源的温度有关。T_1 越高，T_2 越低，两个热源的温差越大，热机的效率越高。但是 T_1 不可能无限大，T_2 也不可能达到绝对零度，故卡诺循环的效率总是小于 1，即不可能从高温热源吸收热量全部用来对外做功。

2. 卡诺制冷机

如图 6-19 所示，理想气体做逆向的卡诺循环。类似于卡诺热机效率的计算，可得制冷系数为

$$e = \frac{Q_2}{W} = \frac{Q_2}{Q_1 - Q_2} = \frac{T_2}{T_1 - T_2} \tag{6-24}$$

在一般的制冷机中，高温热源通常是大气温度，因此制冷系数将取决于低温热源的温度 T_2，T_2 越低，制冷系数 e 越小，制冷效果越差，说明要从低温热源吸收热量来降低它的温度，必须消耗越多的功。

市场上销售的空调器就是制冷机的原理，即空调在夏季时，使得室内制冷，室外散热；而在秋冬季制热时，方向同夏季相反，室内制热，室外制冷来达到取暖的目的。

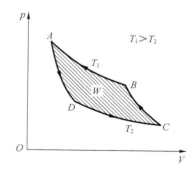

图 6-19 卡诺制冷机的 p-V 图

【例 6-5】 柴油机中的工作循环称为狄塞尔循环，一定量理想气体需经过下列准静态循环过程：

（1）绝热压缩，由 (V_1, T_1) 到 (V_2, T_2)；

（2）等压吸热，由 (V_2, T_2) 到 (V_3, T_3)；

（3）绝热膨胀，由 (V_3, T_3) 到 (V_4, T_4)；

（4）等体放热，由 (V_4, T_4) 到 (V_1, T_1)。

试求该循环的效率。

解： 循环过程如图 6-20 所示，整个过程只在等压过程中吸收热量

$$Q_1 = \nu C_p (T_3 - T_2)$$

只在等体过程向外放出热量

$$Q_2 = vC_V(T_1 - T_4) < 0$$

这个循环的效率为

$$\eta = 1 - \frac{|Q_2|}{Q_1} = 1 - \frac{vC_V(T_4 - T_1)}{vC_p(T_3 - T_2)} = 1 - \frac{1}{\gamma} \cdot \frac{T_4 - T_1}{T_3 - T_2}$$

【例 6-6】   如图 6-21 所示，一定质量的理想气体，从 a 状态出发，经历一循环过程，又回到 a 状态。设气体为双原子分子气体。试求：

（1）各过程中的热量、内能改变以及所做的功；

（2）该循环的效率。

图 6-20   狄塞尔循环的 p-V 图   图 6-21   例 6-6

解：分析该循环中每一个过程内能的改变，可用公式 $\Delta E = vC_V \Delta T$，做功的大小就是曲线下面所对应的面积；最后可用热力学第一定律 $Q = \Delta E + W$ 计算热量。

（1）从 $a - b$ 过程

$$W_{ab} = 4 \times 10^5 \times 8 \times 10^{-3} = 3.2 \times 10^3 \, J$$

$$\Delta E_{ab} = vC_V(T_b - T_a) = v\frac{5}{2}R(T_b - T_a)$$

$$= \frac{5}{2}(p_b V_b - p_a V_a) = 8 \times 10^3 \, J$$

$$Q_{ab} = \Delta E_{ab} + W_{ab} = 11.2 \times 10^3 \, J$$

从 $b - c$ 过程

$$W_{bc} = 0 \qquad Q_{bc} = \Delta E_{bc} = -6 \times 10^3 \, J$$

从 $c - d$ 过程

$$W_{cd} = -1.6 \times 10^3 \, J \qquad \Delta E_{cd} = -4 \times 10^3 \, J$$

$$Q_{cd} = -5.6 \times 10^3 \, J$$

从 $d - a$ 过程

$$W_{da} = 0 \qquad Q_{da} = \Delta E_{da} = 2 \times 10^3 \, J$$

（2）根据热机效率公式

$$\eta = \frac{W}{Q_1}$$

代入数据，得

$$\eta = \frac{W}{Q_1} = \frac{W_{ab} + W_{bc} + W_{cd} + W_{da}}{Q_{ab} + Q_{da}} = \frac{1.6 \times 10^3}{13.2 \times 10^3} = 12.12\%$$

【例 6-7】 一台卡诺制冷机，从 $0°C$ 的水中吸取热量，向 $27°C$ 的房间放热。若将 50kg 的 $0°C$ 的水变为 $0°C$ 的冰，试求：（1）卡诺制冷机吸收的热量是多少；（2）使制冷机运转需做的功是多少；（3）放入房间的热量是多少？

分析： 冰的熔解热为 $3.35 \times 10^5 J \cdot kg^{-1}$。对于制冷机从低温热源 273K 吸收热量 Q_2，向高温热源 300K 放热 Q_1，需对制冷机做功 W，且 $Q_1 = Q_2 + W$。

解：（1）卡诺制冷机吸收的热量

$$Q_2 = 3.35 \times 10^5 \times 50 = 1.665 \times 10^7 J$$

（2）对于做功多少，可由制冷系数与功的关系求得。

因

$$e = \frac{T_2}{T_1 - T_2} = \frac{273}{300 - 273} = 10.1$$

又

$$e = \frac{Q_2}{W}$$

故

$$W = \frac{1.665 \times 10^7}{10.1} = 1.65 \times 10^6 J$$

（3）放入房间的热量，即对高温热源的实际放热为

$$Q_1 = Q_2 + W = 1.665 \times 10^7 + 1.65 \times 10^6 = 1.83 \times 10^7 J$$

6.6 热力学第二定律 卡诺定理

随着科学技术的发展，各种热机的效率有所提高，而且热机已广泛应用于工业上。热力学第一定律给各种热机的能量传递和转化提供了理论基础，指出热机必须满足能量守恒定律。除此之外，热机中能量传递和转化过程的方向又有着什么限制？热机效率的提高是否有一个极限值？极限值又和哪些因素有关？这些问题一直困扰着人们。经过长期的实践经验和科学知识的积累，最终发现了一个新的自热规律，即热力学第二定律，它是独立于热力学第一定律的另一个基本规律，很好地解释了自然界中能量传递和转化过程进行方向的规律。

6.6.1 热力学第二定律的两种表述

热力学第二定律有多种不同的表述形式，常用的表述有如下两种。

1. 开尔文表述

1851 年，英国物理学家开尔文（L·kelvin，1824～1907 年）从热功转换的角度出发，首

先提出：**不可能制造出这样一种循环工作的热机。它只从一个热源吸取热量，使之全部变为有用的功，而其他物体不发生任何变化。**

对于开尔文表述可以从下面两点进行阐明。

（1）如果从单一热源吸热全部用来做功，必定会引起其他变化。

例如，理想气体在等温膨胀过程中，温度不发生变化，故系统的内能不变，系统从外界热源所吸收的热量将全部用来做功，气体的体积膨胀就是系统所发生的其他变化。

应当注意的是，"单一热源"指的是温度均匀并且恒定不变的热源，如果物质可从热源中温度较高的地方吸热，而向温度较低的地方放热，这时就相当于两个热源。

（2）如果从单一热源所吸收的热量用来对外做功，而系统没有发生变化，这种情况也是可能的，只是吸收的热量不会完全用来做功。

例如，热机的效率 $\eta < 100\%$。历史上曾有人设想制造一种热机，该热机从单一热源吸热，并使之完全变为有用功而不产生其他的影响，即热机效率为 $\eta = 100\%$，这种热机称为第二类永动机。第二类永动机符合能量转换和守恒定律。若这种热机可行的话，最经济适用的热源就是空气和大海，它们都含有大量的能量，是取之不尽、用之不竭。可以通过从大海中吸收热量对外界做功，如果大海的温度下降 $1°C$，产生的能量可供全世界使用 100 年。但是，只用海洋作为单一热源制造出 $\eta = 100\%$ 的热机，违反了热力学第二定律。因此，开尔文表述又可表述为：第二类永动机是不可能的。

2. 克劳修斯表述

德国物理学家克劳修斯（R·J·E·Clausius，1822～1888 年）在大量的客观实践的基础上，从热量传递的方向出发，于 1850 年提出：**不可能使热量从低温物体自动传到高温物体而不引起外界的变化。**

对于克劳修斯表述可以从下面两个方面进行阐明。

（1）热量只能自发地从高温物体传到低温物体，例如冰块和水的混合。

（2）热量可以从低温物体传递到高温物体，但是一定会引起其他变化。例如制冷机可以实现将热量从低温物体传到高温物体，其他变化就是制冷的效果。

热力学第二定律是大量的经验和事实的总结，它与其他物理定律不同的是：热力学第二定律有多种表述方式，每一种表述都可以从自己的角度来说明热力学过程的方向性，所有的表述具有等价性。对于各种实际过程的方向具有一定的关联性，只需说明一个实际过程进行的方向即可。所以说，热力学第二定律的任一种表述都具有普遍意义，可以反映所有宏观过程进行的方向的规律。

热力学第一定律指出：热力学过程中能量是守恒的。热力学第二定律阐明了一切与热现象相关的物理、化学过程进行的方向的规律，表明自发过程是沿着有序向无序转化的方向进行。热力学第二定律和第一定律是互不包含、彼此独立、相互制约的，并一起构成了热力学的理论基础。

6.6.2 可逆过程与不可逆过程

前面讲到热力学第二定律所有的表述方式都是等效的，即开尔文表述和克劳修斯表述反映了自然界与热现象相关的宏观过程的一个总的特征。为描述总的方向性，我们引入可逆过程和不可逆过程的定义。设在某一过程中，系统从状态 A 变为另一状态 B，若我们让该系统沿逆向变化,即从状态 B 再回到状态 A,而且当回到原来的 A 状态时,外界也都恢复原样,这样的过程称为**可逆过程**。如果系统不能恢复到初始状态 A,或当系统恢复到初始状态 A 时,外界不能恢复原样,即对外界造成的影响不可消除,这样的过程称为**不可逆过程**。注意,通常情况下,不可逆过程并不是不能在反方向进行的过程,而是当逆过程完成后,对外界的影响不能消除。

因此,开尔文表述指出了功转换为热的过程是不可逆的;克劳修斯表述指出了热传导过程的不可逆性。热力学第二定律又可以表述为:**与热现象相关的宏观过程都是不可逆的**。实际上,自然界的一切自发过程都是不可逆过程。例如,气体的扩散和自由膨胀、水的气化、固体的升华、各种爆炸过程等都是不可逆过程。通过考察这些不可逆过程,不难发现它们有着共同的特征,就是开始时系统存在某种不平衡因素,或者过程中存在摩擦等损耗因素。不可逆过程就是系统由不平衡达到平衡的过程。

可逆过程只是一个理想过程,要想实现可逆过程,过程中每一步必须都是平衡态,而且过程中没有摩擦损耗等因素。这时,按原过程相反方向进行,当系统恢复到原状态时,外界也能恢复到原状态。这个过程就可认为是可逆过程,所以,**无摩擦的准静态过程是可逆过程**。虽然,与热现象相关的实际过程都是不可逆过程,但是可以做到非常接近可逆过程,因此可逆过程的研究有着重要的意义。

6.6.3　卡诺定理

根据热机的循环过程的特点,我们可将其分为两类:对于循环过程可逆的称为可逆机;对于循环过程不可逆的则称为不可逆机。卡诺以他富于创造性的想象力,建立了理想模型——卡诺可逆热机(卡诺热机),并且于 1824 年提出了作为热力学重要理论基础的卡诺定理,从理论上解决了提高热机效率途径的根本问题。具体可归结为以下两点。

(1)在相同高温热源(温度为 T_1)和低温热源(温度为 T_2)之间工作的任意工作物质的可逆机都具有相同的效率,且都等于 $\eta = 1 - \dfrac{T_2}{T_1}$。

(2)工作在相同的高温热源和低温热源之间的一切不可逆机的效率都不可能大于可逆机的效率,即 $\eta < 1 - \dfrac{T_2}{T_1}$。

卡诺定理从理论上指出了增加热机效率的方法。就热源而言,尽可能地提高它们的温度差可以极大地增加热机的效率。但是,在实际过程中,降低低温热源的温度较困难,通常只能采取提高高温热源的温度的方法,如选用高燃料值材料等;其次,要尽可能地减少造成热机循环的不可逆性的因素,如减少摩擦、漏气、散热等耗散因素等。

6.7　熵　熵增加原理

生活中,用导线连接两个带电体,电流将从高电势体流向低电势体,直到两带电体的电势相等;将不同温度的物体相接触也会出现类似的情况。类似于上面所述的不可逆过程还有很多。热力学第二定律也表明,一切与热现象相关的实际宏观过程都是不可逆的。那么,对于这些不可逆过程是否有各自的判断准则?能否用一个共同的准则来判断不可逆过程进行的方向?我们都知道,实际的自发过程不仅反映了其不可逆性,而且也反映出初态和末态之间很大的差异。因此,我们希望找到一个新的物理量,它可以对不可逆过程的初态和末态进行描述，同时也可以判断实际过程进行的方向。1854 年，克劳修斯首先找到了这个物理量。1865 年克劳修斯把这一新的物理量正式定名为"熵"。和内能一样，熵也是状态的函数。

6.7.1 熵

根据卡诺定理，在相同高温热源（温度为 T_1）和低温热源（温度为 T_2）之间工作的任意工作物质的可逆机都具有相同的效率，即

$$\eta = \frac{Q_1 - |Q_2|}{Q_1} = \frac{T_1 - T_2}{T_1} \tag{6-25}$$

式中，Q_1 是从高温热源吸收的热量，Q_2 是向低温热源放出的热量。整理可得

$$\frac{Q_1}{T_1} = \frac{|Q_2|}{T_2}$$

由于 $Q_1 > 0$，$Q_2 < 0$，故又可写为

$$\frac{Q_1}{T_1} + \frac{Q_2}{T_2} = 0 \tag{6-26}$$

式（6-26）表明，在可逆卡诺循环中，系统经历一个循环回到初始状态后，热量和温度的比值的总和是零。这个结论可推广到任意的可逆循环。如图 6-22 所示，对于任意一个可逆循环过程，可看成是由许多个微小的可逆卡诺循环过程组合而成。从图可知，任意两个相邻的微小可逆卡诺循环，总有一段绝热线是共同的，因为进行的方向相反而效果相互抵消，所以这些微小的可逆卡诺循环的总效果和可逆循环过程是等效的，由式（6-26）可知，对于任意一个微小的可逆卡诺循环，其热量和温度的比值总和都等于零，于是，对整个可逆循环有

图 6-22 把任意的可逆循环看作由无数多分卡诺循环组成

$$\sum_{i=1}^{n} \frac{\Delta Q_i}{T_i} = 0 \tag{6-27}$$

式中，n 是微小热源的数目，令 $n \to \infty$ 时，则式（6-27）可写为

$$\oint \frac{\mathrm{d}Q}{T} = 0 \tag{6-28}$$

式（6-28）称为**克劳修斯等式**，其中 $\mathrm{d}Q$ 表示系统在无穷小过程中从温度为 T 的热源吸收的热量。若把 A 看作是可逆循环过程的初态，整个循环 $ACBDA$ 就可以分为 ACB 和 BDA 两段，于是有

$$\int_{ACB} \frac{\mathrm{d}Q}{T} + \int_{BDA} \frac{\mathrm{d}Q}{T} = 0 \tag{6-29}$$

由于是可逆过程，所以

$$-\int_{BDA} \frac{\mathrm{d}Q}{T} = \int_{ADB} \frac{\mathrm{d}Q}{T} \tag{6-30}$$

将式（6-30）代入式（6-29），可得

$$\int_{ACB} \frac{dQ}{T} = \int_{ADB} \frac{dQ}{T} = 0 \qquad (6-31)$$

结果表明，系统从平衡态 A 到平衡态 B 的 $\int_A^B \frac{dQ}{T}$ 值与路径无关，而是由系统的初末状态所决定。为此，我们引入一个新的状态函数——熵，符号为 "S"，它的定义为

$$dS = \frac{dQ}{T} \qquad (6-32)$$

或

$$S_B - S_A = \int_A^B \frac{dQ}{T} \qquad (6-33)$$

式（6-33）表明，在任意的可逆过程中，两平衡态间的熵变等于该过程中热温比 dQ/T 的积分。其中，S_A 和 S_B 分别表示系统在平衡态 A 和平衡态 B 时的熵。熵的单位为：焦耳每开尔文，符号是 $J \cdot K^{-1}$。

6.7.2 熵变的计算

式（6-33）可以用来计算两个平衡态之间的熵变，应用时需要注意以下几点。

（1）熵是态函数，与过程无关。当给定系统状态时，其熵值是确定的，与到达这一平衡态的路径无关。

（2）计算熵变的积分路径必须是可逆过程。如果系统经历的是不可逆过程，我们可以在初末状态之间设计一个可逆过程，最后再用式（6-33）计算。

（3）熵具有相加性，当一个系统由几部分组成时，各部分的熵变之和等于整个系统的熵变。

【例 6-8】 把 $0°C$ 的 $0.5kg$ 的冰块加热到它全部溶化成 $0°C$ 的水，问：

（1）水的熵变如何？

（2）若热源是温度为 $20°C$ 的庞大物体，那么热源的熵变化为多大？

（3）水和热源的总熵变多大?增加还是减少?（水的熔解热 $\lambda = 334J \cdot kg^{-1}$）

解：（1）水的熵变

$$\Delta S_1 = \frac{Q}{T} = \frac{0.5 \times 334 \times 10^3}{273} = 612 J \cdot K^{-1}$$

（2）热源的熵变

$$\Delta S_2 = \frac{Q}{T} = \frac{-0.5 \times 334 \times 10^3}{293} = -570 J \cdot K^{-1}$$

（3）总熵变

$$\Delta S = \Delta S_1 + \Delta S_2 = 612 - 570 = 42 J \cdot K^{-1}$$

【例 6-9】 如图 6-23 所示，1mol 双原子分子理想气体，从初态 $V_1 = 20L, T_1 = 300K$ 经历 3 种不同的过程到达末态 $V_2 = 40L, T_2 = 300K$。图中 1→2 为等温线，1→4 为绝热线，4→2 为等压线，1→3 为等压线，3→2 为等体线。试分别沿这 3 种过程计算气体的熵变。

解: $1 \to 2$ 熵变

等温过程 $\mathrm{d}Q = \mathrm{d}W = p\,\mathrm{d}V$，$pV = RT$

$$S_2 - S_1 = \int_1^2 \frac{\mathrm{d}Q}{T} = \frac{1}{T_1}\int_{V_1}^{V_2} \frac{RT_1}{V}\mathrm{d}V$$

$$= R\ln\frac{V_2}{V_1} = R\ln 2 = 5.76\,\mathrm{J\cdot K^{-1}}$$

$1 \to 3 \to 2$ 熵变

$$S_2 - S_1 = \int_1^3 \frac{\mathrm{d}Q}{T} + \int_3^2 \frac{\mathrm{d}Q}{T}$$

$$S_2 - S_1 = \int_{T_1}^{T_3} \frac{C_p\,\mathrm{d}T}{T} + \int_{T_3}^{T_2} \frac{C_V\,\mathrm{d}T}{T} = C_p\ln\frac{T_3}{T_2} + C_V\ln\frac{T_2}{T_3}$$

由 $T_3/T_1 = V_2/V_1$，$T_2/T_3 = p_2/p_1$，$p_1V_1 = p_2V_2$，得

$$S_2 - S_1 = C_p\ln\frac{V_2}{V_1} + C_v\ln\frac{p_2}{p_1} = C_p\ln\frac{V_2}{V_1} + C_v\ln\frac{V_1}{V_2} = C_p\ln\frac{V_2}{V_1} - C_v\ln\frac{V_2}{V_1} = R\ln\frac{V_2}{V_1} = R\ln 2$$

$1 \to 4 \to 2$ 熵变

$$S_2 - S_1 = \int_1^4 \frac{\mathrm{d}Q}{T} + \int_4^2 \frac{\mathrm{d}Q}{T}$$

$$S_2 - S_1 = 0 + \int_{T_4}^{T_2} \frac{C_p\,\mathrm{d}T}{T} = C_p\ln\frac{T_2}{T_4} = C_p\ln\frac{T_1}{T_4}$$

由 $T_1V_1^{\gamma-1} = T_4V_4^{\gamma-1}$，$p_1V_1^{\gamma} = p_4V_4^{\gamma}$，$p_1V_1 = p_2V_2$，得

$$S_2 - S_1 = C_p\ln\frac{T_1}{T_4} = C_p\frac{\gamma-1}{\gamma}\ln\frac{V_2}{V_1} = R\ln 2$$

图 6-23　例 6-9

通过上面计算可以看出，从状态 1 到达状态 2，虽然经历 3 个不同的过程，但是熵变是相同的。这也可以证实，熵是状态函数，任意两确定状态间的熵变是定值，不会因路径的不同而改变。

6.7.3　熵增加原理

$T_A > T_B$　绝热壁

图 6-24　热传导装置

如何通过状态函数来判断过程进行的方向？下面通过热传导过程中的熵变来分析。设在一个由绝热材料做成的容器里，放有两个物体 A 和 B，温度分别为 T_A 和 T_B，且 $T_A > T_B$，若两物体接触，则将发生热传导，如图 6-24 所示。

设在微小时间 Δt 内，从 A 传到 B 的热量为 ΔQ，且是在可逆的等温过程中进行，则对于物体 A 的熵变为

$$\Delta S_A = \frac{-\Delta Q}{T_A}$$

B 物体的熵变为

$$\Delta S_B = \frac{\Delta Q}{T_B}$$

两物体熵变的总和为

$$\Delta S = \Delta S_A + \Delta S_B = -\frac{\Delta Q}{T_A} + \frac{\Delta Q}{T_B} > 0$$

可见，当热量从高温物体传到低温物体时，整个系统的熵增加 $\Delta S > 0$。在气体的扩散、热功转换等不可逆过程中，也可得到同样的结果。因此，孤立系统内部的熵永不减少

$$\Delta S \geq 0 \tag{6-34}$$

这个结论称为**熵增加原理**。孤立系统必然是绝热系统，系统内进行不可逆过程时，熵要增加 $\Delta S > 0$。自然界的一切自发过程都是不可逆过程，也都是熵增过程，达到平衡时，系统的熵达到最大。对于可逆过程，由于孤立系统与外界没有能量交换，则 $\Delta Q = 0$，因此系统的熵不变，即 $\Delta S = 0$。

熵增加原理只适用于孤立系统或绝热系统。例如，一杯放在空气中冷却的热水，对于杯子和水这个系统，熵是减少的，这是因为该系统并非孤立系统。如果把这杯水和环境看作是一个系统，这时系统为孤立系统，整个系统的熵是增加的。

6.7.4 熵增加原理与热力学第二定律

自然界中的一切自发过程都是不可逆的。根据熵增加原理，一个孤立系统中，自发进行的过程总是沿着熵增加的方向进行。系统达到平衡时，熵达到最大。也就是说，熵增加原理给出了热现象的不可逆过程进行的方向和限度。而在热力学第二定律中又指出，热量只能自动从高温物体传递到低温物体。比较两种表述后可以认为，熵增加原理是热力学第二定律的数学表示。

6.8 热力学第二定律的统计意义

下面我们讨论一个不受外界影响的孤立系统内部发生的过程的方向问题。

6.8.1 玻尔兹曼关系式

如图 6-25 所示，设有一容器，被隔板分为体积相等的 A、B 两个小室。下面我们来研究打开隔板后，气体分子的位置分布情况。对于任一分子在容器内运动，可能运动到 B 室，也可能回到 A 室，即任一分子出现在 A 或 B 的概率是相等的，都是 1/2；现在容器内有 4 个分子运动，打开隔板后，则它们在 A 和 B 室有 2^4 种可能分布，对于每一种分布出现的概率都是 $1/2^4$。每一种分布称为一种微观状态。如表 6-6 所示，

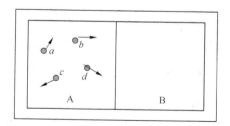

图 6-25　分子在容器中的分布

在上述系统中共有 16 个微观状态，若全部分子回到 A 或全部运动到 B，其微观状态为数 1，即实现该状态的概率为 1/16，而当分子均匀分布时，其微观状态数为 6，实现的概率达到最大为 6/16，其无序度也达到最大。若推广到 N 个分子，分子的分布方式共有 2^N 种，每一种分布出现的概率为 $1/2^N$。例如，在容器左边放入 1mol 气体，右边为真空，则对于全部分子回到左室的概率为

$$\frac{1}{2^N} = \frac{1}{2^{6 \times 10^{23}}} \approx 10^{-2 \times 10^{23}}$$

这个值是很小的，故气体是不可能自动收缩回到原状态，这也说明气体自由膨胀是不可逆的。如果用无序度和有序度来描述微观状态数目，微观状态数目越少，系统内部的运动越是单一化，越趋近于有序；随着微观状态数目增多，内部的运动越混乱，越无序。

表 6-6　　　　　　　　　　　　　　**4 个分子在容器中的位置分布**

宏观状态	I		II		III		IV		V	
	A(4)	B(0)	A(3)	B(1)	A(2)	B(2)	A(1)	B(3)	A(0)	B(4)
微观状态	abcd		bcd	a	ab	cd	a	bcd		abcd
			bcd	b	ac	bd	b	acd		
			abd	c	ad	bc	c	abd		
			abc	d	bc	ad	d	acd		
					bd	ac				
					cd	ab				
W	1		4		6		4		1	

注：W 指的是一个宏观状态包含的微观状态数。

玻尔兹曼认为，系统的热力学熵 S 与微观状态数 W 之间有着一定的关系，为

$$S = k \ln W \tag{6-35}$$

式（6-35）称为**玻尔兹曼关系式**，其中 k 为玻尔兹曼常数。为了纪念玻尔兹曼给予熵以统计解释的卓越贡献，在他的墓碑上寓意隽永地刻着 $S = k \ln W$，表达了人们对玻尔兹曼的深深怀念和尊敬。

在上例中，气体自由膨胀前后的微观状态数之比为

$$\frac{W_2}{W_1} = 2^{N_A}$$

则熵增加为

$$\Delta S = k \ln 2^{N_A} = k N_A \ln 2 > 0$$

这也表明，气体的自由膨胀是一个熵增加过程。所以说玻尔兹曼关系式将熵 S 和微观状态数 W 联系起来，揭示了热力学过程方向性的微观实质。

6.8.2　热力学第二定律的统计意义

通过上面的分析，一个不受外界影响的孤立系统，其内部发生的过程，总是由概率小的状态向概率大的状态进行，由包含微观状态数目少的宏观状态向包含微观状态数目多的宏观状态进行，这是熵增加原理的微观实质，也是热力学第二定律的统计意义所在。

玻尔兹曼关系式提出，熵又可看作是系统内部无序度的量度，熵的增加就是无序度的增加。这使得熵概念的内涵变得更加丰富。现在，熵的相关理论已广泛地应用于社会生活、生产和社会科学等领域，特别是负熵的概念。我们的世界离不开信息，熵的增加就意味着无序度的增加，信息的减少，所以获得信息就是吸取负熵。例如，生命系统是一个高度有序的开放系统，熵越低就意味着系统越完美，生命力越强。生物的进化，也是由于生物与外界有着物质、能量以及

熵的交流，因而从单细胞生物逐渐演化为多姿多彩的自然界。如果说，人类前几次的工业革命是能量革命，即以获取更多的能量为目的，那么今后人类社会的工业革命将是走向负熵的革命，即获取更多的负熵！负熵是人类赖以生存、工作的条件，是人类的物质与精神食粮。

6.9 *耗散结构 信息熵

前面我们讨论了孤立系统，那么对于远离平衡态的开放系统，情况又将如何呢？

6.9.1 耗散结构

长期以来，人们只研究平衡系统的有序稳定结构，并认为，倘若系统原先是处于一种混乱无序的非平衡状态时，是不能呈现出一种稳定有序结构的。20 世纪 70 年代，比利时物理学家伊里亚·普里高津（Ilya·Prigogine）相对于平衡结构的概念，提出了一个新的结构学说—耗散结构。他指出：一个远离平衡的开放系统，在外界条件变化达到某一特定阈值时，量变可能引起质变，系统通过不断与外界交换能量与物质，就可能从原来的无序状态转变为一种时间、空间或功能的有序状态，这种远离平衡态的、稳定的、有序的结构称之为"**耗散结构**"。这种学说回答了开放系统如何从无序走向有序的问题。

例如，一座城市每天输入食品、燃料、日用品等，同时输出产品和垃圾，它才能生存下去，它要保持稳定有序状态，否则将处于混乱。若把整个城市看作一个系统，那它是一个非平衡的开放系统，且系统内部各部门的联系是非线形的，存在着有规律的经济波动和无规律的随机扰动，这时我们认为该系统是一个耗散结构。耗散结构理论在自然科学和社会科学的很多领域如物理学、天文学、生物学、经济学、哲学等都产生了巨大影响。

一个典型的耗散结构的形成与维持需要具备以下 3 个基本条件。

（1）存在于开放系统中。

耗散靠与外界的能量和物质交换产生负熵流，使系统熵减少形成有序结构。对于孤立系统，由热力学第二定律可知，其熵不减少，不可能从无序产生有序结构。

（2）保持远离平衡态。

在平衡区或近平衡区，涨落是一种破坏稳定有序的干扰，不可能从一种有序走向另一种更为高级的有序。

（3）系统内部存在着非线性相互作用。

在远离平衡态条件下，非线性作用使涨落放大而达到有序。偏离平衡态的开放系统通过涨落，在越过临界点后"自组织"成耗散结构，如正负反馈机制等，正是这种非线性相互作用使得系统内各要素之间产生协同动作和相干效应，从而使得系统从杂乱无章变得井然有序。

耗散结构理论的建立，得到科学理论界的广泛关注和赞誉，普里高津还因此而获得 1977 年诺贝尔化学奖。美国著名的未来学家阿尔文·托夫勒对耗散结构理论给予了高度的评价，认为它可能代表了一次科学革命。但是作为一种系统理论，耗散结构理论的研究思路与社会科学的研究思路相距甚远，它的研究所建立的概念体系几乎与社会科学的概念体系没有直接的联系，这说明耗散结构论本身存在着重大的理论缺陷。只有对它进行重大改造，才能真正把自然规律与生物规律及社会规律衔接起来，才能使价值现象辩证地还原为基本的物理现象和化学现象，使人类的认识实现一次更为深刻的飞跃。

6.9.2 信息熵

图 6-26 麦克斯韦妖

1867 年，麦克斯韦曾设想一个能观察到所有分子速度的小精灵，这个小精灵把守着一个容器中间隔板上的小闸门，如图 6-26 所示。对从容器左边来的分子，如果运动速度很快，精灵就打开门让它们运动到右边，如果速度较慢，精灵就让门处于关闭的状态。反之，从容器右边来的分子，如果速度较慢，精灵就打开门让它们运动到左边，如果速度较快，精灵就让门关闭。设想闸门无摩擦，小精灵无需做功就可使容器左边的气体变冷，右边的气体不断变热，从而实现使整个容器的熵降低。这个小精灵被人们称为麦克斯韦妖。

在这个设想中，麦克斯韦妖必须获取分子的位置、速度的大小和方向等详细信息，并存储、处理这些信息，然后决定打开或关上阀门，从而使快慢分子分开，使无序的物质系统变为有序。那么，这个过程中麦克斯韦妖是如何获得信息的？1929 年，西拉德（Sziland）指出麦克斯韦妖要识别不同状态的分子，必须借助于光源来探测。当光照射到分子后，麦克斯韦妖就可接收到信息，并以此决定是否开启闸门。容器中熵减少的直接原因是由于麦克斯韦妖获得了有效的信息，所以应当把信息看作是系统的熵的负值，或者说，减少熵是以获得信息为前提的，这也说明信息与熵之间存在着一定的关联。

信息是 20 世纪中叶出现的一个重要概念。它是对事物状态、存在方式和相互联系进行描述的一组文字、符号、语言、图像等所蕴含的内容。所以了解信息、掌握信息、如何充分有效地利用信息，已成为人类赖以生存发展的基本要素。熵的概念却是源于物理学。对于信息和熵并没有直接的关联。直到 1948 年，香农（Claude E· Shannon）将熵的基本理论应用于信息学中，并提出了信息熵的概念。所谓信息熵，是一个数学上颇为抽象的概念，在这里不妨把信息熵理解成某种特定信息的出现概率。一个系统越是有序，信息熵就越低；反之，一个系统越是混乱，信息熵就越高。信息熵也可以说是系统有序化程度的一个度量。

如果一个事件有 N 个等可能性，每一种出现的概率 $P=1/N$，根据玻尔兹曼关系式，则定义信息熵 S，有

$$S = -k \ln P$$

式中，$k = \dfrac{1}{\ln 2}$，信息熵的单位为 bit。

若 N 重可能性出现的概率不一样，对于第 i 种可能性出现的概率为 P_i，则信息熵为

$$S = -k \sum_{i=1}^{N} P_i \ln P$$

若所有的 P_i 都一样，则 $P_i = \dfrac{1}{N}$，上式又恰好 $S = -k \ln P$。

信息熵 S 是信源不确定性的量度，要解决这个不确定性还需要了解信息量 I。所谓信息量是指从 N 个等可能事件中选出一个事件所需要的信息度量或含量，即在辨识 N 个事件里面特定的一个事件的过程中，所需要提问"是或否"的最少次数。在信息论中把从两种等概率可能

性中做出判断所需的信息量成为 1bit，从 N 种等概率可能性中做出判断所需要的信息量为

$$I = \log_2 N = \frac{1}{\ln 2} \ln N$$

例如，天气预报明天下雨和不下雨两种可能性，因此，确定两种可能性之一的信息量为 1bit，若下雨的概率为 $P_1 = 0.8$，不下雨的概率为 $P_2 = 0.2$，则信息熵为

$$S = -k(P_1 \ln P_1 + P_2 \ln P_2) = -\frac{1}{\ln 2}(0.8 \times \ln 0.8 + 0.2 \times \ln 0.2) = 0.722\,\text{bit}$$

即天气预报的不确定性为 0.722bit 的信息量，提供的有效信息量为 $1\text{bit} - 0.722\text{bit} = 0.278\text{bit}$。

如果天气预报下雨的概率为 $P_1 = 0.9$，不下雨的概率为 $P_2 = 0.1$，则相应的信息熵为 0.469bit，也就是说，天气预报提供的有效信息量为 $1\text{bit} - 0.469\text{bit} = 0.531\text{bit}$。

这说明信源提供的有效信息量的增加的原因是因为信息熵的减少，或者说信息量相当于负熵。

信息熵的概念建立，为测试信息的多少找到了一个统一的科学的定量计量方法，其理论已广泛应用于通信、自动控制、生物遗传、生理、心理、社会经济与社会政治等许多领域。

复 习 题

一、思考题

1．用气筒向轮胎打气时，筒壁为什么会发热？

2．在一巨大的容器内，储满温度与室温相同的水，容器底部有一小气泡缓慢上升，逐渐变化，这是什么过程？在气泡上升过程中，气泡内气体是吸热还是放热？

3．从增加内能来说，做功和热传递是等效的，如何理解它们本质上的差异？

4．怎样区别内能和热量？下列两种说法是否正确？

（1）物体温度越高，含有热量越多；

（2）物体温度越高，其内能越大。

5．下列理想气体各过程中，哪些过程可能发生，哪些过程不可能发生？为什么？

（1）等体加热时，内能减少，同时压强升高；

（2）等温压缩时，压强升高，同时吸热；

（3）等压压缩时，内能增加，同时吸热；

（4）绝热压缩时，压强升高，同时内能增加。

6．一个理想过程经图 6-27 所示的各过程，试讨论其摩尔热容的正负。

（1）过程 1-4；（2）过程 2-4（绝热线）；（3）过程 3-4

7．公式 $\text{d}Q = \nu C_V \text{d}T$ 和 $\text{d}E = \nu C_V \text{d}T$ 的意义有何不同？两者的适用条件有何不同？

8．如图 6-28 所示，用热力学第一定律和第二定律分别证明，在 $p-V$ 图上一绝热线与一等温线不能有两个交点。

9．理想气体的绝热过程既遵守 $pV^\gamma = $ 常量，又遵守 $pV = \nu RT$，这是否矛盾？为什么？

10．有人想，既然电冰箱可以制冷，那么在夏天关闭房间的门和窗后，打开冰箱门，房间的温度就会降低，你认为有这种可能吗？试解释？

图 6-27　思考题 6

图 6-28　思考题 8

11．两个卡诺循环如图 6-29 所示，它们的循环面积相等，试问：

（1）它们吸热和放热的差值是否相同？

（2）对外做的净功是否相等？

（3）效率是否相同？

12．有人声称设计出一种热机工作于两个温度恒定的热源之间，高温热源和低温热源分别为 $T_1 = 400$ K 和 $T_2 = 250$ K；当热机从高温热源吸收热量为 2.5×10^7 cal 时，对外做功 20 千瓦小时，而向低温热源放出的热量恰为两者之差，这可能吗？

13．有人说，因为在循环过程中，工质对外做净功的值等于 $p-V$ 图中闭合曲线所包围的面积，所以闭合曲线包围的面积越大，循环的效率就越高。该观点是否正确？

图 6-29　思考题 11

14．为什么说热力学第二定律有许多种不同的表述形式？任选一实际过程来表述热力学第二定律。

15．判断下面说法是否正确？

（1）功可以全部转化为热，但热不能全部转化为功。

（2）热量能从高温物体传到低温物体，但不能从低温物体传到高温物体。

16．下列过程是否可逆？为什么？

（1）在恒温下加热使水蒸发。

（2）由外界做功，设法使水在恒温下蒸发。

（3）在一绝热容器内，不同温度的两种液体混合。

（4）高速行驶的卡车突然刹车停止。

17．一乒乓球瘪了（不漏气），放在热水中浸泡，它重新鼓起啦，是否是一个"从单一热源吸热的系统对外做功的过程"，这违反热力学第二定律吗？

18．设想有一装有理想气体的导热容器，放在温度恒定的盛水大容器中，令其缓慢膨胀，这时因为它在膨胀过程中温度不变，所以内能也不变。因此，气体膨胀过程中对外界所做的功在数值上等于由水传给它的热量，如把水看作热源，这一过程是否违背了热力学第二定律？

19．自然界的过程都是遵守能量守恒定律，那么，作为它的逆定理："遵守能量守恒定律的过程都可以在自然界中出现"，能否成立？

20．准静态过程是否一定是可逆过程？可逆过程是否一定是准静态过程？

21．日常生活中，经常遇到一些单方向的过程，如：（1）桌上热餐变凉；（2）无支持的物体自由下落；（3）木头或其他燃料的燃烧。它们是否都与热力学第二定律有关？在这些过程中熵变是否存在？如果存在，是增大还是减少？

二、习题

1. 质量为 m、摩尔质量为 M 的理想气体，经历了一个等压过程，温度增量为 ΔT，则内能增量为（　　）。

（A）$\Delta E = \dfrac{m}{M} C_{\mathrm{p}} \Delta T$ 　　　　　　　（B）$\Delta E = \dfrac{m}{M} C_{\mathrm{V}} \Delta T$

（C）$\Delta E = \dfrac{m}{M} R \Delta T$ 　　　　　　　　（D）$\Delta E = \dfrac{m}{M} (C_{\mathrm{p}} + R) \Delta T$

2. 如图 6-30 所示，某热力学系统经历一个 ced 过程，其中 c、d 为绝热过程曲线 ab 上任意两点，则系统在该过程中（　　）。

（A）不断向外界放出热量

（B）不断从外界吸收热量

（C）有的阶段吸热，有的阶段放热，吸收的热量大于放出的热量

（D）有的阶段吸热，有的阶段放热，吸收的热量小于放出的热量

3. 如图 6-31 所示，一定量的理想气体，由平衡态 A 变到平衡态 B，且它们的压强相等，即 $p_{\mathrm{A}} = p_{\mathrm{B}}$，则在状态 A 和状态 B 之间，气体无论经过的是什么过程，气体必然（　　）。

（A）对外做正功　　（B）内能增加　　　（C）从外界吸热　　（D）向外界放热

4. 根据热力学第二定律判断下列哪种说法是正确的（　　）。

（A）热量能从高温物体传到低温物体，但不能从低温物体传到高温物体

（B）功可以全部变为热，但热不能全部变为功

（C）气体能够自由膨胀，但不能自动收缩

（D）有规则运动的能量能够变为无规则运动的能量，但无规则运动的能量不能变为有规则运动的能量

图 6-30　习题 2

图 6-31　习题 3

5. 关于可逆过程和不可逆过程的判断：

（1）可逆热力学过程一定是准静态过程

（2）准静态过程一定是可逆过程

（3）不可逆过程就是不能向相反方向进行的过程

（4）凡有摩擦的过程一定是不可逆过程

以上判断，其中正确的是（　　）。

（A）（1）、（2）、（3）　　　　　　（B）（1）、（2）、（4）

（C）（2）、（4）　　　　　　　　　（D）（1）、（4）

6. 如图 6-32 表示的两个卡诺循环，第 1 个沿 $ABCDA$ 进行，第 2 个沿 $ABC'D'A$ 进行，这两个循环的效率 η_1 和 η_2 的关系及这两个循环所做的净功 W_1 和 W_2 的关系是（　　）。

(A) $\eta_1 = \eta_2, W_1 = W_2$ 　　　　(B) $\eta_1 > \eta_2, W_1 = W_2$

(C) $\eta_1 = \eta_2, W_1 > W_2$ 　　　　(D) $\eta_1 = \eta_2, W_1 < W_2$

7. 绝热容器被隔板分为两半，一半为真空，另一半是理想气体，若把隔板抽出，气体将进行自由膨胀，达到平衡后（　　）。

(A) 温度不变，熵增加　　　　(B) 温度增加，熵增加

(C) 温度降低，熵增加　　　　(D) 温度不变，熵不变

8. 1mol 理想气体的初态 $a(p_0, V_0)$ 经准静态过程 ab 线变化到终态 b，如图 6-33 所示，已知该理想气体的等体摩尔热容 $C_V = 3R$，试求：

(1) 过程方程 $p(V)$ 及 $V(T)$；

(2) 体积从 V_0 变化到 $2V_0$；系统所做的功；

(3) 此过程的摩尔热容。

9.(1) 有质量为 10^{-6} m^3、温度为 373K 的纯水，在 1 个标准大气压下加热变成 1.671×10^{-3} m^3 的同温度的水蒸气，水的汽化热是 2.26×10^6 J/kg，问水变为汽后，内能改变时多少？

(2) 在标准状态下，质量为 10^{-3}kg、温度为 273K 的冰化为同温度的水，试求内能的改变？标准状态下水与冰的比体积分别为 10^{-3}m^3/kg、$\frac{11}{10} \times 10^{-3}$ m^3/kg。冰的熔解热为 3.34×10^5 J/kg。

图 6-32　习题 6

图 6-33　习题 8

10. 压强为 1×10^5 Pa，体积为 0.0082 m^3 的氮气，从初始温度 300K 加热到 400K，如加热时（1）体积不变，（2）压强不变，问两种情形各需热量多少？哪一个过程所需热量大？为什么？

11. 由 ν_1 摩尔的单原子分子理想气体与 ν_2 摩尔的刚性双原子分子理想气体混合组成某种理想气体，已知该混合气体在常温下的绝热方程为 $pV^{\frac{11}{7}} =$ 常量，试求 ν_1 和 ν_2 的比值。

12. 气缸内有单原子理想气体，若绝热压缩使其容积减半，问气体分子的平均速率变为原来速率的几倍？若为双原子理想气体，又为几倍？

13. 一高压容器中含有未知气体，可能是 N$_2$ 或 Ar。在 298K 时取出试样，体积从 5×10^{-3}m^3 绝热膨胀到 6×10^{-3}m^3，温度降到 277K，试判断容器中是什么气体？

14. 如图 6-34 所示，系统从状态 A 沿着 ABC 变化到状态 C 的过程中，外界有 326J 的热

量传递给系统，同时系统对外做功 126J，如果系统从状态 C 沿另一曲线 CA 回到状态 A，外界对系统做功为 52J，则此过程中系统时吸热还是放热？传递热量是多少？

15．如图 6-35 所示，一系统由状态 a 沿 acb 到达状态 b 的过程中，有 350J 热量传入系统，而系统做功 126J。

（1）若沿 adb 时，系统做功 42J，问有多少热量传入系统？

（2）若系统由状态 b 沿曲线 ba 返回状态 a 时，外界对系统做功为 84J，试问系统是吸热还是放热？热量传递是多少？

图 6-34 习题 14

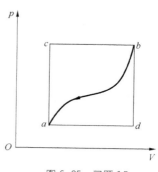

图 6-35 习题 15

16．试验用的火炮炮筒长为 3.66m，内腔直径为 0.152m，炮弹质量为 45.4kg，击发后火药爆燃完全时炮弹已被推行 0.98m，速度为 311m/s，这时腔内气体压强为 2.43×10^8 Pa。设此后腔内气体做绝热膨胀，直到炮弹出口。求：

（1）在这一绝热过程中气体对炮弹做功为多少？设气体的热容比为 $\gamma = 1.2$。

（2）若忽略摩擦，炮弹的出口速度为多少？

17．1 摩尔的刚性双原子分子理想气体，初始状态为 $p_1 = 1.01 \times 10^5$ Pa，$V_1 = 10^{-3}$ m³，然后经图 6-36 所示直线过程 I 变化到 $p_2 = 4.04 \times 10^5$ Pa，$V_2 = 2 \times 10^{-3}$ m³ 的状态，后又经过程方程 $pV^{1/2} = c$（常量）的过程 Ⅱ 变化到压强 $p_3 = p_1$ 的状态。求：

（1）在过程 I 中气体吸收的热量；

（2）整个过程中气体吸收的热量。

18．如图 6-37 所示，0.25kg 的氧气经过两个等体过程和两个等温过程，已知 $V_b = 2V_a$，$T_1 = 300$ K，$T_2 = 200$ K。试求：

（1）该循环的效率；

（2）若 a、b、c、d 各状态的压强为 p_a、p_b、p_c、p_d，证明

$$p_a p_c = p_b p_d$$

图 6-36 习题 17

图 6-37 习题 18

19. 1mol 双原子理想气体作如图 6-38 所示的可逆循环过程，其中 1—2 为直线，2—3 为绝热线，3—1 为等温线，已知 $T_2 = 2T_1$，$V_3 = 8V_1$。试求：

（1）各过程的功，传递的热量和内能增量；

（2）该循环的效率。

20. 如图 6-39 所示，一理想气体所经历的循环过程，其中 AB 和 CD 是等压过程，BC 和 DA 为绝热过程，已知 B 点和 C 点的温度分别为 T_2 和 T_3，求此循环效率。这是卡诺循环吗？

图 6-38 习题 19

图 6-39 习题 20

21. 一热机每秒从高温热源 $T_1 = 600 \text{ K}$ 吸取热量 $3.34 \times 10^4 \text{J}$，做功后向低温热源 $T_2 = 300 \text{ K}$ 放出热量 $2.09 \times 10^4 \text{J}$。问：

（1）它的效率为多少？它是不是可逆机？

（2）如果尽可能地提高热机的效率，问每秒从高温热源吸热 $3.34 \times 10^4 \text{J}$，则每秒最多能做多少功？

22. 如图 6-40 所示，有一气缸，除底部导热外，其余部分都是绝热的，其容积被一位置固定的轻导热板隔成相等的两部分 A 和 B，其中各盛有 1mol 的理想气体。今将 335J 的热量缓缓地由底部传给气体，设活塞上的压强始终保持为 1atm。

（1）求 A、B 两部分温度的改变及吸收的热量（导热板的吸热、活塞的质量及摩擦均不计）；

（2）若将位置固定的导热板换成可自由滑动的绝热隔板，上述温度改变和热量又如何？

23. 如图 6-41 所示，一定量理想气体的一循环过程由 $T-V$ 图给出，其中 $C \to A$ 为绝热过程，状态 $A(T_1, V_1)$、状态 $B(T_2, V_2)$ 为已知，则

（1）在 $A \to B$ 和 $B \to C$ 两过程中，气体是吸热还是放热？

（2）求状态 C 的 p,V,T 值（设气体的 γ 和摩尔数已知）；

（3）这个循环是不是卡诺循环？在 $T-V$ 图上卡诺循环应如何表示？

（4）求这个循环的效率。

图 6-40 习题 22

图 6-41 习题 23

24. 一电冰箱为了制冰从 260K 的冷冻室取走热量 209kJ，如果室温是 300K，试问电流做功至少应为多少（假定冰箱为理想卡诺循环制冷机）？ 如果此冰箱能以 0.209kJ/s 的速率取处热量，试问所需电功率至少应是多少？

25. 设一动力暖气装置由一热机和一个制冷机组合而成，热机靠燃料燃烧时释放出的热量工作，向暖气系统中的水放热，并带动制冷机，制冷机自天然蓄水池中吸热，也向暖气系统放热。若热机锅炉温度为 210°C，天然水的温度为 15°C，暖气系统的温度为 60°C，燃料的燃烧热为 5.0×10^6 cal/kg，且利用率为 80%，试求燃烧 1.00kg 燃料暖气系统所得的热量。假设热机和制冷机的工作循环都是理想卡诺循环。

26. 在一大房间内，空气保持 294K，户外空气温度为 250K，在 1 小时内有 5.058×10^4J 的热量从墙壁向外散逸，求：

（1）室内空气的熵变；

（2）室外空气的熵变；

（3）室内外总的熵变。

27. 1mol 的 C_V 已知的理想气体从初态 (p_1, V_1) 经某过程达到终态 (p_2, V_2)，求气体在该过程中的熵变。

28. 一容器被一铜片分为两部分，一边为 80°C 的水，另一边为 20°C 的水，经过一段时间后，从热的一边向冷的一边传递了 4186.0J 的热量，问这个过程中熵变为多少（设水足够多，以致传递热量后水的温度没有明显的变化）？

模块 3 电 磁 学

电磁运动是物质的一种基本运动形式。电磁相互作用是自然界已知的 4 种相互作用之一，它在决定物质结构方面起着重要作用。我们在日常生活和生产活动中，都涉及电磁运动。电磁学就是研究物质间电磁相互作用、电磁场的产生、变化和运动的规律的学科。因此，理解和掌握电磁运动的基本规律，在理论和实践中都有重要的意义。

电磁学是学习其他学科（如电工学、无线电电子学、自动控制、计算机技术等）的基础，在现代物理学中的地位也是非常重要的。

本模块的主要内容有：真空中的静电场、介质中的电场、真空中的稳恒磁场、介质中的磁场、电磁感应及电磁场等。

电磁学内容按性质分，主要包括"场"和"路"两部分。大学物理偏重于从"场"的观点来进行阐述。"场"不同于实物物质，它具有空间分布，但同样具有质量、能量和动量，对矢量场（包括静电场和磁场）的描述通常用到"通量"和"环流"两个概念及相应的通量定理和环路定理。

第 7 章 真空中的静电场

【学习目标】

- 掌握描述静电场的基本物理量：电场强度和电势的概念，理解电场强度的矢量性、电势的标量性。
- 熟练掌握静电场的两条基本定理：高斯定理和环路定理，明确静电场是有源场，并明确静电力为保守力，静电场为保守场。
- 熟练掌握用点电荷的电场强度和叠加原理以及高斯定理求解带电系统电场强度的方法。
- 学会用电场强度与电势梯度的关系求解一些较简单带电系统的电场强度。
- 了解电偶极子的概念，理解电偶极子在均匀电场中所受的力和力矩。

相对于观察者静止的电荷产生的电场称为静电场。本章讨论真空中的静电场。从电荷在静电场中受力和电场力对电荷做功两个方面，引入电场强度与电势这两个描述电场性质的基本物理量，并且讨论电场强度和电势二者的关系。本章主要内容有：描述静电场基本性质的场强叠加原理、高斯定理、静电场的环路定理；描述静电场的物理量电场强度、电势；静电场对电荷的作用。

7.1 电荷 库仑定律

库仑定律是电学中的一个基本定律，首先讨论最简单的概念——电荷。

7.1.1 电荷

物体能够产生电磁现象归因于物体所带的电荷以及电荷的运动。2000 多年前，古希腊哲学家泰勒斯发现用木块摩擦过的琥珀能吸引碎草等轻小物体；后来又发现，许多物体经过毛皮或丝绸等摩擦后，都能够吸引轻小的物体。这种情况，人们就称它们带了电，或者说它们有了电荷。

实验表明，无论用何种方法起电，自然界中只存在两类电荷，分别称为正电荷和负电荷，且同性电荷相互排斥、异性电荷相互吸引。历史上，美国物理学家富兰克林最早对电荷正负作了规定：用丝绸摩擦过的玻璃棒，棒上带电为正；用毛皮摩擦过的硬橡胶棒，棒上带电为负，这种方法也一直沿用至今。

物质由原子组成，原子由原子核和核外电子组成，原子核又由中子和质子组成。中子不带电，质子带正电，电子带负电。质子数和电子数相等，原子呈电中性，当物质的电子过多或过少时，物质就带有电。电荷是实物粒子的一种属性，它描述了实物粒子的电性质。物体带电的本质是两种物体间发生了电子的转移。即一个物体失去电子就带正电荷，另一个物体得到电子就带负电荷。

7.1.2 电荷的量子化

1913 年，密立根通过著名的油滴实验，测出所有电子都具有相同的电荷，而且带电体的电荷量是电子电荷的整数倍。一个电子的电量记作 e，则任何带电体的电荷量为

$$q=ne（n=1, 2, \cdots）\tag{7-1}$$

电荷的这种只能取一系列离散的、不连续值的性质，称为电荷的量子化。电子的电荷 e 为电荷的量子，式（7-1）中 n 称为量子数。

在国际单位制中，电荷的单位名称为库仑，符号为 "C"，1986 年国际推荐的电子电荷绝对值为

$$e=1.602\ 177\ 33（49）\times 10^{-19} \text{C}$$

通常在计算中取近似值

$$e=1.602\times 10^{-19} \text{C}$$

我们所讨论的带电体的电荷量往往是基本电荷的许多倍，从总体效果上我们认为电荷是连续地分布在带电体上的，而可以忽略电荷量子化引起的微观起伏。

7.1.3 电荷守恒定律

大量事实表明，任何使物体带电的过程或使带电体中和的过程，都是电荷从一个物体转移到另一物体，或从物体的一部分转移到另一部分的过程。可见物体带电的本质是两个物体间发生了电子的转移，对一个系统，如果没有静电荷出入其边界，则不管系统中的电荷如何转移，系统中电荷的代数和保持不变，这就是电荷守恒定律。电荷守恒定律是自然界的基本守恒定律之一，无论在宏观领域，还是在微观领域都是成立的。

近代物理研究已表明，在微观粒子的相互作用过程中，电荷是可以产生和消失的，但是电荷守恒定律仍然成立。

例如，一个高能光子与一个重原子核作用时，光子 γ 可以转化为一对正负电子（即 $\gamma \to e^+ + e^-$），称为电子对的"产生"；一对正负电子对撞转化为两个不带电的光子（即 $e^+ + e^- \to 2\gamma$），这称为电子对的"湮灭"。光子不带电，正、负电子又各带有等量异号电荷，所以这种电荷的产生和湮灭并不改变系统中的电荷的代数和，因而电荷守恒定律仍然是成立的。

此外，实验表明，物体所带电荷与它的运动状态无关，当质子和电子处在加速器中时，随着它们运动速度的变化，其质量亦发生显著的变化，但电荷却没有任何变化。电荷的这一性质表明，系统所带电荷与参考系的选取无关，即电荷具有运动不变性或相对论不变性。

7.1.4 库仑定律

当一个带电体的线度远小于作用距离时，可看作是点电荷。点电荷是一个理想化的物理

模型，如果在研究的问题中，带电体的几何形状、大小及电荷分布都可以忽略不计，即可将它看作是一个几何点，则这样的带电体就是点电荷。实际的带电体（包括电子、质子等）都有一定大小，都不是点电荷。只有当电荷间距离大到可认为电荷大小、形状不起什么作用时，才可把电荷看成点电荷。

1785 年，法国物理学家库仑利用扭秤实验测量了两个带电球体之间的作用力。库仑在实验的基础上，总结出了两个点电荷之间相互作用的规律，即库仑定律。库仑定律的表述如下：

在真空中，两个静止的点电荷之间的相互作用力，其大小与这两点电荷电量的乘积成正比，与它们之间距离的平方成反比，作用力的方向在两点电荷之间的连线上，同号电荷互相排斥，异号电荷互相吸引。

如图 7-1 所示，设两点电荷的电量分别为 q_1、q_2，由电荷 q_1 指向电荷 q_2 的矢量为 $\vec{r}$，则电荷 q_2 受到电荷 q_1 的作用力 $\vec{F}$ 为

图 7-1 库仑定律

$$\vec{F} = k\frac{\vec{q_1}\vec{q_2}}{r^2}\vec{e}_r \qquad (7\text{-}2)$$

式（7-2）中 $\vec{e}_r$ 为由电荷 q_1 指向电荷 q_2 的单位矢量，k 为比例系数，在国际单位制中 $k = 8.98755\times10^9\,\text{N}\cdot\text{m}^2\cdot\text{C}^{-2} \approx 9.0\times10^9\,\text{N}\cdot\text{m}^2\cdot\text{C}^{-2}$。

为使其他电磁学方程简洁，引入真空电容率 ε_0 来代替 k，令

$$k = \frac{1}{4\pi\varepsilon_0}$$

在国际单位制中真空电容率 ε_0 的数值和单位为

$$\varepsilon_0 = 8.8542\times10^{-12}\,\text{C}^2\cdot\text{N}^{-1}\cdot\text{m}^{-2}$$

于是，真空中的库仑定律可表示为

$$\vec{F} = \frac{\vec{q_1}\vec{q_2}}{4\pi\varepsilon_0 r^2}\vec{e}_r = \frac{\vec{q_1}\vec{q_2}}{4\pi\varepsilon_0 r^3}\vec{r} \qquad (7\text{-}3)$$

关于库仑定律的几点说明如下。

（1）库仑定律是对真空、点电荷间作用力的规律。如果带电体不能抽象为点电荷，就不能用库仑定律求相互作用力。

（2）两静止点电荷之间的库仑力满足牛顿第三定律，即 $\vec{F}_{12} = -\vec{F}_{21}$。

（3）库仑定律是一条实验定律，是静电学的基础。库仑定律的距离平方反比律精度非常高。若 $F \propto r^{-2\pm\delta}$，则实验测出：$\delta \leqslant 2\times10^{-16}$。

（4）库仑定律的适用范围：r 大到 10^7m、小到 10^{-15}m 的范围内，库仑定律非常精确地与实验相符合。

实验表明，当空间中存在两个以上的点电荷时，两个点电荷之间的作用力并不因为第三个电荷的存在而有所改变，作用在其中任意一个点电荷上的力是各个点电荷对其作用力的矢量和，这个结论叫电场力的叠加原理。

如果空间中有 N 个点电荷 q_1、q_2、q_3、$\cdots$、q_N，令 q_2、q_3、$\cdots$、q_N 作用在 q_1 上的力分别为 $\vec{F}_2$、$\vec{F}_3$、$\cdots$、$\vec{F}_N$，则电荷 q_1 受到的库仑力为

$$\vec{F}_1 = \vec{F}_2 + \vec{F}_3 + \cdots + \vec{F}_N = \sum_{i=2}^{N} \vec{F}_i \qquad (7\text{-}4)$$

利用库仑定律和库仑力的叠加原理，可以求解任意带电体之间的静电场力。

7.2　电场　电场强度矢量

电荷之间存在相互作用力。在点电荷并不互相接触的前提下，这种作用力是依靠电场施加到彼此上面的。

7.2.1　电场

库仑定律给出了两个点电荷之间的相互作用力，但并未说明作用力的传递途径。历史上有两种观点：（1）超距作用观点，一个点电荷对另一电荷的作用无需经中间物体传递，而是超越空间直接地、瞬时地发生；（2）近距作用观点，一个电荷对另一电荷的作用是通过空间某种中间媒介，以一定的有限速度传递过去。

近代物理学的发展证明，近距作用观点是正确的。但是，这个传递电荷作用力的中间媒介不是"以太"，而是通过电荷周围存在的一种"特殊"物质，即电场。

凡是有电荷的地方，围绕电荷的周围空间都存在电场，即电荷在其周围空间激发电场，且电场对处于其中的电荷会施加力的作用。该作用仅由该电荷所在处的电场决定，与其他地方的电场无关。

电场与实物一样具有能量、动量和质量等，可以脱离场源而单独存在，即电场是物质的一种形式。静止电荷产生的电场为静电场，运动电荷周围除有电场之外还有磁场，变化的电场会产生磁场，变化的磁场又会产生电场，变化的电场和磁场就构成了统一的电磁场。

7.2.2　电场的强度

在静止电荷周围存在着静电场，静电场对处于其中的电荷有电场力的作用，这是电场的一个重要的性质。这里，我们从电场对电荷的作用力入手，来研究电场的性质和规律，引入描述电场性质的物理量——电场强度。

图 7-2　点电荷的场强

如图 7-2 所示，在相对静止的电荷 Q 周围的静电场中，放入试验电荷 q_0，讨论试验电荷的受力情况。试验电荷应满足如下条件：（1）试验电荷 q_0 的电量应足够小，以致对原来的电场影响很小，从而可以测定原来电场的性质；（2）试验电荷 q_0 的尺度应尽可能小，以致可以认为是点电荷。实验发现，试验电荷放在不同位置处受到的电场力的大小和方向都不同，说明电荷 Q 附近的不同点处，电场的强弱和方向都不同。在电场中的任一点 P（见图 7-2）处放置试验电荷时，实验表明：试验电荷受力与其电量的比值 $\vec{F}/q_0$ 是确定的矢量，这个矢量只与电场中各点的位置有关，而与试验电荷的大小、带电正负无关。因此，这个矢量反映了电场本身的性质。我们把这个矢量定义为电场强度，简称场强，用 $\vec{E}$ 表示，

$$\vec{E} = \frac{\vec{F}}{q_0} \qquad (7\text{-}5)$$

式（7-5）表明，电场中某点的电场强度在数值上等于位于该点的单位正试验电荷所受的电场力，电场强度的方向与正电荷在该点所受的电场力的方向一致。

电场强度既有大小，又有方向，在电场中各点的 $\vec{E}$ 一般不同。所以，电场强度是空间坐标的矢量函数，即 $\vec{E} = \vec{E}(x, y, z)$。

在国际单位制（SI）中，电场强度的单位是 N/C 或 V/m。

当电场强度分布已知时，电荷 q 在场强为 $\vec{E}$ 的电场中受的电场力为

$$\vec{F} = q\vec{E}$$

当 $q>0$(正电荷) 时，电场力方向与电场强度方向相同；当 $q<0$（负电荷）时，电场力方向与电场强度方向相反。

7.2.3　电场强度叠加原理

若电场由一个电荷 Q 产生，电荷 Q 位于坐标原点，在距电荷 Q 为 r 处任取一点 P，设想把一个试验电荷 q_0 放在 P 点，由库仑定律可知试验电荷受到的电场力为

$$\vec{F} = \frac{1}{4\pi\varepsilon_0} \frac{Qq_0}{r^2} \vec{e}_r$$

式中，$\vec{e}_r$ 是 Q 到场点的单位矢量。根据电场强度的定义式（7-5），则得到 P 点处的电场强度为

$$\vec{E} = \frac{\vec{F}}{q_0} = \frac{1}{4\pi\varepsilon_0} \frac{Q}{r^2} \vec{e}_r \qquad (7\text{-}6)$$

式（7-6）为点电荷产生的电场强度公式。Q 为正电荷时，$\vec{E}$ 的方向与 $\vec{e}_r$ 同向；Q 为负电荷时，$\vec{E}$ 的方向与 $\vec{e}_r$ 相反。场强 $\vec{E}$ 的大小与点电荷所带电量成正比，与距离 r 的平方成反比，在以 Q 为中心的各个球面上的场强大小相等，所以点电荷的电场具有球对称性。

若电场由点电荷系 Q_1、Q_2、…、Q_N 产生，在 P 点放一个试验电荷 q_0，根据力的叠加原理，可知试验电荷受到的作用力为 $\vec{F} = \sum \vec{F}_i$，所以点电荷系在 P 点产生的电场强度为

$$\vec{E} = \frac{\vec{F}}{q_0} = \frac{\sum \vec{F}_i}{q_0} = \sum \frac{\vec{F}_i}{q_0} = \sum \vec{E}_i = \sum \frac{Q_i \vec{r}_i}{4\pi\varepsilon_0 r_i^3} \qquad (7\text{-}7)$$

即点电荷系电场中某点的电场强度等于各个点电荷单独存在时在该点的电场强度的矢量和，这就是电场强度的**叠加原理**。

若电场由电荷连续分布的带电体产生，整个带电体不能看作点电荷，于是此时不能用式（7-7）来计算电场强度的分布。但是，可以将带电体分成许多电荷元 dq，每个电荷元可看作是点电荷，如图 7-3 所示。电荷元在 P 点处产生的电场强度为

$$d\vec{E} = \frac{1}{4\pi\varepsilon_0} \frac{dq}{r^2} \vec{e}_r$$

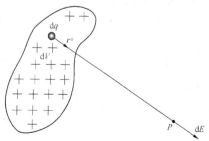

图 7-3　带电体的场强

整个带电体在 P 点处产生的电场强度为各个电荷元在 P 点处产生的电场强度的矢量和。由于电荷是连续分布的，可应用积分来求和，有

$$\vec{E} = \int \mathrm{d}\vec{E} = \int \frac{1}{4\pi\varepsilon_0} \frac{dq}{r^2} \vec{e}_r \qquad (7\text{-}8)$$

这是一个矢量积分，在具体计算时，往往需要先写出电荷元在待求点的场强 $\mathrm{d}\vec{E}$ 在 x、y、z 三个坐标轴上的分量 $\mathrm{d}E_x$、$\mathrm{d}E_y$、$\mathrm{d}E_z$，然后对各分量积分，这样就得到总的电场强度的矢量表达式

$$\vec{E} = E_x \vec{i} + E_y \vec{j} + E_z \vec{k}$$

其中

$$E_x = \int \mathrm{d}E_x, \ E_y = \int \mathrm{d}E_y, \ E_z = \int \mathrm{d}E_z$$

对于电荷体分布，可引入体电荷密度概念，即单位体积内的电量称为体电荷密度 ρ，$\rho = \dfrac{\mathrm{d}q}{\mathrm{d}V}$，则电荷元 $\mathrm{d}q$ 为 $\mathrm{d}q = \rho \mathrm{d}V$，体电荷产生的电场强度为：$\vec{E} = \int \mathrm{d}\vec{E} = \int \dfrac{1}{4\pi\varepsilon_0} \dfrac{\rho \mathrm{d}V}{r^2} \vec{e}_r$。

对于电荷面分布，引入面电荷密度概念，即单位面积上的电量称为面电荷密度 σ，$\sigma = \dfrac{\mathrm{d}q}{\mathrm{d}S}$，则电荷元 $\mathrm{d}q$ 为 $\mathrm{d}q = \sigma \mathrm{d}S$，面电荷产生的电场强度为：$\vec{E} = \int \mathrm{d}\vec{E} = \int \dfrac{1}{4\pi\varepsilon_0} \dfrac{\sigma \mathrm{d}s}{r^2} \vec{e}_r$。

对于电荷线分布，引入线电荷密度概念，单位面积上的电量称为线电荷密度 λ，$\lambda = \dfrac{\mathrm{d}q}{\mathrm{d}l}$，则电荷元 $\mathrm{d}q$ 为 $\mathrm{d}q = \lambda \mathrm{d}l$，线电荷产生的电场强度为：$\vec{E} = \int \mathrm{d}\vec{E} = \int \dfrac{1}{4\pi\varepsilon_0} \dfrac{\lambda \mathrm{d}l}{r^2} \vec{e}_r$。

在实际运算时我们可以根据不同的问题，选择适当的电荷分布由上述公式进行计算。

7.2.4 电场强度的计算

电场强度是反映电场性质的物理量，空间各点的电场强度完全取决于电荷在空间的分布情况。若已知电荷分布，则可计算出任意点的电场强度。计算的方法是利用点电荷在其周围激发场强的表达式与电场强度叠加原理。

下面通过几个例子来说明电场强度的计算方法。

【例 7-1】 两个电量相等、符号相反、相距为 l 的点电荷 $+q$ 和 $-q$，若场点到这两个电荷的距离比 l 大得多时，这两个点电荷系称为电偶极子。从 $-q$ 指向 $+q$ 的矢量记为 $\vec{l}$，定义 $\vec{p} = q\vec{l}$ 为电偶极子的电偶极矩。求电偶极子 $\vec{p} = q\vec{l}$ 的电场。

图 7-4 例 7-1

解：（1）电偶极子轴线延长线上一点的电场强度。

如图 7-4 所示，取电偶极子轴线的中点为坐标原点 O，沿轴线的延长线为 Ox 轴，轴上任意点 P 距原点的距离为 r，则正负电荷在场点 P 产生的场强为：

$$\vec{E} = \vec{E}_+ + \vec{E}_- = \frac{q}{4\pi\varepsilon_0}\left[\frac{1}{\left(r-\dfrac{l}{2}\right)^2} - \frac{1}{\left(r+\dfrac{l}{2}\right)^2}\right]\vec{l} = \frac{q}{4\pi\varepsilon_0}\frac{2rl}{\left(r^2-\dfrac{l^2}{4}\right)^2}\vec{l}$$

当场点到电偶极子的距离 $r \gg l$ 时，则 $r^2 - l^2/4 \approx r^2$，于是上式可以写为

$$\vec{E} = \frac{2ql}{4\pi\varepsilon_0 r^3}\vec{i} = \frac{1}{4\pi\varepsilon_0}\frac{2\vec{p}}{r^3}$$

其中 $\vec{p} = q\vec{l}$，定义为电偶极子的电偶极矩。l 的方向为
负电荷指向正电荷。上式表明，在电偶极子轴线的延长线
上任意点的电场强度的大小，与电偶极子的电偶极矩大小
成正比，与电偶极子中心到该点的距离的三次方成反比；
电场强度的方向与电偶极矩的方向相同。

（2）电偶极子轴线的中垂线上一点的电场强度。

如图 7-5 所示，取电偶极子轴线中点为坐标原点，
因而中垂线上任意点 P 的场强为 $+q$ 和 $-q$ 在 P 点产生
的电场的电场强度的矢量和。

由式（7-6），可得 $+q$ 和 $-q$ 在 P 点产生的电场强度分
别为

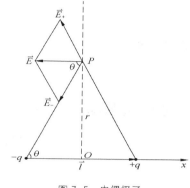

图 7-5 电偶极子

$$\vec{E}_+ = \frac{q}{4\pi\varepsilon_0\left(r^2+\dfrac{l^2}{4}\right)}\vec{e}_+$$

$$\vec{E}_- = \frac{q}{4\pi\varepsilon_0\left(r^2+\dfrac{l^2}{4}\right)}\vec{e}_-$$

式中 $\vec{e}_+$ 和 $\vec{e}_-$ 分别为从 $+q$ 和 $-q$ 指向 P 点的单位矢量，根据电场强度叠加原理，P 点的合电场
强度 $\vec{E} = \vec{E}_+ + \vec{E}_-$，方向如图 7-5 所示，$P$ 点的合电场强度 $\vec{E}$ 的大小为

$$\vec{E} = -2E_+\cos\theta\vec{i} = -2\frac{ql/2}{4\pi\varepsilon_0(r^2+\dfrac{l^2}{4})^{3/2}}\vec{i} = -\frac{\vec{p}}{4\pi\varepsilon_0(r^2+\dfrac{l^2}{4})^{3/2}} \qquad 其中\cos\theta = \frac{l/2}{\sqrt{r^2+\dfrac{l^2}{4}}}$$

$r \gg l$ 时，$r^2 + l^2/4 \approx r^2$，上式可简化为

$$\vec{E} = -\frac{\vec{p}}{4\pi\varepsilon_0 r^3}$$

从上式可知，电偶极子中垂线上任意点的电场强度的大小，与电偶极子的电偶极矩大小
成正比，与电偶极子中心到该点的距离的三次方成反比；电场强度的方向与电偶极矩的方向
相反。

【例 7-2】 均匀带电细棒，长为 $2l$，带电量为 q，求中垂面上的场强。

解： 取细棒中点为原点，对称取元电荷，如图 7-6 所示。由于细棒均匀带电，电荷线密

度为 $\lambda = \dfrac{q}{2l}$，在细棒上任取一小电荷元 $\mathrm{d}q$，$\mathrm{d}q = \lambda \mathrm{d}z$。$\mathrm{d}z_1$ 和 $\mathrm{d}z_2$ 为一对对称的电荷元，由于它们在中垂线上的场强 $\mathrm{d}\vec{E}_1$ 和 $\mathrm{d}\vec{E}_2$ 有对称性它们在 z 方向的分量相互抵消，两者的合场强沿中垂线方向，合场强的大小为 $2\mathrm{d}E_1 \cos\theta$。根据式（7-8），每个电荷元在 P 点产生的电场强度大小为：

图 7-6 例 7-2

$$\mathrm{d}E_1 = \frac{\lambda \mathrm{d}z}{4\pi\varepsilon_0 \left(r^2 + z^2\right)}$$

从图 7-6 可知

$$\cos\theta = \frac{r}{\sqrt{r^2 + z^2}}$$

积分可得合电场强度大小为

$$E = \int_0^l 2\mathrm{d}E_1 \cos\theta = \int_0^l 2 \cdot \frac{\lambda \mathrm{d}z}{4\pi\varepsilon_0 \left(r^2 + z^2\right)} \cdot \frac{r}{\sqrt{r^2 + z^2}}$$

$$= \frac{1}{2\pi\varepsilon_0} \int_0^l \frac{\lambda r \mathrm{d}z}{\left(r^2 + z^2\right)^{\frac{3}{2}}} = \frac{1}{2\pi\varepsilon_0 r} \frac{\lambda l}{\sqrt{r^2 + l^2}}$$

讨论：

（1）当 $l \gg r$ 时，无限长均匀带电细棒之电场为 $E = \dfrac{\lambda}{2\pi\varepsilon_0 r}$，无限长均匀带电细棒周围任意点的电场强度与该点到细棒的距离的一次方成反比。

（2）$\vec{E}$ 是矢量，不仅有大小，而且有方向，均需表示出来。

（3）有时对称分析是非常重要的，可以大大简化计算，如上述问题中场无平行于直线的分量。

【例 7-3】 计算均匀带电圆环轴线上任一给定点 P 处的场强。该圆环半径为 R，圆环带电量为 q，P 点与环心距离为 x。

解：在环上任取线元 $\mathrm{d}l$，其上电量为

$$\mathrm{d}q = \lambda \mathrm{d}l = \frac{q}{2\pi R}\mathrm{d}l$$

设 P 点与 $\mathrm{d}q$ 距离为 r，电荷元 $\mathrm{d}q$ 在 P 点所产生场强大小为

$$\mathrm{d}E = \frac{1}{4\pi\varepsilon_0}\frac{\mathrm{d}q}{r^2} = \frac{1}{4\pi\varepsilon_0}\frac{q}{2\pi R}\frac{\mathrm{d}l}{r^2}$$

$\mathrm{d}\vec{E}$ 的方向如图 7-7 所示。把场强分解为平行于轴线的分量 $\mathrm{d}\vec{E}_{/\!/}$ 和垂直于轴线的分量 $\mathrm{d}\vec{E}_{\perp}$。则由圆环上电荷分布的对称性可知，垂直分量 $\mathrm{d}\vec{E}_{\perp}$ 互相抵消，因而总的电场强度为平行分量之和，即

$$E = \int \mathrm{d}E_{/\!/} = \int \mathrm{d}E \cos\theta$$

式中，θ 为 $\mathrm{d}\vec{E}$ 与 x 轴的夹角。积分得

$$E = \oint_l \frac{1}{4\pi\varepsilon_0} \frac{q}{2\pi R} \frac{\mathrm{d}l}{r^2} \cdot \cos\theta = \frac{1}{4\pi\varepsilon_0} \frac{q}{2\pi R} \frac{\cos\theta}{r^2} \cdot \oint \mathrm{d}l = \frac{1}{4\pi\varepsilon_0} \frac{q\cos\theta}{r^2}$$

因为 $\cos\theta = x/r$，$r = \sqrt{R^2 + x^2}$，所以可得

$$E = \frac{qx}{4\pi\varepsilon_0 r^3} = \frac{qx}{4\pi\varepsilon_0 (R^2 + x^2)^{\frac{3}{2}}}$$

其方向沿 x 轴方向。

讨论：

（1）当 $x \gg R$ 时，$(R^2 + x^2)^{\frac{3}{2}} \approx x^3$，于是有

$E \approx \dfrac{q}{4\pi\varepsilon_0 x^2}$，即在距圆环足够远处，环上电荷可看

作电量全部集中在环心处的一个点电荷。

（2）$x = 0$ 时，$E = 0$，即圆环中心处的电场强度为零。

（3）由 $\dfrac{\mathrm{d}E}{\mathrm{d}x} = 0$，可以得到电场强度极大值位置在 $x = \pm\dfrac{R}{\sqrt{2}}$ 处。

图 7-7　例 7-3

【例 7-4】　设有一半径为 R、电荷均匀分布的薄圆盘，其电荷面密度为 σ。求通过盘心、垂直于盘面的轴线上任一点的场强。

解：本题可由电场强度的定义，直接用式（7-5）计算。也可利用例 7-3 的结果，把均匀带电圆盘分成许多半径不同的同心细圆环，每个带电细圆环在轴线上产生的电场强度都可用上例所得结果表示。如图 7-8 所示，取一半径为 r、宽度为 $\mathrm{d}r$ 的圆环，其圆环的电量为

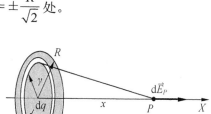

图 7-8　例 7-4

$$\mathrm{d}q = \sigma\,\mathrm{d}s = \sigma 2\pi r\,\mathrm{d}r$$

此圆环在轴线上 x 处产生的场强大小为

$$\mathrm{d}E = \frac{x\,\mathrm{d}q}{4\pi\varepsilon_0 (x^2 + r^2)^{3/2}} = \frac{\sigma}{2\varepsilon_0} \frac{xr\,\mathrm{d}r}{(x^2 + r^2)^{3/2}}$$

方向沿 x 轴方向。由于圆盘上所有的带电圆环在场点产生的场强都沿同一方向，所以整个带电圆盘在轴线上一点产生的电场强度为

$$E = \int_0^R \frac{\sigma}{2\varepsilon_0} \frac{xr\,\mathrm{d}r}{(x^2 + r^2)^{3/2}} = \frac{\sigma}{2\varepsilon_0}\left(1 - \frac{x}{\sqrt{x^2 + R^2}}\right)$$

其方向沿 x 轴方向。

讨论：

（1）如果 $x \ll R$，即圆盘为无穷大的均匀带电平面，则其电场强度的大小为

$$E = \frac{\sigma}{2\varepsilon_0}$$

方向与带电平面垂直。可见，无限大均匀带电平板将产生匀强电场。这里"无限大"是一理想模型，实际上只在靠近盘面中心附近的空间才是匀强电场。

如果将两块平板平行放置，板间距离远小于板面线度，此时除两板边缘附近外，对两板之间的场点来说，它们就是两块无限大的均匀带电的平行平板，如图7-9所示，因而，两板间的场强垂直于板面，是均匀电场。当两板带等量异号电荷，面密度为 σ 时，两板间的场强为

图 7-9　两无限大平板的场强

$$E = E_A + E_B = \frac{\sigma}{2\varepsilon_0} + \frac{\sigma}{2\varepsilon_0} = \frac{\sigma}{\varepsilon_0}$$

两板外侧空间，除两板边缘附近外，场强为

$$E = E_A - E_B = 0$$

（2）当 $x \gg R$ 时，则根据二项式定理有

$$\left(1 + \frac{R^2}{x^2}\right)^{-1/2} = 1 - \frac{1}{2}\frac{R^2}{x^2} + \frac{3}{8}\left(\frac{R^2}{x^2}\right)^2 - \cdots$$

由于 $\dfrac{R}{x} \ll 1$，略去 $\dfrac{R}{x}$ 的高次项，只保留前两项，则在离圆盘很远处的电场强度就可以表示为

$$E = \frac{\sigma}{2\varepsilon_0}\left[1 - \left(1 - \frac{R^2}{2x^2}\right)\right] = \frac{q}{4\pi\varepsilon_0 x^2}$$

这与点电荷产生的电场强度一样。

（3）请读者思考一下，在图 7-10 中的无限大均匀带电平板中间有一个圆孔的情况下，电场强度的分布。从上面几个例子的分析可以看出，若已知电荷分布，根据电场强度的定义可计算出任意点的电场强度，具体计算方法和步骤如下：根据给定的电荷分布，选取适当的电荷元和坐标系；应用点电荷场强的计算公式，在选取的坐标系中，写出电荷元 dq 在任意场点的场强 $d\vec{E}$ 的表达式，然后应用电场强度叠加原理求出场点的电场强度。这里需注意的是，为简化计算，通常将

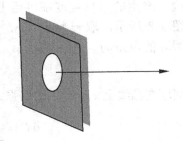

图 7-10　带圆孔无限大均匀带电平板的场强

电场强度 $d\vec{E}$ 的表达式分解为标量表示式，进行积分计算；同时要重视对称性的分析，这样可以简化计算过程。

7.2.5　电偶极子在均匀场中的力矩

这里，我们只讨论在匀强电场中电偶极子的受力和受力矩情况，首先讨论受力情况。

在场强为 $\vec{E}$ 的匀强电场中，放置一电偶极矩为 $\vec{p} = q\vec{l}$ 的电偶极子，如图7-11所示。电场作用在 $+q$ 和 $-q$ 上的力分别为 $\vec{F}_+ = q\vec{E}$ 和 $\vec{F}_- = -q\vec{E}$，它们的大小相等、方向相反，于是作用在电偶极子上的合力为

$$\vec{F} = \vec{F}_{+} + \vec{F}_{-} = q\vec{E} - q\vec{E} = 0$$

即在匀强电场中，电偶极子不受电场力的作用，电偶极子没有平动。

图 7-11　电偶极子的力矩

　　下面讨论电偶极子在匀强电场中所受的力矩情况。由于 $\vec{F}_{+}$ 和 $\vec{F}_{-}$ 不在同一直线上，所以电偶极子要受到力矩的作用。由力矩的定义，可知电偶极子所受力矩的大小为

$$M = qlE\sin\theta = pE\sin\theta$$

写成矢量形式为

$$\vec{M} = \vec{p} \times \vec{E}$$

　　在这个力矩的作用下，电偶极子将在平面内转动，转向电场 $\vec{E}$ 的方向。可见，当 $\theta = 0$ 时，电偶极子的电偶极矩方向与电场强度的方向相同，电偶极子所受的力矩为零，这个位置是电偶极子的稳定平衡位置；当 $\theta = \pi$ 时，电偶极子的电偶极矩方向与电场强度方向相反，电偶极子所受的力矩为零，但是电偶极子处于非稳定平衡位置。只要电偶极子稍微偏离这个位置，它将在力矩的作用下转动，使电偶极子的电偶极矩方向最终与电场强度的方向一致。

7.3　电场强度通量　高斯定理

　　前面我们讨论了静电场中的电场强度以及如何用计算方法确定电场中各点的电场强度。本节我们将在介绍电场线的基础上，引入电场强度通量的概念，并给出静电场的高斯定理。

7.3.1　电场线

　　为了形象地描述电场的分布，通常引入电场线的概念。电场线的概念是法拉第首先提出来的。可以在电场中画出许多曲线，使这些曲线上每一点的切线方向与该点的电场强度方向相同，而且曲线箭头的指向为电场强度的方向，这种曲线称为**电场线**。

　　图 7-12 所示是几种典型的电场线分布。

　　为了能从电场线分布得出电场中各点电场强度的大小，我们规定：在电场中任一点处，曲线的疏密表示该点电场强度的大小。如图 7-13 所示，设想通过该点画一个垂直于电场方向的面积元 $\mathrm{d}S_{\perp}$，通过此面积元的电场线条数 $\mathrm{d}N$ 满足 $E = \dfrac{\mathrm{d}N}{\mathrm{d}S_{\perp}}$ 的关系。

图 7-12　几种常见电场的电场线

图 7-13　电场线密度与场强的关系

若某点的电场强度大，则 dN 大，电场线密度大，电场线密度应与场强成正比。这样就可用电场线密度表示电场强度的大小和方向。

对于匀强电场，电场线密度处处相等，而且方向处处一致。

静电场中的电场线有两个性质：（1）电场线总是起始于正电荷（或来自于无穷远），终止于负电荷（或终止于无穷远），不是闭合曲线，不会在没有电荷的地方中断；（2）任意两条电场线都不能相交，这是由于电场中各点处的场强具有特定的方向。

关于电场线的几点说明：（1）电场线是人为画出的，在实际电场中并不存在；（2）电场线可以形象、直观地表现电场的总体情况，对分析电场很有用处；（3）电场线图形可以用实验演示出来。

7.3.2 电场强度通量

通过电场中任意曲面的电场线的数目，叫做通过该面积的**电场强度通量**，简称**电通量**，用 Φ_e 表示。

下面我们分几种情况讨论：均匀电场和非均匀电场情况，以及闭合曲面和非闭合曲面情况。

在匀强电场中，取一平面 $\vec{S}$，若平面的空间方位与电场强度 $\vec{E}$ 垂直，即平面 $\vec{S}$ 与 $\vec{E}$ 平行，如图 7-14（a）所示，电场强度通量 Φ_e 可以表示为

$$\Phi_e = ES \tag{7-9}$$

若平面 $\vec{S}$ 与 $\vec{E}$ 有夹角 θ，即平面法线与 $\vec{E}$ 不平行，如图 7-14（b）所示，则

$$\Phi_e = ES\cos\theta = \vec{E} \cdot \vec{S} \tag{7-10}$$

对非均匀电场的情形，设 S 是曲面任意，如图 7-14（c）所示，要求出通过曲面 S 的电通量，可将 S 分成无限多个面积元 dS。先来计算通过任一小面积元 dS 的电通量，因为 dS 无限小，所以可视为平面，通过其面上的 $\vec{E}$ 可以认为是均匀的，则通过这个面积元 dS 的电通量为

$$d\Phi_e = EdS\cos\theta = \vec{E} \cdot d\vec{S} \tag{7-11}$$

式中，$d\vec{S} = dS \cdot \vec{n}$，通过任意曲面 S 的电通量 Φ_e 为通过所有面积元 dS 的电通量的总和，即

$$\Phi_e = \int d\Phi_e = \int_S \vec{E} \cdot d\vec{S} \tag{7-12}$$

若 S 为闭合曲面，曲面积分为闭合曲面的积分，通过闭合曲面 S 的电通量 Φ_e 为

$$\Phi_e = \oint_S \vec{E} \cdot d\vec{S} \tag{7-13}$$

无论是平面还是曲面，都有正反两面，于是面的法线正方向就有两种取法。对闭合曲面规定自内向外的方向为面元的法线正方向。这样，在电场线从曲面内穿出的地方，$\theta < 90°$，$d\Phi_e > 0$；在电场线向曲面内穿入的地方，$\theta > 90°$，$d\Phi_e < 0$。

图 7-14　电场强度的通量

注意： 电通量是标量，只有正、负，为代数叠加。

国际单位制中，电通量的单位为：韦伯（Wb）。

7.3.3　高斯定理

高斯（C·F·Gauss，1777.4.30～1855.2.23）是德国数学家、天文学家和物理学家，在数学上的建树颇丰，有"数学王子"美称。他导出的高斯定理是电磁学的基本定理之一。高斯定理给出了穿过任意闭合曲面的电通量与曲面所包围的所有电荷之间在量值上的关系。

现在我们从点电荷这一简单例子讲起。

如图 7-15 所示，q 为正点电荷，S 为以 q 为中心、以任意 r 为半径作的球面，S 上任一点 P 处的电场强度 $\vec{E}$ 的大小都相等，方向沿径向并处处与球面垂直，$\vec{E}$ 的大小为

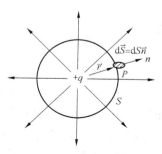

图 7-15　点电荷的高斯定理

$$E = \frac{q}{4\pi\varepsilon_0 r^2}$$

由式（7-13），则通过闭合曲面 S 的电场强度通量为

$$\Phi_e = \oint_s \vec{E} \cdot \mathrm{d}\vec{S} = \oint_s \frac{q}{4\pi\varepsilon_0 r^2} \mathrm{d}S = \frac{q}{4\pi\varepsilon_0 r^2} \oint_s \mathrm{d}S = \frac{q}{\varepsilon_0} \tag{7-14}$$

这一结果与球面半径 r 无关，仅与曲面所包围的所有电荷 q 有关。也就是说，对以点电荷 q 为中心的任意球面来说，通过它们的电通量都等于 q/ε_0。这表示通过各球面的电场线条数相等，其电场线连续地延伸到无限远处。

我们再讨论点电荷电场中通过任意闭合曲面 S 的电场强度通量。

（1）$+q$ 在 S 内的情形。

如图 7-16（a）所示，在 S 内做一个以 $+q$ 为中心，任意半径 r 的闭合球面 S_1，由前面可知，通过 S_1 的电场强度通量为 q/ε_0。由于电场线连续，所以通过 S_1 的电场线必通过 S，即此时 $\Phi_{eS_1} = \Phi_{eS}$，通过 S 的电场强度通量为

$$\Phi_e = \oint_s \vec{E} \cdot \mathrm{d}\vec{S} = \frac{q_0}{\varepsilon_0}$$

（2）$+q$ 在 S 外的情形。

如图 7-16（b）所示，此时，进入 S 面内的电场线必穿出 S 面，即穿入与穿出 S 面的电场线数相等，通过 S 面的电通量为零，有

$$\Phi_e = \oint_S \vec{E} \cdot \mathrm{d}\vec{S} = 0$$

所以 S 外电荷对 Φ_e 无贡献。

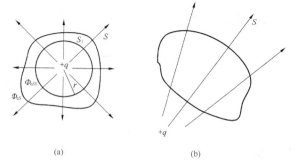

(a) 　　　　　　　(b)

图 7-16　高斯定理推导用图

下面进一步讨论点电荷系情况，在点电荷 q_1、q_2、q_3、$\cdots$、q_n 组成的点电荷系的电场中，根据场强叠加原理，任一点电场强度为

$$\vec{E} = \vec{E}_1 + \vec{E}_2 + \vec{E}_3 + \cdots + \vec{E}_n$$

通过任意闭合曲面电场强度通量为

$$\Phi_e = \oint_S \vec{E} \cdot d\vec{S} = \oint_S \left(\vec{E}_1 + \vec{E}_2 + \vec{E}_3 + \cdots + \vec{E}_n \right) \cdot d\vec{S}$$

$$= \oint_S \vec{E}_1 \cdot d\vec{S} + \oint_S \vec{E}_2 \cdot d\vec{S} + \oint_S \vec{E}_3 \cdot d\vec{S} + \cdots + \oint_S \vec{E}_n \cdot d\vec{S} = \frac{1}{\varepsilon_0} \sum_i q_i$$

即

$$\Phi_e = \oint_S \vec{E} \cdot d\vec{S} = \frac{1}{\varepsilon_0} \sum_i q_i \tag{7-15}$$

式（7-15）表示：**在真空中，通过任一闭合曲面的电场强度的通量，等于该曲面所包围的所有电荷的代数和除以 ε_0，与闭合曲面外的电荷无关**。这就是**真空中的高斯定理**。式（7-15）为高斯定理数学表达式，高斯定理中的闭合曲面称为**高斯面**。

高斯定理是在库仑定律基础上得到的，但是高斯定理适用范围比库仑定律更广泛。库仑定律只适用于真空中的静电场，而高斯定理适用于静电场和随时间变化的场，高斯定理是电磁理论的基本方程之一。若闭合曲面内存在正（负）电荷，则通过闭合曲面的电通量为正（负），表明有电场线从面内（面外）穿出（穿入）；若闭合曲面内没有电荷，则通过闭合曲面的电通量为零，意味着有多少电场线穿入就有多少电场线穿出，说明在没有电荷的区域内电场线不会中断；若闭合曲面内电荷的代数和为零，则有多少电场线进入面内终止于负电荷，就会有相同数目的电场线从正电荷穿出面外。高斯定理的重要意义在于它把电场与产生电场的源电荷联系起来，它反映了静电场是**有源场**的这一基本性质。

*7.3.4 高斯定理的微分形式

式（7-15）给出了静电场高斯定理的积分形式，然而，矢量场的奥—高公式又把矢量场的闭合面通量与矢量场的散度的体积分联系起来，即

$$\oiint_S \vec{E} \cdot d\vec{S} = \iiint_V \nabla \cdot \vec{E} dV \tag{7-16}$$

当电荷连续分布时，有 $\sum_i qi = \iiint_V \rho dV$

高斯定理可以写成 $\oiint_S \vec{E} \cdot d\vec{S} = \frac{1}{\varepsilon_0} \sum_i qi = \frac{1}{\varepsilon_0} \iiint_V \rho dV = \iiint_V \nabla \cdot \vec{E} dV$

其中 V 是由闭合曲面所包围的体积所以有

$$\iiint_V \nabla \cdot \vec{E} dV = \frac{1}{\varepsilon_0} \iiint_V \rho dV \text{ 或 } \nabla \cdot \vec{E} = \frac{\rho}{\varepsilon_0} \tag{7-17}$$

式（7-17）便是静电场高斯定理的微分形式，由式（7-17）可知，当场强 $\vec{E}$ 在某空间区域的散度 $\nabla \cdot \vec{E}=0$ 时，必有 $\rho=0$，所以我们称此区域"无源"；若 $\nabla \cdot \vec{E} \neq 0$ 则那些区域必然有电荷分布，此区域对电场来说就有"源"，所以说静电场是**有源场**，静电场的源头就是那些电荷体密度不为零的那些点。

7.3.5 高斯定理的应用

高斯定理的一个重要应用是计算某些具有对称性分布的电荷的电场强度。求解的方法一般为：首先进行对称性分析，即由电荷分布的对称性，分析电场强度分布的对称性，判断能否用高斯定理来求电场强度的分布。然后根据电场强度分布的特点，选取合适的高斯面。一般情况下，选取的高斯面通过待求的电场强度的场点，高斯面上 $\vec{E}$ 的大小要求处处相等，同时各面元的法线矢量 $\vec{n}$ 与 $\vec{E}$ 平行或垂直，使得 $\vec{E}$ 能提到积分号外面。下面通过几个例子说明如何用高斯定理计算对称性电荷分布的电场强度。

【**例 7-5**】 一均匀带电球面，电荷为 $+q$，半径为 R，求：球面内外任一点的电场强度。

解：由题意知，电荷分布是球对称的，所有产生的电场分布也是球对称的，场强方向沿半径向外，以 O 为球心任意球面上的各点场强 $\vec{E}$ 处处相等。

（1）球面内任一点 P_1 的场强。

如图 7-17 所示，以 O 为圆心，通过 P_1 点做半径为 r_1 的球面 S_1 为高斯面，由于 $\vec{E}$ 与 $\mathrm{d}\vec{S}$ 同向，且 S_1 上 $\vec{E}$ 值相等，所以

$$\oint_{S_1} \vec{E} \cdot \mathrm{d}\vec{S} = \oint_{S_1} E \mathrm{d} S = E \oint_{S_1} \mathrm{d} S = E 4\pi r_1^2$$

高斯面内无电荷，即 $\sum\limits_{S_{1内}} q = 0$，所以由高斯定理有

$$E \cdot 4\pi r_1^2 = 0$$

由此得

$$E = 0$$

这表明均匀带电球面内任一点场强为零。

（2）球面外任一点的场强。

在图 7-17 中，仍以 O 为圆心，通过 P_2 点以半径 r_2 做一球面 S_2 作为高斯面，由高斯定理有

$$E \cdot 4\pi r_2^2 = \frac{1}{\varepsilon_0} q$$

即

$$E = \frac{q}{4\pi\varepsilon_0 r_2^2}$$

场强的方向沿 $\overrightarrow{OP_2}$ 方向（若 $q < 0$，则沿 $\overrightarrow{P_2O}$ 方向）上式表明均匀带电球面外任一点的场强，与电荷全部集中在球心处的点电荷在该点产生的场强一样。

根据以上的计算可知，均匀带电球面的电场分布为

图 7-17 带电球面的电场

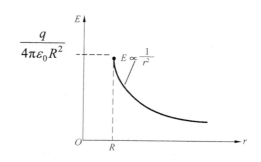

图 7-18 带电球面场强随距离的变化的曲线

$$\begin{cases} E = 0 (r < R) \\ \dfrac{q}{4\pi\varepsilon_0 r^2}(r > R) \end{cases}$$

图 7-18 给出了场强随距离的变化 $E-r$ 分布曲线。可以看出，场强值在球面（$r = R$）上是不连续的。

【例 7-6】 均匀带电的球体，半径为 R，电荷密度为 ρ，求球内外场强。

解：由题可知，电荷分布具有球对称性，所以电荷产生的电场强度也具有对称性，场强方向由球心向外，在以 O 为圆心的任意球面上各点的 $\vec{E}$ 的大小相同。

（1）由图 7-19，球内任一点的 $\vec{E}$。

以 O 为球心，过 P_1 点做半径为 r_1 的高斯球面 S_1，穿过高斯球面 S_1 的电通量为

$$\oint_{S_1}\vec{E}\cdot\mathrm{d}\vec{S} = \oint_{S_1} E\cdot\mathrm{d}S = E\oint_{S_1}\mathrm{d}S = E\cdot 4\pi r_1^2$$

包围在高斯面内的电荷为

$$\sum_{S_{1内}} q = \frac{4}{3}\pi r_1^3\rho$$

所以，由高斯定理可得

$$E = \frac{\rho}{3\varepsilon_0} r_1$$

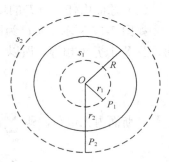

图 7-19 带电球体的电场

从上面结果可知，均匀带电的球体内各点的电场强度 $\vec{E}$ 正比于 r_1，$\vec{E}$ 的方向沿径向 $\overrightarrow{OP_1}$ 方向（若 $\rho < 0$，则 $\vec{E}$ 沿 $\overrightarrow{P_1O}$ 方向）。

（2）同理，球外任一点 P_2 的 $\vec{E}$。

以 O 为球心，过 P_2 点做半径为 r_2 的球形高斯面 S_2，由高斯定理可得

$$E\cdot 4\pi r_2^2 = \frac{1}{\varepsilon_0} q$$

即球外任一点的场强为

$$E = \frac{q}{4\pi\varepsilon_0 r_2^2}$$

$\vec{E}$ 的方向沿 $\overrightarrow{OP_2}$ 方向。上面的结果表明：均匀带电球体外任一点的场强，和电荷全部集中在球心处的点电荷产生的场强一样。

均匀带电球体的 $E-r$ 分布曲线如图 7-20 所示。

图 7-20 带电球体场强随距离的变化曲线

【例 7-7】 求无限长均匀带电直线的电荷线密度为 λ。

解：由题可知，无限长均匀带电直线产生的电场强度分布具有轴对称性，$\vec{E}$ 的方向垂直于直线。在以直线为轴的任一圆柱面上的各点场强大小都相等。如图 7-21 所示，以直线为轴线，过场点 P 做半径为 r，高为 h 的圆柱形高斯面，上底为 S_1、下底为 S_2，侧面为 S_3。

则通过闭合曲面的电通量为

$$\Phi e = \oiint_S \vec{E} \cdot d\vec{S} = \iint_{S_1} \vec{E} \cdot d\vec{S} + \iint_{S_2} \vec{E} \cdot d\vec{S} + \iint_{S_3} \vec{E} \cdot d\vec{S}$$

由于在 S_1、S_2 上各面元 $d\vec{S} \perp \vec{E}$，所以前二项积分为零，又在 S_3 上 $\vec{E}$ 与 $d\vec{S}$ 方向一致，且 $\vec{E}$ 的大小相等，所以

$$\oiint_S \vec{E} \cdot d\vec{S} = \iint_{S_1} \vec{E} \cdot d\vec{S} + \iint_{S_2} \vec{E} \cdot d\vec{S} + \iint_{S_3} \vec{E} \cdot d\vec{S} = E \cdot 2\pi rh$$

闭合曲面内所包围的电荷为 $\sum_{S_{内}} q = \lambda h$，由高斯定理可得

$$E \cdot 2\pi rh = \frac{1}{\varepsilon_0} \lambda h$$

由此得

$$E = \frac{\lambda}{2\pi\varepsilon_0 r}$$

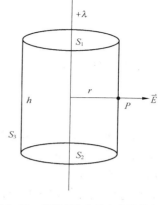

图 7-21 无限长均匀带电直线的电场

$\vec{E}$ 的方向由带电直线指向场点 P（若 $\lambda < 0$，则 $\vec{E}$ 由场点指向带电直线）。

【例 7-8】 无限大均匀带电平面，电荷面密度为 σ，求平面外任一点的场强。

解： 由题意知，由于平面是无限大均匀带电平面，其产生的电场分布是关于平面对称的，场强方向垂直平面，距平面两侧等距离处 $\vec{E}$ 的大小相等。设 P 为场点，过 P 点做一底面平行于平面的关于平面对称的圆柱形高斯面，如图 7-22 所示。由高斯定理可得

$$\oint_S \vec{E} \cdot d\vec{S} = \int_{S_{左底面}} \vec{E} \cdot d\vec{S} + \int_{S_{右底面}} \vec{E} \cdot d\vec{S} + \int_{S_{侧面}} \vec{E} \cdot d\vec{S}$$

$$= E \int_{S_{左底面}} dS + E \int_{S_{右底面}} dS = 2ES$$

由于 $\sum_{S_{内}} q = \sigma S$，所以由高斯定理得

$$E \cdot 2S = \frac{1}{\varepsilon_0} \cdot \sigma S$$

从而

$$E = \frac{\sigma}{2\varepsilon_0}$$

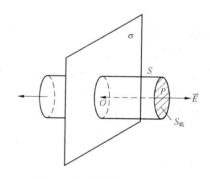

图 7-22 无限大带电平面的电场

结果说明无限大均匀带电平面产生的电场是均匀电场，$\vec{E}$ 的方向垂直平面，指向考察点（若 $\sigma < 0$，则 $\vec{E}$ 由考察点指向平面）。

利用本题结果可以得到两个带等量异号电荷的无限大平面的电场强度。如图 7-23 所示，设两无限大平面的电荷面密度分别为 $+\sigma$ 和 $-\sigma$。

设 P_1 为两板内任一点，根据电场强度叠加原理可得

$$\vec{E} = \vec{E}_A + \vec{E}_B$$

图 7-23 两无限大带电平面的电场

即

$$E = E_A + E_B = \frac{\sigma}{2\varepsilon_0} + \frac{\sigma}{2\varepsilon_0} = \frac{\sigma}{\varepsilon_0}$$

设 P_2 为 B 右侧任一点（也可取在 A 左侧），即有

$$E = E_A - E_B = \frac{\sigma}{2\varepsilon_0} - \frac{\sigma}{2\varepsilon_0} = 0$$

上面我们应用高斯定理求出了几种情况产生的场强，从这几个例子看出，用高斯定理求解场强是比较简单的。但是在用高斯定理求场强时，要求带电体必须具有一定的对称性，使高斯面上的电场分布具有一定的对称性，只有在具有某种对称性时，才能选择合适的高斯面，从而很方便地计算出电场强度。

7.4 静电场的环路定理 电势

前面我们从电荷在电场中受力作用出发，研究了静电场的性质，并引入电场强度作为描述电场特性的物理量，且知道静电场是有源场。本节，我们将进一步从静电场力对电荷做功出发来研究描述静电场的性质的物理量——电势。

7.4.1 静电场力的功

力学中引进了保守力和非保守力的概念。保守力的特征是其功只与始末两位置有关，而与路径无关。在保守力场中可以引进势能的概念。在此，我们研究一下静电力是否为保守力。

首先讨论点电荷产生电场的情况，如图 7-24 所示，点电荷 $+q$ 放置于 O 点，试验电荷 q_0 在点电荷所激发的电场中由 a 点运动到 b 点。在路径上任一点 c 处，任取一位移元 $\mathrm{d}\vec{l}$，静电场力 $\vec{F}$ 对 q_0 所做的功为

$$\mathrm{d}W = \vec{F} \cdot \mathrm{d}\vec{l} = q_0 \vec{E} \cdot \mathrm{d}\vec{l} = q_0 E \cos\theta \, \mathrm{d}l$$

式中，θ 是 $\vec{E}$ 与 $\mathrm{d}\vec{l}$ 之间的夹角，由图 7-24 可知 $\mathrm{d}l\cos\theta = \mathrm{d}r$，于是得到

$$\mathrm{d}W = \frac{qq_0}{4\pi\varepsilon_0 r^2} \cos\theta \, \mathrm{d}l = \frac{qq_0}{4\pi\varepsilon_0 r^2} \mathrm{d}r$$

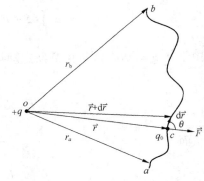

图 7-24 点电荷电场中电场力做功

当试验电荷 q_0 沿任意路径从点 a 移动到点 b，电场力所做的功为

$$W = \int_a^b \mathrm{d}W = \frac{qq_0}{4\pi\varepsilon_0} \int_{r_a}^{r_b} \frac{1}{r^2} \mathrm{d}r = \frac{qq_0}{4\pi\varepsilon_0} \left[\frac{1}{r_a} - \frac{1}{r_b} \right] \tag{7-18}$$

式中，r_a 和 r_b 分别为起点 a 和终点 b 的位矢的模。可见，在点电荷的电场中，电场力对试验电荷所做的功只与试验电荷 q_0 的始末两位置有关，而与其路径过程无关。

再来看任意带电体系产生的电场的情况。

电场一般是由点电荷系或任意带电体激发的，而任意带电体可以分割成无限多个点电荷，

根据电场的叠加原理可知，点电荷系的场强为各点电荷单独存在时，在该点产生的场强的矢量和，即

$$\vec{E} = \vec{E}_1 + \vec{E}_2 + \cdots$$

当试验电荷 q_0 沿任意路径从点 a 移动到点 b，任意点电荷系的电场力所做的功为

$$W = \int \vec{F} \cdot \mathrm{d}\vec{l} = q_0 \int_l \vec{E} \cdot \mathrm{d}\vec{l} = q_0 \int_l \vec{E}_1 \cdot \mathrm{d}\vec{l} + q_0 \int_l \vec{E}_2 \cdot \mathrm{d}\vec{l} + \cdots$$

上式中每一项均与路径无关，故它们的代数和也必然与路径无关。由此得出结论，**在真空中，当试验电荷在静电场中移动时，静电场力对它所做的功，只与试验电荷的电量及起点和终点的位置有关，而与试验电荷所经过的路径无关。因而，静电场力也是保守力，静电场是保守场。**

7.4.2　静电场的环路定理

静电场力所做的功与路径无关这一结论还可以表述成另一种形式。如图 7-25 所示，当试验电荷 q_0 从电场中的 a 点沿路径 acb 移动到 b 点，再沿路径 bda 返回 a 点，作用在试验电荷 q_0 上的静电场力在整个闭合路径上所做的功为

$$W = q_0 \oint \vec{E} \cdot \mathrm{d}\vec{l} = q_0 \int_{acb} \vec{E} \cdot \mathrm{d}\vec{l} + q_0 \int_{bda} \vec{E} \cdot \mathrm{d}\vec{l}$$

由于

$$\int_{bda} \vec{E} \cdot \mathrm{d}\vec{l} = -\int_{adb} \vec{E} \cdot \mathrm{d}\vec{l}$$

且电场力做功与路径无关，即

$$q_0 \int_{acb} \vec{E} \cdot \mathrm{d}\vec{l} = q_0 \int_{adb} \vec{E} \cdot \mathrm{d}\vec{l} \tag{7-19}$$

所以

$$W = q_0 \oint \vec{E} \cdot \mathrm{d}\vec{l} = 0$$

又因为 $q_0 \neq 0$，所以

$$\oint \vec{E} \cdot \mathrm{d}\vec{l} = 0 \tag{7-20}$$

根据矢量场的斯托克斯公式

$$\oint \vec{E} \cdot \mathrm{d}\vec{l} = \iint_S (\nabla \times \vec{E}) \cdot \mathrm{d}\vec{S}$$

可见场强沿任意闭合路径 L 的线积分，可以与该闭合环路 L 所包围的曲面 S 上场强的旋度 $\nabla \times \vec{E}$ 的通量联系起来，因此由式（7-20）可得

$$\iint_S (\nabla \times \vec{E}) \cdot \mathrm{d}\vec{S} = 0 \text{或} \nabla \times \vec{E} = 0) \tag{7-20a}$$

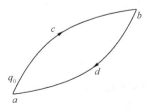

图 7-25　静电场的环路定理

式（7-20a）是式（7-20）的微分形式，任何矢量沿闭合路径的线积分称为该矢量的环流，式

（7-20a）和式（7-20）表明，静电场中的环流等于零，这一结论称为**静电场的环路定律**。

静电场的环路定律表明，静电场的电场线不可能是闭合的，静电场是保守场、无旋场，静电场是有源场。静电场的这一性质决定了在静电场中可以引入电势的概念。

7.4.3 电势能

力学中，重力是保守力，可以引入重力势能的概念；弹性力是保守力，可以引入弹性势能的概念；同样静电力也是保守力，可以引入电势能的概念。由于在保守力场中，保守力所做的功等于相应势能增量的负值，所以静电场力对电荷所做的功等于电势能增量的负值。

用 E_{Pa} 和 E_{Pb} 表示试验电荷在 a 点和 b 点的电势能，则试验电荷从 a 点移动到 b 点，静电场力做功为

$$W = \int_a^b q_0 \vec{E} \cdot d\vec{l} = -(E_{Pb} - E_{Pa}) = E_{Pa} - E_{Pb} \tag{7-21}$$

电势能与重力势能及弹性势能类似，是一个相对的量。为确定电荷在电场中某点的电势能，必须选一个参考点作为电势能的零点。电势能的零点与其他势能零点一样，也是可以任意选的，对于有限带电体，一般选无限远处电势能为零，选 $E_{Pb} = 0$，令 b 点在无穷远，由式（7-21），试验电荷 q_0 在 a 点处具有的电势能为

$$E_{Pa} = q_0 \int_a^\infty \vec{E} \cdot d\vec{l} \tag{7-22}$$

这表明，**电荷 q_0 在电场中某点的电势能等于电荷 q_0 从该点移到无穷远处（或者电势能零点）电场力所做的功。**

在国际单位制中，电势能的单位为焦耳（J）；还可以用电子伏特（eV）表示。1eV 表示 1 个电子通过 1 伏特电势差时所获得的能量，$1\text{eV} = 1.602 \times 10^{-19}\text{J}$。

7.4.4 电势 电势差

由于电势能的大小与试验电荷的电量 q_0 有关，因而电势能不能直接用来描述某一给定点电场的性质。但是比值 $(E_{Pa} - E_{Pb})/q_0$ 与 q_0 无关，只决定于电场的性质及场点的位置，所以这个比值是反映电场本身性质的物理量，称为**电势**，用 V 来表示，即

$$V_a = \frac{E_{Pa}}{q_0} = \int_a^\infty \vec{E} \cdot d\vec{l} \tag{7-23}$$

上式表明，电场中某点的电势，数值上等于放在该点的单位正电荷的电势能，或者说电场中某点的电势在数值上等于把单位正电荷从该点移到电势能零点时，电场力所做的功。

由电势定义可知，电势是标量，有正有负，把单位正电荷从某点移到无穷远点时，若静电场力做正功，则该点的电势为正；若静电场力做负功，则该点的电势为负。为确定电场中各点的电势，也必须选一个参考点作为电势零点。电势零点的选择是任意的，可以根据研究问题的具体情况确定。在具体计算中，当电荷分布在有限区域时，通常选择无穷远处的电势为零；在实际工作中，通常选择地面的电势为零。但是对于"无限大"或"无限长"的带电体，就不能将无穷远点作为电势的零点，这时只能在有限的范围内选取某点为电势的零点。

在国际单位制中，电势的单位是伏特，用符号 V 表示。

在静电场中，任意两点 a 和 b 之间的电势之差称为**电势差**，也叫**电压**，用 U_{ab} 表示。a、

b 两点之间的电势差为

$$U_{ab} = V_a - V_b = \int_a^\infty \vec{E} \cdot d\vec{l} - \int_b^\infty \vec{E} \cdot d\vec{l} = \int_a^\infty \vec{E} \cdot d\vec{l} + \int_\infty^b \vec{E} \cdot d\vec{l} = \int_a^b \vec{E} \cdot d\vec{l} \qquad (7\text{-}24)$$

即静电场中任意两点 a、b 之间的电势差，在数值上等于把单位正电荷从 a 点移到 b 点时，静电场力所做的功。

引入电势差后，静电场力所做的功可以用电势差表示为

$$W = q_0 \int_a^b \vec{E} \cdot d\vec{l} = q_0 U_{ab} = q_0 (V_a - V_b) \qquad (7\text{-}25)$$

7.4.5　电势叠加原理

对带电量为 q 的点电荷电势，取无穷远处为电势参考点，则由电势定义可以得到电场中任一点 a 的电势为

$$V_a = \int_a^\infty \vec{E} \cdot d\vec{l} = \int_r^\infty \frac{q}{4\pi\varepsilon_0 r^2} dr = \frac{q}{4\pi\varepsilon_0 r} \qquad (7\text{-}26)$$

当电荷 q 为正电荷时，把单位正电荷从 a 点移到无穷远处时，静电场力做正功，所以电势为正值；当电荷 q 为负电荷时，把单位正电荷从 a 点移到无穷远处时，静电场力做负功，所以电势为负值。

设电场由 n 个点电荷 q_1、q_2、…、q_n 所组成的点电荷系产生，每个点电荷单独存在时产生的电场为 $\vec{E}_1$、$\vec{E}_2$、…、$\vec{E}_n$。由场强叠加原理可知电场强度为

$$\vec{E} = \sum \vec{E}_i$$

由电势定义式（7-23），点电荷系电场中某点 a 的电势为

$$V_a = \int_a^\infty \vec{E} \cdot d\vec{l} = \int_a^\infty \sum \vec{E}_i \cdot d\vec{l} = \sum \int_a^\infty \vec{E}_i \cdot d\vec{l} = \sum V_i \qquad (7\text{-}27)$$

从式（7-27）可以看出：**点电荷系电场中某点 a 的电势，等于各点电荷单独存在时在该点的电势的代数和**。这个结论称为静电场的**电势叠加原理**。

对连续分布带电体，可以把它分割为无穷多个电荷元 dq，每个电荷元都可以看成点电荷，电荷元 dq 在电场中某点产生的电势为

$$dV = \frac{dq}{4\pi\varepsilon_0 r}$$

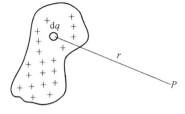

图 7-26　连续带电体的电势

根据电势叠加原理，连续分布带电体在该点的电势为这些电荷元电势之和，即

$$V = \int \frac{dq}{4\pi\varepsilon_0 r} \qquad (7\text{-}28)$$

积分区域遍及带电体所在的区域。

计算电势的方法有以下两种。

（1）已知场强分布，由电势与电场强度的积分关系 $V_a = \int_a^b \vec{E} \cdot d\vec{l} + V_b$ 来计算。

（2）已知电荷分布，由电势的定义和电势叠加原理，利用公式 $V = \int_V \dfrac{\mathrm{d}q}{4\pi\varepsilon_0 r}$ 来计算。

由于电势是标量，积分是标量积分，所以电势计算要比电场强度计算简单得多。下面通过几个例子来说明电势的计算方法。

【例 7-9】 均匀带电圆环、半径为 R，电荷为 q，求其轴线上任一点电势。

解： 如图 7-27 所示，取圆环轴线为 x 轴，圆心 O 为原点，在轴线上任取一点 P，其坐标为 x。把圆环分成许多电荷元 $\mathrm{d}q$，每个电荷元视为点电荷，$\mathrm{d}q = \lambda \mathrm{d}l$，每个电荷元到场点的距离都为 $r = \sqrt{R^2 + x^2}$，电荷元在 P 点产生的电势为

$$\mathrm{d}V_P = \frac{\mathrm{d}q}{4\pi\varepsilon_0 r} = \frac{\mathrm{d}q}{4\pi\varepsilon_0 \sqrt{R^2 + x^2}}$$

整个圆环在 P 点产生电势为

$$V_P = \int \mathrm{d}V_P = \int_q \frac{\mathrm{d}q}{4\pi\varepsilon_0 \sqrt{R^2 + x^2}} = \frac{q}{4\pi\varepsilon_0 \sqrt{R^2 + x^2}}$$

当 $x = 0$ 时，即圆环中心处的电势为

$$V_0 = \frac{q}{4\pi\varepsilon_0 R}$$

当 $x \gg R$ 时，$(R^2 + x^2)^{1/2} \approx x$，所以

$$V_P = \frac{q}{4\pi\varepsilon_0 x}$$

图 7-27 例 7-9

相当于把圆环带电量集中在环心处的点电荷产生的电势。

【例 7-10】 一均匀带电球面，半径为 R，电荷为 q，求球面内外任一点的电势。

解： 由于电荷分布具有球对称性，应用高斯定理很容易求出电场强度分布为

$$\begin{cases} \vec{E} = 0 & (r < R) \\[2mm] \vec{E} = \dfrac{q}{4\pi\varepsilon_0 r^3}\vec{r} & (r > R) \end{cases}$$

由电势定义，球面外任一点 P_1 处电势为

$$V_{P1} = \int_{r_1}^{\infty} \vec{E} \cdot \mathrm{d}\vec{r} = \int_{r_1}^{\infty} E \mathrm{d}r = \int_{r_1}^{\infty} \frac{q}{4\pi\varepsilon_0 r^2} \mathrm{d}r = \frac{q}{4\pi\varepsilon_0 r_1}$$

如图 7-28 所示。

结果表明均匀带电球面外任一点电势，如同全部电荷都集中在球心的点电荷一样。

根据电势定义式（7-23），球面内任一点 P_2 电势为

$$V_{P2} = \int_{r_2}^{\infty} \vec{E} \cdot \mathrm{d}\vec{r} = \int_{r_2}^{R} \vec{E} \cdot \mathrm{d}\vec{r} + \int_{R}^{\infty} \vec{E} \cdot \mathrm{d}\vec{r}$$

$$= \int_{R}^{\infty} \vec{E} \cdot \mathrm{d}\vec{r} = \int_{R}^{\infty} \frac{q}{4\pi\varepsilon_0 r^2} \mathrm{d}r = \frac{q}{4\pi\varepsilon_0 R}$$

图 7-28 带电球面电势分布

可见，球面内任一点电势与球面上电势相等。这是由于球面内任一点 $\vec{E} = 0$，所以在球面内移动试验电荷时，电场力不做功，即电势差等于零，因此有上面的结论。

【例 7-11】 求无限长均匀带电直导线外任一点 P 处的电势，已知电荷线密度为 λ。

解： 由于电荷分布不是有限分布，而是扩展到无限远的，因此就不能选择无限远处为电势零点。如图 7-29 所示，取电场中任一点 b（距直导线为 r_0）为电势零点，即 $V_{b(r=r_0)} = 0$。

则电场中任一点 P 的电势为

$$V = \int_r^{r_b} \vec{E} \cdot \mathrm{d}\vec{l}$$

由高斯定理，容易得到无限长均匀带电直导线外任一点场强为

$$E = \frac{\lambda}{2\pi\varepsilon_0 r}$$

图 7-29 无限长均匀带电直导线的电势

所以得到 P 点的电势为

$$V = \int_r^{r_0} \vec{E} \cdot \mathrm{d}\vec{l} = \int_r^{r_0} \frac{\lambda}{2\pi\varepsilon_0 r} \mathrm{d}r = \frac{\lambda}{2\pi\varepsilon_0}(\ln r_0 - \ln r)$$

显然，当选择 $r_0=1\mathrm{m}$ 时，P 点电势有最简单的形式，且

$$V = -\frac{\lambda}{2\pi\varepsilon_0}\ln r$$

【例 7-12】 均匀带电球体的电势。已知电荷 q 均匀地分布在半径为 R 的球体上，求空间各点的电势。

解： 由高斯定理可求出电场强度的分布

$$E = \begin{cases} \dfrac{q}{4\pi\varepsilon_0 r^2} & r > R \\[3mm] \dfrac{qr}{4\pi\varepsilon_0 R^3} & r \leqslant R \end{cases}$$

方向沿径向。可以通过积分公式 $V = \int_r^{\infty} \vec{E} \cdot \mathrm{d}\vec{l}$ 计算电势。

当 $r>R$ 时

$$V = \int_r^{\infty} \frac{q}{4\pi\varepsilon_0 r^2} \mathrm{d}r = \frac{q}{4\pi\varepsilon_0 r}$$

当 $r\leqslant R$ 时

$$V = \int_r^{R} \frac{qr}{4\pi\varepsilon_0 R^3} \mathrm{d}r + \int_R^{\infty} \frac{q}{4\pi\varepsilon_0 r^2} \mathrm{d}r = \frac{q(R^2 - r^2)}{8\pi\varepsilon_0 R^3} + \frac{q}{4\pi\varepsilon_0 R}$$

7.5 等势面 电场强度与电势梯度的关系

下面我们讨论电场强度与电势之间的关系。

7.5.1 等势面

前面我们通过电场线形象地描绘了电场强度的分布情况，现在我们用另一种形象方法描绘电势分布。

在电场中，电势相等的点连接起来构成的曲面称为**等势面**。

例如，在距点电荷距离相等的点处电势是相等的，这些点构成的曲面是以点电荷为球心的球面。可见点电荷电场中的等势面是一系列同心的球面，如图 7-30（a）所示。

由前面的内容可知，电场线的疏密程度可用来表示电场的强弱，这里我们也可以用等势面的疏密程度来表示电场强度的强弱。为此，对等势面的疏密作这样的规定：电场中任意两个相邻等势面之间的电势差相等。根据这个规定，图 7-30 中画出了一些典型带电系统电场的等势面和电场线，图中实线表示电场线，虚线表示等势面。从图中可以看出，等势面越密的地方，电场强度越大。

(a)   (b)   (c)

图 7-30 几种电场线与等势面

现在我们来讨论电场中等势面的性质。

如图 7-31 所示，设点电荷 q_0 沿等势面从 a 点运动到 b 点电场力做功为

$$W_{ab} = -(E_{Pb} - E_{Pa}) = -q_0(V_b - V_a) = 0$$

即得到结论：在静电场中，沿等势面上移动电荷时，电场力不做功。

还可以证明在静电场中，电场线总是与等势面正交。

如图 7-32 所示，设点电荷 q_0 自 a 沿等势面发生以位移 $\mathrm{d}\vec{l}$，电场力做功为

$$\mathrm{d}W = q_0\vec{E} \cdot \mathrm{d}\vec{l} = q_0 E \, \mathrm{d}l \cos\theta$$

因为是在等势面上运动，所以 $\mathrm{d}W = 0$，得到

$$q_0 E \, \mathrm{d}l \cos\theta = 0$$

又因为 $q_0 \neq 0$，$E \neq 0$，$\mathrm{d}l \neq 0$，所以有 $\cos\theta = 0$，即 $\theta = \dfrac{\pi}{2}$，所以电场线与等势面正交，$\vec{E}$ 垂直于等势面。

图 7-31 沿等势面电场力做功为零

图 7-32 电场线与等势面正交

在实际应用中，由于电势差容易测量，可先测量电势分布，得到等势面，再根据等势面与电场线垂直的关系，画出电场线，从而对电场有一个定性的、直观的了解。

7.5.2 场强与电势关系

电场强度和电势是描述电场性质的两个物理量，它们之间应有一定的关系。前面已学过，电场强度 $\vec{E}$ 与电势 V 之间有一种积分关系

$$V_a - V_b = \int_a^b \vec{E} \cdot d\vec{l}$$

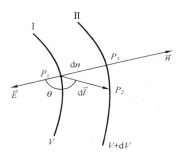

图 7-33 场强和电势的关系

那么，$\vec{E}$、V 之间是否还存在着微分关系呢？这正是下面要研究的问题。如图 7-33 所示，设电场中有邻近的两等势面 V 和 $V+dV$（$dV>0$）。P_1 和 P_2 分别为两等势面上的点。从 P_1 作等势面 V 的法线 $\vec{n}$，规定其指向电势增加方向，法线与等势面 $V+dV$ 相交于 P_3 点，场强 $\vec{E}$ 的方向与法线 $\vec{n}$ 的方向相反。从 P_1 向 P_2 引一位移矢量 $d\vec{l}$，根据电势差的定义，并考虑到两个等势面非常接近，因此有

$$V - (V + dV) = \vec{E} \cdot d\vec{l} = E \cos\theta \, dl$$

即

$$-dV = E \cos\theta \, dl$$

设 $E_l = E\cos\theta$ 为场强在 $d\vec{l}$ 方向上的投影，则有

$$E_l = -\frac{dV}{dl} \tag{7-29}$$

上式说明：电场中某点的场强沿任意 $d\vec{l}$ 方向的投影，等于沿该方向电势函数的空间变化率的负值。

由于 $dl \geqslant dn$，所以有

$$\frac{dV}{dl} \leqslant \frac{dV}{dn}$$

即电势沿等势面法线方向的变化率最大。

这里引入电势梯度矢量的概念，令电势梯度

$$\text{grad}V = \nabla V = \frac{dV}{dn}\vec{n}$$

其大小等于电势在该点的最大空间变化率；电势梯度的方向沿等势面法向，指向电势增加的方向。

引入电势梯度概念后，有

$$\vec{E} = -\frac{dV}{dn}\vec{n} = -\text{grad}V = -\nabla V \tag{7-30}$$

式（7-30）表明，电场中任一点的场强 $\vec{E}$，数值上等于该点电势梯度的大小，即电势梯度的最大空间变化率，$\vec{E}$ 的方向与电势梯度的方向相反，即指向电势降低的方向。在直角坐标系，有

$$E_x = -\frac{\partial V}{\partial x}, \ E_y = -\frac{\partial V}{\partial y}, \ E_z = -\frac{\partial V}{\partial z}$$

所以电场强度可表示为

$$\vec{E} = -\left(\frac{\partial V}{\partial x}\vec{i} + \frac{\partial V}{\partial y}\vec{j} + \frac{\partial V}{\partial z}\vec{k}\right) \tag{7-31}$$

如果给定电荷分布，我们可先求出电势 V，然后再利用 $\vec{E} = -\nabla V$ 求出电场强度 $\vec{E}$。需要注意的是，电场强度 $\vec{E}$ 取决于 V 的空间变化率，与 V 本身的值无关。在电势不变的空间内电场强度必为零。但在电势为零处，电场强度不一定为零；反之，在电场强度为零处，电势也不一定为零。

【例 7-13】 应用电势梯度概念求均匀带电细圆环轴线上一点的场强。

解： 从例 7-9 可知，细圆环轴线上一点的电势为

$$V = \frac{q}{4\pi\varepsilon_0\left(x^2 + R^2\right)^{1/2}}$$

式中，R 为圆环的半径。因而轴线上一点的场强为

$$E_x = -\frac{\partial V}{\partial x} = -\frac{\partial}{\partial x}\frac{q}{4\pi\varepsilon_0\left(x^2 + R^2\right)^{1/2}} = \frac{qx}{4\pi\varepsilon_0\left(x^2 + R^2\right)^{3/2}}$$

$$E_y = -\frac{\partial V}{\partial y} = 0$$

$$E_z = -\frac{\partial V}{\partial z} = 0$$

这与利用积分方法算出的结果完全相同。

【例 7-14】 一均匀带电圆盘，半径为 R，电荷面密度为 σ。试求：

（1）圆盘轴线上任一点电势；

（2）由场强与电势关系求轴线上任一点场强。

解：（1）设 x 轴与圆盘轴线重合，原点在圆盘上。在圆盘上取以 O 为中心，半径为 r、宽为 dr 的圆环，圆环

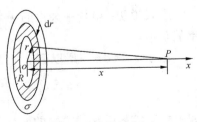

图 7-34 例 7-14

上所带电荷为

$$dq = \sigma 2\pi r \, dr$$

则圆环在 P 点处产生的电势为

$$dV_P = \frac{dq}{4\pi\varepsilon_0\sqrt{x^2+r^2}} = \frac{\sigma r \, dr}{2\varepsilon_0\sqrt{x^2+r^2}}$$

整个圆盘在 P 点产生的电势则为

$$V_P = \int dV_P = \int_0^R \frac{\sigma r \, dr}{2\varepsilon_0\sqrt{x^2+r^2}}$$

$$= \frac{\sigma}{4\varepsilon_0}\int_0^R \frac{dr^2}{\sqrt{x^2+r^2}} = \frac{\sigma}{2\varepsilon_0}\sqrt{x^2+r^2}\Big|_0^R$$

$$= \frac{\sigma}{2\varepsilon_0}\left[\sqrt{x^2+R^2}-x\right]$$

（2）V_P 是 x 的函数，利用式（7-27）可求出场点 P 的电场强度在 x 方向的分量为

$$E_x = -\frac{\partial V}{\partial x} = -\frac{\sigma}{2\varepsilon_0}\left[\frac{2x}{2\sqrt{x^2+R^2}}-1\right] = \frac{\sigma}{2\varepsilon_0}\left[1-\frac{x}{\sqrt{x^2+R^2}}\right]$$

$$E_y = E_z = 0$$

电场强度沿轴线方向，大小就等于 E_x，这一结果与例 7-4 中求得的结果一样。

复 习 题

一、思考题

1. 电量都是 q 的 3 个点电荷，分别放在正三角形的 3 个顶点。试问：（1）在这三角形的中心放一个什么样的电荷，就可以使这 4 个电荷都达到平衡（即每个电荷受其他 3 个电荷的库仑力之和都为零）？（2）这种平衡与三角形的边长有无关系？

2. 根据点电荷场强公式 $E = \dfrac{q}{4\pi\varepsilon_0 r^2}$，当被考察的场点距源点电荷很近（$r \rightarrow 0$）时，则场强趋近于无穷，这是没有物理意义的，对此应如何题理解？

3. 在真空中有 A、B 两平行板，相对距离为 d，板面积为 S，其带电量分别为 $+q$ 和 $-q$，则这两板之间有相互作用力 f。有人说，$f = \dfrac{q^2}{4\pi\varepsilon_0 d^2}$，又有人说，因为 $f = qE$，$E = \dfrac{q}{\varepsilon_0 S}$，所以 $f = \dfrac{q^2}{\varepsilon_0 S}$，试问这两种说法对吗？为什么？$f$ 到底应等于多少？

4. 高斯定理和库仑定律的关系如何？

5. 如果在封闭面 S，E 处处为零，能否肯定此封闭面一定没有包围静电荷？

6. 电场线能相交吗？为什么？

7. 如果通过闭合曲面 S 的电通量 Φ_e 为零，能否肯定面 S 上每一点的场强都等于零？

8. 在电场中，电场强度为零的点，电势是否一定为零？电势为零的点，电场强度是否一定为零？试举例说明。

9. 同一条电场线上的任意两点的电势是否相等？为什么？

二、习题

1. 两小球的质量都是 m，都用长为 l 的细绳挂在同一点，它们带有相同电量，静止时两线夹角为 2θ，如图 7-35 所示。小球的半径和线的质量都可以忽略不计，求每个小球所带的电量。

2. 一电偶极子的电矩为 $\vec{p}=q\vec{l}$，场点到偶极子中心 O 点的距离为 r，矢量 $\vec{r}$ 与 $\vec{l}$ 的夹角为 θ，如图 7-36 所示，且 $r\gg l$，试证 P 点的场强 E 在 r 方向上的分量 E_r 和垂直于 r 的分量 E_θ 分别为

$$E_r=\frac{p\cos\theta}{2\pi\varepsilon_0 r^3}, \quad E_\theta=\frac{p\sin\theta}{4\pi\varepsilon_0 r^3}$$

图 7-35　习题 1　　　　图 7-36　习题 2　　　　图 7-37　习题 3

3. 如图 7-37 所示，$l=15.0$cm 的直导线 AB 均匀地分布着线密度 $\lambda=5.0\times10^{-19}C\cdot m^{-1}$ 的正电荷，试求：

（1）在导线的延长线上与导线 B 端相距 $a_1=5.0$cm 处 P 点的场强；

（2）在导线的垂直平分线上与导线中点相距 $d_2=5.0$cm 处 Q 点的场强。

4. 如图 7-38 所示，一个半径为 R 的均匀带电半圆环，电荷线密度为 λ，求环心 O 点处的场强。

5. 如图 7-39 所示，均匀带电的细线弯成正方形，边长为 l 总电量为 q。

（1）求这正方形轴线上离中心为 r 处的场强 E。

（2）证明：在 $r\gg l$ 处，它相当于点电荷 q 产生 E。

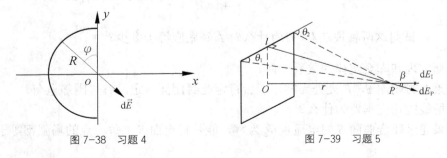

图 7-38　习题 4　　　　图 7-39　习题 5

6.（1）点电荷 q 位于一边长为 a 的立方体中心，如图 7-40（a）所示，试求在该点电荷电场中穿过立方体的一个面的电通量。（2）如果该场源点电荷移动到该立方体的一个顶点上，这时穿过立方体各面的电通量是多少?*（3）如图 7-40（b）所示，在点电荷 q 的电场中取半径为 R 的圆平面，q 在该平面轴线上的 A 点处，求：通过圆平面的电通量（$\alpha = \arctan \dfrac{R}{x}$）。

 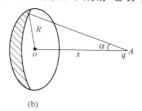

图 7-40 习题 6

7. 均匀带电球壳内半径 6cm，外半径 10cm，电荷体密度为 2×10^{-5} C·m^{-3}，求距球心 5cm、8cm 及 12cm 各点的场强。

8. 半径为 R_1 和 R_2（$R_2 > R_1$）的两无限长同轴圆柱面，单位长度上分别带有电量 λ 和 $-\lambda$，试求：（1）$r < R_1$；（2）$R_1 < r < R_2$；（3）$r > R_2$ 处各点的场强。

9. 两个无限大的平行平面都均匀带电，电荷的面密度分别为 σ_1 和 σ_2，试求空间各处场强。

10. 半径为 R 的均匀带电球体内的电荷体密度为 ρ，若在球内挖去一块半径为 $r < R$ 的小球体，如图 7-41 所示。试求：两球心 O 与 O' 点的场强，并证明小球空腔内的电场是均匀的。

11. 一电偶极子由 $q = 1.0 \times 10^{-6}$C 的两个异号点电荷组成，两电荷距离 $d = 0.2$cm，把这电偶极子放在 1.0×10^5N·C^{-1} 的外电场中，求外电场作用于电偶极子上的最大力矩。

12. 两点电荷 $q_1 = 1.5 \times 10^{-8}$C，$q_2 = 3.0 \times 10^{-8}$C，相距 $r_1 = 42$cm，要把它们之间的距离变为 $r_2 = 25$cm，需做多少功？

图 7-41 习题 10

13. 如图 7-42 所示，在 A，B 两点处放有电量分别为 $+q$，$-q$ 的点电荷，AB 间距离为 $2R$，现将另一正试验点电荷 q_0 从 O 点经过半圆弧移到 C 点，求移动过程中电场力做的功。

14. 如图 7-43 所示，绝缘细线上均匀分布着线密度为 λ 的正电荷，两直导线的长度和半圆环的半径都等于 R。试求环中心 O 点处的场强和电势。

图 7-42 习题 13　　　　图 7-43 习题 14

15. 一电子绕一带均匀电荷的长直导线以 2×10^4m·s^{-1} 的匀速率作圆周运动。求带电直线上的线电荷密度（电子质量 $m_0 = 9.1 \times 10^{-31}$kg，电子电量 $e = 1.60 \times 10^{-19}$C）。

16. 根据场强 E 与电势 V 的关系 $\vec{E} = -\nabla V$，求下列电场的场强：

（1）点电荷 q 的电场；

（2）总电量为 q，半径为 R 的均匀带电圆环轴上一点；

（3）偶极子 $p = ql$ 的 $r \gg l$ 处（如图 7-44 所示）。

图 7-44 习题 16

第 8 章　静电场中的导体与电介质

【学习目标】

- 掌握静电平衡的条件，以及导体处于静电平衡时的电荷、电势、电场分布。
- 了解电介质的极化机理，掌握电位移矢量和电场强度的关系。
- 掌握电介质中的高斯定理，并能利用其计算电介质中对称电场的电场强度。
- 掌握电容和电容器的概念，能计算常见电容器的电容。
- 理解电场能量和能量密度的概念，掌握电场能量的计算。

上一章，我们讨论的对象是真空中的静电场。实际上，静电场中总是存在着导体或电介质。置于电场中的导体或电介质，其上的电荷分布将发生变化，这种变化了的电荷分布反过来又会影响静电场的分布。本章研究的是静电场中的导体和电介质。本章的主要内容有：静电场中导体的性质，电介质的极化，有介质时的高斯定理，电容及电容器以及静电场的能量等。

8.1　静电场中的导体

导体处于静电场中时，最明显的特征是有静电感应现象发生。

8.1.1　静电感应　导体的静电平衡

导体内存在大量自由电子。当没有外电场时，导体中的自由电子在导体内部做无规则的热运动。导体中的正负电荷等量均匀分布，宏观上呈电中性。

当导体处于外电场 $\vec{E}_0$ 中时，导体中的自由电子受力后沿 $-\vec{E}_0$ 方向运动，从而引起导体内电荷的重新分布。结果在导体一侧因电子的堆积而出现负电荷，在另一侧因相对缺少负电荷而出现正电荷。这就是**静电感应现象**，出现的电荷叫**感应电荷**。

静电感应是非平衡态问题，在静电学中，我们只讨论静电场与导体之间通过相互作用影响达到静电平衡状态以后，电荷与电荷的分布问题。

如图 8-1 所示，在匀强电场中放入一金属导体块，在电场力的作用下，导体内部的自由电子将逆着电场的方向运动，使得导体的两个侧面出现了等量异号的电荷。这些电荷将在导体的内部建立起一个附加电场，其场强 $\vec{E}'$ 与原来的场强 $\vec{E}_0$ 的方向相反。这样导体内部的总场强 $\vec{E}$ 便是 $\vec{E}_0$ 和 $\vec{E}'$ 的叠加。开始时，$E' < E_0$，导体内部的场强不为零，自由电子不断向左

侧运动，使得 $\vec{E}'$ 增大。这个过程一直延续到 $E' = E_0$，即导体内部的合场强为零时为止。此时导体内的自由电子不再做定向运动，导体处于**静电平衡**状态。此时电场的分布也不随时间变化。

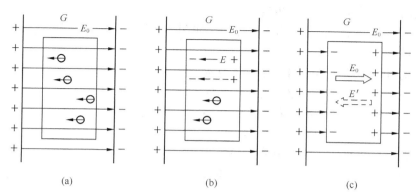

图 8-1　导体的静电平衡

当导体达到静电平衡状态时，必须满足以下两个条件。

可以用电场来表述导体静电平衡的条件。

（1）导体内部任一点的场强处处为零（若不为零，则自由电子将作定向运动，即没有达到静电平衡状态）。

（2）导体表面附近处的场强方向，都与导体的表面垂直。证明时用反证法，假设导体表面附近处的场强方向与导体表面不垂直，则电场强度沿表面有切向分量，自由电子在切向力的作用下，将沿导体表面有宏观定向运动，这样导体就未达到静电平衡状态。

导体静电平衡条件也可以用电势表示。

（1）导体是等势体，这是由于导体内部任一点的场强为零，对于导体中的任何两点 P、Q，这两点间的电势差为

$$U_{PQ} = \int_P^Q \vec{E} \cdot \mathrm{d}\vec{l} = 0$$

所以，在静电平衡时，导体内任意两点间的电势是相等的，导体是**等势体**。

（2）导体表面是等势面。证明方法类似，由于导体处于静电平衡状态时，导体表面附近处的场强方向，都与导体表面垂直，导体表面任意两点 P、Q 之间的电势差为

$$U_{PQ} = \int_P^Q \vec{E} \cdot \mathrm{d}\vec{l} = \int_P^Q E \cos \frac{\pi}{2} \mathrm{d}l = 0$$

可知，导体表面上所有点的电势都相等，导体表面为**等势面**。

导体的静电平衡状态是由导体的电结构特征和静电平衡的要求决定的，与导体的形状无关。

8.1.2　静电平衡时导体上的电荷分布

导体处在静电平衡时，电荷分布在导体表面，其内部没有未抵消的净电荷。带电导体的电荷分布可以运用高斯定理来进行讨论。下面分几种情形讨论。

如图 8-2（a）所示，在一处于静电平衡的导体内部做任意闭合高斯面 S，由于导体内部的场强处处为零，所以通过导体内部任意闭合高斯面的电场强度通量必为零，即

$$\oiint \vec{E} \cdot d\vec{S} = \frac{1}{\varepsilon_0} \sum_i q_i = 0$$

因为高斯面是任意做出的，所以可得如下结论：**在静电平衡时，导体所带的电荷只能分布在导体的表面上，导体内部没有净电荷。**

如果是空腔导体，且空腔导体内部无电荷，如图 8-2（b）所示，可以证明：静电平衡时，空腔内表面不带任何电荷。

上述性质也可用高斯定律证明。在导体内做一高斯面 S，根据静电平衡时，导体内部场强处处为零，所以导体内表面电荷的代数和为零。如内表面某处面电荷密度 $\sigma > 0$，则必有另一处 $\sigma < 0$，两者之间就必有电场线相连，即有电势差存在，这与导体内场强为零相矛盾。所以导体内表面处处 $\sigma = 0$。

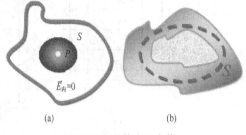

图 8-2　导体内无电荷

若空腔内部有一电荷 $+q$，在导体内取一高斯面，则由静电平衡时，导体内部的场强为零，可知通过此高斯面的电场强度通量为零，因而高斯面所包围的电荷的代数和为零。由电荷守恒可得空腔的内表面必有感应电荷 $-q$，而空腔的外表面有感应电荷 $+q$。

曲率半径相同的地方，电荷面密度一定相同。例如对于一个金属球壳，内部有一电荷，则内表面电荷分布不一定均匀，但外表面的电荷分布是均匀的。

下面讨论导体表面的电荷面密度与导体表面附近处场强的关系。设在导体表面取面积元 ΔS，当 ΔS 很小时，其上的电荷可当作均匀分布的，设其电荷面密度为 σ，则面积元 ΔS 上的电量为 $\Delta q = \sigma \Delta S$。围绕面积元 ΔS 作如图 8-3 所示的闭合圆柱面为高斯面，下底面处于导体中，场强为零，通过下底面的电场强度的通量为零；在侧面，场强或为零，或与侧面的法线垂直，所以通过侧面的电场强度的通量也为零；故通过上底面的电场强度的通量就是通过高斯面的电场强度的通量。由高斯定理得

$$\int_S \vec{E} \cdot d\vec{S} = E\Delta S = \frac{\Delta q}{\varepsilon_0} = \frac{\sigma \Delta S}{\varepsilon_0}$$

所以有

$$E = \frac{\sigma}{\varepsilon_0} \qquad (8\text{-}1)$$

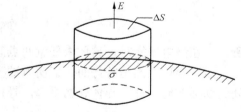

图 8-3　导体表面电荷与场强的关系

式（8-1）表明，带电导体处于静电平衡时，导体表面之外附近空间处的场强，其数值与该处电荷面密度成正比，方向与导体表面垂直。面电荷密度大的地方，电场强度也大，面电荷密度小的地方，电场强度也小。当导体带正电时，电场强度的方向垂直表面向外；当导体带负电时，电场强度的方向垂直表面指向导体。应该注意的是，导体表面附近处的场强是所有电荷的贡献之和，而不只是该处表面上电荷产生的。

孤立导体（孤立导体是指其他导体或带电体都离它足够远，以至于其他导体或带电体对它的影响可以忽略不计。）表面附近的场强也与电荷面密度成正比，并且场强大小与导体的形状有关：尖端附近场强较大，平坦的地方次之，凹进去的地方最弱，如图 8-4 所示。在导体尖端附近场强特别大，当场强达到一定的程度时，可以使空气分子电离，产生尖端放电现象。

尖端放电会产生电晕放电，高压设备中尖端放电不仅浪费电能，还会损坏设备，引发事故。为此，高压线路上所有导体表面尽量做成球形，并使导体表面尽可能地光滑。

尖端放电也有有用的一面，避雷针就是根据尖端放电的原理做成的，在高大建筑物顶端安装一个金属棒，用金属线与埋在地下的一块金属板连接起来，利用金属棒的尖端放电，使云层所带的电和地上的电逐渐中和。避雷针是防止雷击的重要设备。

图 8-4 导体尖端放电

8.1.3 空腔导体内外的静电场与静电屏蔽

静电平衡状态下，对空腔导体来说，不论导体空腔本身带电或导体处于外电场中，导体内部和空腔中的场强都为零。表明可以利用空腔屏蔽外电场，使空腔内的物体不受外电场的影响，这个现象称为**静电屏蔽**。

也可以利用空腔导体来屏蔽内电场：一个空腔导体内部带有电荷，放在静电场中，导体内部的场强为零，则内表面上将感应异号电荷，外表面将感应同号电荷（见图 8-5（a））。若把空腔外表面接地，则空腔外表面的电荷将和从地下来的电荷中和，空腔外面的电场也就消失了（见图 8-5（b））。这样，空腔内的带电体对空腔外就不会产生任何影响。但是若空腔外表面不接地，则在空腔外表面还有与空腔内表面等量异号的感应电荷，其电场对外界会产生影响。

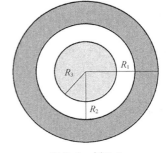

(a)   (b)

图 8-5 静电屏蔽

总之，空腔导体（无论接地与否）将使腔内空间不受外电场的影响，而接地空腔导体将使外部空间不受空腔内的电场的影响，这就是静电屏蔽的原理。例如，屏蔽服、屏蔽线、金属网等都是静电屏蔽的。

【例 8-1】 如图 8-6 所示，有一外半径为 R_1、内半径为 R_2 的金属球壳，其内有一同心的半径为 R_3 的金属球。球壳和金属球所带的电量均为 q。求两球体的电势分布。

解： 由于静电感应，球壳内表面上应均匀分布有电荷 $-q$，球壳外表面上应均匀分布有电荷 $2q$，以同心球面作为高斯面，根据高斯定理可以求得空间各点的电场强度的分布如下：

当 $r < R_3$ 时

$$E = 0$$

当 $R_3 < r < R_2$ 时

$$E = \frac{q}{4\pi\varepsilon_0 r^2}$$

当 $R_2 < r < R_1$ 时

图 8-6 例 8-1

$$E = 0$$

当 $r > R_1$ 时

$$E = \frac{2q}{4\pi\varepsilon_0 r^2}$$

由电势定义，球壳表面的电势为

$$V_{R_1} = \int_{R_1}^{\infty} \vec{E} \cdot \mathrm{d}\vec{r} = \int_{R_1}^{\infty} \frac{2q}{4\pi\varepsilon_0 r^2} \cdot \mathrm{d}r = \frac{2q}{4\pi\varepsilon_0 R_1}$$

球壳为等势体，电势为

$$V_{R_2} = V_{R_1} = \frac{2q}{4\pi\varepsilon_0 R_1}$$

球体表面的电势为

$$V_{R_3} = \int_{R_3}^{\infty} \vec{E} \cdot \mathrm{d}\vec{r} = \int_{R_3}^{R_2} \vec{E} \cdot \mathrm{d}\vec{r} + \int_{R_2}^{\infty} \vec{E} \cdot \mathrm{d}\vec{r}$$

$$= \int_{R_3}^{R_2} \frac{q}{4\pi\varepsilon_0 r^2} \cdot \mathrm{d}r + \int_{R_1}^{\infty} \frac{2q}{4\pi\varepsilon_0 r^2} \cdot \mathrm{d}r = \frac{q}{4\pi\varepsilon_0}\left(\frac{1}{R_3} - \frac{1}{R_2} + \frac{2}{R_1}\right)$$

球体为等势体，电势为

$$V_0 = \frac{q}{4\pi\varepsilon_0}\left(\frac{1}{R_3} - \frac{1}{R_2} + \frac{2}{R_1}\right)$$

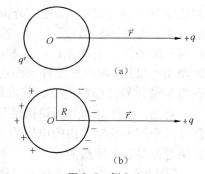

图 8-7 例 8-2

【例 8-2】 如图 8-7 所示，在电荷 $+q$ 的电场中，放一不带电的金属球，从球心 O 到点电荷所在距离处的距离为 r，试问：（1）金属球上净感应电荷 q' 有多少？（2）这些感应电荷在球心 O 处产生的场强 $\vec{E}$ 多大？

解：（1）$+q$ 在导体球面感应出电荷 $q' = 0$。

（2）由静电平衡条件可知，导体内电场强度处处为零，即球心 O 处场强 $\vec{E}_0 = 0$，而球心 O 处的场强应为 $+q$ 产生的电场 $\vec{E}_+$ 和感应电荷在 O 处产生的场强 $\vec{E}'$ 的矢量和，所以有

$$\vec{E}_+ + \vec{E}' = 0$$

得到

$$\vec{E}' = -\vec{E}_+ = \frac{q}{4\pi\varepsilon_0 r^3}\vec{r}$$

方向指向 $+q$。

（读者思考一下：选无穷远处电势为 0，则感应电荷在 O 处产生电势为多少？导体球电势为多少？）

8.2 电容与电容器

电容器是组成电路的基本元件之一，它能储存电荷和电能，在电工和电气设备中有广泛的应用，本节讨论电容、电容器以及电容器的连接。

8.2.1　孤立导体的电容

在真空中，一个带电量为 Q 的孤立导体（所谓孤立导体是指其他导体或带电体都离它足够远，以至于其他导体或带电体对它的影响可以忽略不计），其电势与其所带的电量、形状和尺寸有关。例如，真空中的一个半径为 R、带电量为 Q 的孤立球形导体的电势为

$$V = \frac{Q}{4\pi\varepsilon_0 R}$$

从上式可以看出，当电势一定时，球的半径越大，则它所带的电量也越多，但其电量与电势的比值却是一个常量，只与导体的形状和大小有关。上述结果是由球形孤立导体得出的，但对非球形孤立导体也是如此。我们把孤立导体所带的电量与其电势的比值叫做孤立导体的**电容**，用 C 表示，即

$$C = \frac{Q}{V} \tag{8-2}$$

对于真空中的孤立球形导体，其电容为

$$C = \frac{Q}{V} = 4\pi\varepsilon_0 R$$

由上式可以得出，真空中的孤立球形导体的电容正比于球的半径，而与导体球带电与否无关。

在国际单位制中，电容的单位为法拉，以 F 表示，

$$1\text{F} = \frac{1\text{C}}{1\text{V}}$$

在实用中，法拉（F）是非常大的单位，常用微法（μF）、皮法（pF）等作为电容的单位，它们之间的关系为

$$1\mu = 10^{-6}\text{F}$$

$$1\text{pF} = 10^{-12}\text{F}$$

8.2.2　电容器的电容

实际上，孤立导体是不存在的，导体的周围总是存在其他导体，当有其他导体存在时，必然会因静电感应而带电，从而改变原来的电场，当然也要影响导体的电容。现在我们来讨论导体系统的电容。

两个带有等值异号电荷的导体所组成的系统，叫做**电容器**。电容器可以用来储存电荷和能量。

如图 8-8 所示，两个导体 A、B 放在真空中，它们所带的电量为 $+Q$、$-Q$，若它们的电势分别为 V_1、V_2，它们之间的电势差为 $V_1 - V_2$。实验和理论都证明，带电量 Q 与电势差 $V_1 - V_2$ 的比值对给定的电容器来说是一个常数，用 C 表示。即

$$C = \frac{Q}{V_1 - V_2} \tag{8-3}$$

我们把 C 定义电容器的电容，电容器电容的大小取决于组成电容器的极板形状、大小、两极板的相对位置以及其间所充电介质的种类，而与电容器是否带电无关。

电容器是一个重要的电器元件。按形状分，有平板电容器、圆柱形电容器、球形电容器等；按介质分，有空气电容器、云母电容器、陶瓷电容器、纸质电容器、电解电容器等。在生产和科研中使用的各种电容器种类繁多，外形各不相同，但它们的基本结构是一致的。

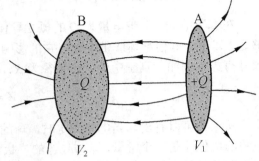

图 8-8　两个具有等值异号电荷的系统

在电子电路中，电容器起着通交流、隔直流的作用；电容器与其他元器件还可组成振荡器、时间延迟电路等。

8.2.3　电容器电容的计算

电容器的电容不仅与两极板的形状有关。下面通过几个例子来讨论几种典型电容器电容的计算。

【例 8-3】　平板电容器，如图 8-9 所示，平板电容器是由两个彼此靠得很近的平行导体薄板 A、B 组成，设两极板的面积均为 S，极板间距离为 d（$d\ll$极板的线度），极板间为真空。求此电容器的电容。

解：设两极板分别带有 $+q$、$-q$ 的电荷，于是极板上的电荷面密度为 $\sigma = q/S$，两极板之间的电场接近于匀强电场。由介质中的高斯定理可得极板间的电场强度大小为

$$E = \frac{\sigma}{\varepsilon_0} = \frac{q}{\varepsilon_0 S}$$

场强的方向由 A 极板指向 B 极板，于是两极板之间的电势差为

$$V_a - V_b = \int_A^B \vec{E} \cdot \mathrm{d}\vec{l} = E\mathrm{d} \frac{qd}{\varepsilon_0 s}$$

由电容定义可得平板电容器的电容为

$$C = \frac{q}{V_a - V_b} = \frac{\varepsilon_0 s}{d}$$

图 8-9　例 8-3

上式表明，平板电容器的电容与极板的面积成正比，与极板之间的距离成反比。

【例 8-4】　圆柱形电容器是由两个同轴圆柱导体组成的，如图 8-10 所示。设两筒的半径分别为 R_A 和 R_B 的，且圆柱体的长度 l 比半径 R_B-R_A 大得多，因而两圆柱面之间的电场可以看成无限长圆柱面的电场。两柱面间为真空。求此圆柱形电容器的电容。

解：设内、外圆柱面分别带有 $+Q$、$-Q$ 的电荷，则柱面单位长度上的电荷线密度为 $\lambda = Q/l$，由高斯定理可得，

图 8-10　例 8-4

在两圆柱面之间距圆柱轴线为 r 处的电场强度大小为

$$E = \frac{\lambda}{2\pi\varepsilon_0 r} = \frac{Q}{2\pi\varepsilon_0 rl}$$

场强方向垂直于圆柱轴线，所以两圆柱面之间的电势差为

$$V_a - V_b = \int_{R_A}^{R_B} \vec{E} \cdot \mathrm{d}\vec{l} = \int_{R_A}^{R_B} \frac{Q}{2\pi\varepsilon_0 l} \frac{\mathrm{d}r}{r} = \frac{Q}{2\pi\varepsilon_0 l} \ln \frac{R_B}{R_A}$$

由电容定义可得圆柱形电容器的电容为

$$C = \frac{q}{V_a - V_b} = \frac{2\pi\varepsilon_0 l}{\ln \dfrac{R_B}{R_A}}$$

【例 8-6】　球形电容器是由 A、B 两个同心导体球壳组成，如图 8-11 所示。设两球壳半径分别为 R_1 和 R_2，两球壳间充满相对电容率为 ε_r 的电介质。求此球形电容器的电容。

解：设内、外球壳分别带有 $+Q$、$-Q$ 的电荷，由高斯定理可求得两导体球壳之间的电场强度为

$$E = \frac{Q}{4\pi\varepsilon_0 r^2}$$

场强方向沿径向，所以两球壳之间的电势差为

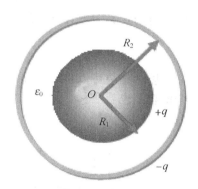

$$V_{R_1} - V_{R_2} = \int_{R_1}^{R_2} \vec{E} \cdot \mathrm{d}\vec{r} = \int_{R_1}^{R_2} \frac{Q}{4\pi\varepsilon_0 r^2} \mathrm{d}r = \frac{Q}{4\pi\varepsilon_0}\left(\frac{1}{R_1} - \frac{1}{R_2}\right)$$

由电容定义可得球形电容器的电容为

$$C = \frac{Q}{V_{R_1} - V_{R_2}} = 4\pi\varepsilon_0 \left(\frac{R_1 R_2}{R_2 - R_1}\right)$$

图 8-11　例 8-5

当 $R_2 \to \infty$，即 $R_2 \gg R_1$ 时，有

$$C = 4\pi\varepsilon_0 R_1$$

上式即为处于无穷大均匀介质内的孤立导体球的电容。

综合以上例题中电容的计算方法可以看出，电容器的电容与其上带电与否无关。

一般计算电容器的电容时有以下 4 个步骤：（1）先假设电容器的两极板带有等量异号电荷；（2）根据电荷分布求出两极板之间的电场强度的分布；（3）计算出两极板之间的电势差；（4）再根据电容器电容的定义求得电容。

8.2.4　电容器的串联和并联

在实际应用中，现成的电容器不一定能适合实际的要求，如电容大小不合适，或者电容器的耐压能力不够等。因此常根据需要把几个电容器串联或并联起来使用。

如图 8-12 所示，当电容器串联时，每个电容器极板所带的电量相等，总电压为各电容器电压之和，即

$$U = U_1 + U_2 = \frac{Q}{C_1} + \frac{Q}{C_2} = \left(\frac{1}{C_1} + \frac{1}{C_2}\right)Q$$

所以，电容器组的等效电容为

$$C = \frac{Q}{U} = \frac{1}{\dfrac{1}{C_1} + \dfrac{1}{C_2}}$$

即

$$\frac{1}{C} = \frac{1}{C_1} + \frac{1}{C_2} \tag{8-4}$$

以上结果可推广到任意多个电容器的串联。**当几个电容器串联时，其等效电容的倒数等于几个电容器电容的倒数之和。** 等效电容小于任何一个电容器的电容，但由于总电压分配到了各个电容器上，所以可以提高电容的耐压能力。

如图 8-13 所示，当电容器并联时，每个电容器两端的电势差相等，电容器组的总电荷为各电容器所带电荷之和，即

$$Q = Q_1 + Q_2 = C_1 U + C_2 U = (C_1 + C_2)U$$

由电容的定义，电容器组的等效电容为

$$C = \frac{Q}{U} = C_1 + C_2 \tag{8-5}$$

以上结果可以推广到任意多个电容器的并联。**当几个电容器并联时，其等效电容等于几个电容器电容之和。** 并联使总电容增大。

图 8-12　电容器的串联

图 8-13　电容器的并联

8.3　静电场中的电介质

上一节讨论了静电场中的导体对电场的影响，本节将讨论电介质对电场的影响。电介质是指不导电的物质，即绝缘体，内部没有可以移动的电荷。

本节主要内容有：电介质的极化，电极化强度矢量，介质中的静电场，有电介质时的高斯定理，电容与电容器，以及静电场的能量等。

8.3.1　电介质的极化

电介质分子中电子被原子核束缚得较紧密，在静电场中电介质中性分子中的正、负电荷仅产生微观相对运动，达到静电平衡时，电介质内部的场强不为零。这是电介质与导体电性能的主要差别。

　　对于各向同性的电介质，按照分子内部电结构的不同，可把电介质分为两类。一类分子为**无极分子**，它们的分子正负电荷中心在无外电场时是重合的，如氢、甲烷、石蜡等。另一类分子为**有极分子**，它们的分子正负电荷中心在无外电场时是不重合的，有固定的电偶极矩，如水、有机玻璃、纤维素等。

　　将电介质放在均匀外电场中时，它的分子将受到电场的作用而发生变化。对无极分子来说，由于分子中的正、负电荷受到相反方向的电场力，因而正负电荷中心将发生微小位移，形成一个电偶极子，其电偶极矩排列方向大致与外电场方向相同，以至在电介质与外电场垂直的两个表面上分别出现正电荷和负电荷，如图 8-14（a）所示。这种电荷不能在电介质内自由移动，也不能脱离电介质而单独存在，所以把它们称为极化电荷或束缚电荷。这种在外电场作用下，电介质分子的电偶极矩排列方向趋于外电场方向，以致在电介质表面出现极化电荷的现象称为电介质的极化现象。无极分子电介质的极化是正负电荷中心发生位移形成的，称为**位移极化**。

　　有极分子电介质处在电场中时，介质中各分子的电偶极子都将受到外电场力矩的作用。在此力矩的作用下，电介质中的电偶极子将转向外电场的方向，如图 8-14（b）所示。由于分子的热运动，各分子电偶极子的排列不可能十分整齐。但是，对于整个电介质来说，这种转向排列的结果，使电介质在垂直于电场方向的两个表面上，也将产生极化电荷。有极分子电介质的极化称为**取向极化**。

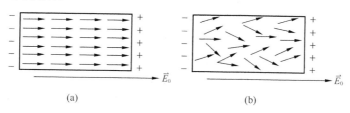

(a)　　　　　　　　　　　(b)

图 8-14　介质的极化

　　综上所述，虽然无极分子电介质和有极分子电介质受外电场影响的极化机理不相同，但是宏观效果是一样的，都表现为电介质的表面出现极化电荷。一般说来，外电场越强，极化现象越显著，电介质表面产生的极化电荷越多。

8.3.2　电极化强度矢量　电极化强度与极化电荷的关系

　　介质极化后，在介质内任一体积元的分子电偶极矩的矢量和不等于零，它反映了介质的极化程度。电介质的极化程度，可用电极化强度矢量来描述。

　　在电介质内取一体积元 dV，dV 内有足够多的分子，这些分子的电偶极矩的矢量和 $\sum \vec{p_i}$ 与该体积元的比，表征了介质在该处的极化程度，这就是电极化强度矢量 $\vec{P}$，即

$$\vec{P} = \frac{\sum \vec{p_i}}{dV} \tag{8-6}$$

　　可以证明，电极化强度 $\vec{P}$ 通过介质内任意闭合曲面 S 的通量等于 S 面内所有极化电荷的总和的负值，即

$$\oint_S \vec{P} \cdot d\vec{S} = -\sum q_i' \tag{8-7}$$

且介质极化后，在介质表面产生的极化电荷面密度 σ'，等于该处电极化强度矢量在表面法线方向上的分量 P_n，即

$$\sigma' = \frac{\mathrm{d}q'}{\mathrm{d}S} = \vec{P} \cdot \vec{n} = P_n \tag{8-8}$$

当外电场不太强时，只是引起电介质的极化。在强电场中，电介质中的极化电荷在强电场力的作用下而变成可以自由移动的电荷，电介质的绝缘性受到破坏，这种过程称为电介质的击穿。某种电介质所能承受的最大电场强度称为这种电介质的介电强度，也叫击穿电场强度。

8.3.3　介质中的静电场

由于电介质在电场中将产生极化现象，极化后产生极化电荷，极化电荷反过来又将影响原来的电场。有介质存在时的电场应该由电介质上的极化电荷和自由电荷共同决定。下面以充满各向同性均匀电介质的平板电容器为例来讨论。

设平板电容器的极板面积为 S、极板间距为 d，电荷面密度为 σ_0，放入电介质之前，极板间的电场强度的大小为 $\vec{E}_0 = \dfrac{\sigma_0}{\varepsilon_0}$。当极板间充满各向同性的均匀电介质时，由于电介质的极化，在它的两个垂直于 $\vec{E}_0$ 的表面上分别出现正、负极化电荷，其极化电荷面密度为 σ'，极化电荷产生的电场强度为 $\vec{E}'$，$\vec{E}'$ 的大小为

$$E' = \frac{\sigma'}{\varepsilon_0}$$

由图 8-15 可知，电介质中的总电场强度 $\vec{E}$ 为自由电荷产生的电场强度 $\vec{E}_0$ 和极化电荷产生的电场强度 $\vec{E}'$ 的矢量和，即

$$\vec{E} = \vec{E}_0 + \vec{E}' \tag{8-9}$$

由于 $\vec{E}_0$ 的方向与 $\vec{E}'$ 的方向相反，所以电介质中电场强度 $\vec{E}$ 的大小为

$$E = \frac{\sigma_0}{\varepsilon_0} - \frac{\sigma'}{\varepsilon_0} = \frac{1}{\varepsilon_0}(\sigma_0 - \sigma') \tag{8-10}$$

图 8-15　电介质中的电场

式（8-10）表明，电介质中的总电场强度 $\vec{E}$ 总是小于自由电荷产生的电场强度 $\vec{E}_0$。

实验结果表明，对各向同性的电介质，电极化强度矢量 $\vec{P}$ 与 $\vec{E}$ 方向相同，$\vec{P}$ 与 $\vec{E}$ 在数值上成正比，即

$$\vec{P} = \chi_e \varepsilon_0 \vec{E} \tag{8-11}$$

式中比例系数 χ_e 是与电介质有关的常数，称为**电介质的电极化率**。

由于 $\sigma' = P_n = P = \chi_e \varepsilon_0 E$，式（8-10）变为

$$E = \frac{\sigma_0}{\varepsilon_0} - \frac{\sigma'}{\varepsilon_0} = \frac{1}{\varepsilon_0}(\sigma_0 - \chi_e \varepsilon_0 E)$$

整理上式得到

$$E = \frac{\sigma_0}{\varepsilon_0(1 + \chi_e)} = \frac{E_0}{1 + \chi_e}$$

令 $\varepsilon_r = 1 + \chi_e$ 则

$$E = \frac{E_0}{\varepsilon_r} \tag{8-12}$$

式（8-12）中 ε_r 称为相对电容率，是反映电介质极化特性的物理量。式（8-12）表明，在电场中充满各向同性均匀电介质中的任意一点的电场强度为自由电荷产生的电场强度的 $1/\varepsilon_r$ 倍。

8.3.4 有电介质时的高斯定理 电位移

前面已经讨论过真空中的高斯定理，现在将其推广到有电介质存在时的静电场中去，得到有介质时的高斯定理。

为简单起见，还是以平行板电容器中充满各向同性的均匀电介质为例来讨论。如图 8-16 所示，取一闭合的圆柱面作为高斯面，高斯面的两底面与极板平行，其中一个底面在电介质内，底面的面积为 S。设极板上的自由电荷的面密度为 σ_0，电介质表面上极化电荷面密度为 σ'，根据高斯定理得

图 8-16 电介质中的高斯定理

$$\oint_S \vec{E} \cdot \mathrm{d}\vec{S} = \frac{1}{\varepsilon_0}(Q_0 - Q') \tag{8-13}$$

式（8-13）中 Q_0 和 Q' 分别为高斯面内所包围的自由电荷和极化电荷：$Q_0 = \sigma_0 S$、$Q' = \sigma' S$。

考虑式（8-7），极化电荷可用电极化强度来表示，于是式（8-13）变为

$$\oint_S \vec{E} \cdot \mathrm{d}\vec{S} = \frac{Q_0}{\varepsilon_0} - \oint_S \frac{1}{\varepsilon_0} \vec{P} \cdot \mathrm{d}\vec{S}$$

移项后得

$$\oint_S \left(\vec{E} + \frac{1}{\varepsilon_0} \vec{P} \right) \cdot \mathrm{d}\vec{S} = \frac{Q_0}{\varepsilon_0}$$

即

$$\oint_S \left(\varepsilon_0 \vec{E} + \vec{P} \right) \cdot \mathrm{d}\vec{S} = Q_0$$

令

$$\vec{D} = \varepsilon_0 \vec{E} + \vec{P} = \varepsilon_0 \vec{E} + \chi_e \varepsilon_0 \vec{E} = \varepsilon_0 (1 + \chi_e) \vec{E} = \varepsilon_0 \varepsilon_r \vec{E} = \varepsilon \vec{E} \tag{8-14}$$

$\vec{D}$ 称为**电位移矢量**，则可得到

$$\oint_S \vec{D} \cdot \mathrm{d}\vec{S} = Q_0 \tag{8-15}$$

式中，$\oint_S \vec{D} \cdot \mathrm{d}\vec{S}$ 为通过任意闭合曲面的电位移矢量通量。式（8-15）虽然是从平行板电容器这一特例中得出的，但可以证明其对一般情况也是成立的。

有电介质时的高斯定理表述如下：在静电场中，通过任意闭合曲面的电位移矢量通量等于该闭合曲面所包围的自由电荷的代数和，与极化电荷无关。其数学表达式为

$$\oint_S \vec{D} \cdot \mathrm{d}\vec{S} = \sum Q_{0i} \tag{8-16}$$

在国际单位制中电位移的单位为：$C \cdot m^{-2}$。

求解电介质中的电场场强问题时，可先直接用式（8-16）求出 $\vec{D}$，然后根据式（8-14）的关系式，求出 $\vec{E}$ 的分布。当然，只有对那些自由电荷和电介质的分布都具有对称性的情形，才可用有介质时的高斯定理方便地求出电场强度分布。

【例 8-6】 如图 8-17 所示，在半径为 R 的金属球外，有一外半径为 R' 的同心均匀电介质层，其相对电容率为 ε_r，金属球带电量为 Q，试求：（1）电场强度的分布；（2）电势分布。

图 8-17　例 8-6

解： （1）由题意知，自由电荷分布具有球对称性，电介质上的极化电荷也具有球对称性，因此，电介质中任一点的电位移 $\vec{D}$ 和电场强度 $\vec{E}$ 的方向均沿径向方向，距球心等距离处的各点，电位移 $\vec{D}$ 和电场强度 $\vec{E}$ 的大小均相等。于是可以作以球心为原点，以 r 为半径的球形高斯面 S，由介质中的高斯定理，有

$$\oint_S \vec{D} \cdot \mathrm{d}\vec{S} = D \cdot 4\pi r^2 = \sum q_{0i}$$

由此得，在 $r < R$ 的球内

$$D \cdot 4\pi r^2 = 0, \quad D = 0$$

在 $r > R$ 的球外

$$D \cdot 4\pi r^2 = Q, \quad D = \frac{Q}{4\pi r^2}$$

由式（8-10）可得，在 $r < R$ 的球内

$$E = 0$$

在 $r > R$ 的介质中

$$E = \frac{Q}{4\pi\varepsilon_0\varepsilon_r r^2}$$

在 $r > R$ 的介质外

$$E = \frac{Q}{4\pi\varepsilon_0 r^2}$$

如果 $Q > 0$，$\vec{E}$ 沿半径向外；如果 $Q < 0$，$\vec{E}$ 沿半径向内。

（2）由电势的定义，介质外任一点 P 的电势为

$$V_P = \int_{r_P}^{\infty} \vec{E} \cdot \mathrm{d}\vec{r} = \int_{r_P}^{\infty} E\,\mathrm{d}r = \int_{r_P}^{\infty} \frac{Q}{4\pi\varepsilon_0 r^2}\,\mathrm{d}r = \frac{Q}{4\pi\varepsilon_0 r_P}$$

介质内任一点 Q 的电势为

$$V_P = \int_{r_Q}^{\infty} \vec{E} \cdot \mathrm{d}\vec{r} = \int_{r_Q}^{R'} \vec{E} \cdot \mathrm{d}\vec{r} + \int_{R'}^{\infty} \vec{E} \cdot \mathrm{d}\vec{r} = \int_{r_Q}^{R'} E\,\mathrm{d}r + \int_{R'}^{\infty} E\,\mathrm{d}r$$

$$= \int_{r_Q}^{R'} \frac{Q}{4\pi\varepsilon_0\varepsilon_r r^2}\,\mathrm{d}r + \int_{R'}^{\infty} \frac{Q}{4\pi\varepsilon_0 r^2}\,\mathrm{d}r$$

$$= \frac{Q}{4\pi\varepsilon_0\varepsilon_r}\left[\frac{1}{r_Q} - \frac{1}{R'}\right] + \frac{Q}{4\pi\varepsilon_0 R'} = \frac{Q}{4\pi\varepsilon_0}\left[\frac{1}{\varepsilon_r}\left(\frac{1}{r_Q} - \frac{1}{R'}\right) + \frac{1}{R'}\right]$$

金属球为等势体，其电势为

$$V_{球} = \int_R^\infty \vec{E} \cdot \mathrm{d}\vec{r} = \int_R^{R'} \vec{E} \cdot \mathrm{d}\vec{r} + \int_{R'}^\infty \vec{E} \cdot \mathrm{d}\vec{r} = \int_R^{R'} \frac{Q}{4\pi\varepsilon_0\varepsilon_r r^2}\mathrm{d}r + \int_{R'}^\infty \frac{Q}{4\pi\varepsilon_0 r^2}\mathrm{d}r$$

$$= \frac{Q}{4\pi\varepsilon_0 r}\left[\frac{1}{\varepsilon_r}\left(\frac{1}{R} - \frac{1}{R'}\right) + \frac{1}{R'}\right]$$

8.4 静电场的能量

电容器的基本功能是储存电荷，如果给电容器充电，电容器中就有了电场，因而电容器就储存了能量。这种能量是从哪里来的？

在电容器的充电过程中，外力克服静电力做功，把正电荷由带负电的负极板搬运到带正电的正极板，外力所做的功等于电容器的静电能。下面我们以带电电容器为例进行讨论。

如图 8-18 所示，平行板电容器正处于充电过程中，设在某时刻两极板上的电荷分别为 $+q(t)$ 和 $-q(t)$，两极板之间的电势差为 U，此时若继续把电荷 $\mathrm{d}q$ 从负极板移到正极板，则外力需克服静电力而做功，所做的功为

图 8-18 电容器充电

$$\mathrm{d}W = U\mathrm{d}q = \frac{q}{C}\mathrm{d}q$$

若使电容器从开始时两极板不带电到两极板分别带有 $+Q$ 和 $-Q$ 电荷时，则外力所做的总功为

$$W = \int \mathrm{d}W = \int_0^Q \frac{q}{C}\mathrm{d}q = \frac{Q^2}{2C} \tag{8-17}$$

由于 $Q = CU$，所以上式可以写为

$$W = \frac{1}{2}\frac{Q^2}{C} = \frac{1}{2}QU = \frac{1}{2}CU^2 \tag{8-18}$$

式中，Q 为电容器极板上带的电荷，U 为两极板间的电势差。由于外力所做的功全部变为电容器储存的能量，用 W_e 表示，于是电容器储存的能量为

$$W_e = \frac{Q^2}{2C} = \frac{1}{2}CU^2 = \frac{1}{2}QU \tag{8-19}$$

电容器不带电时，极板间没有静电场，电容器带电后，极板间就建立了电场，因此，可认为电容器储存的能量是电容器极板间电场的能量。

对于极板面积为 S、极板间距为 d 的平板电容器，两个极板间充满了相对电容率为 ε_r 的电介质，电场所占的体积为 Sd，如果忽略边缘效应，两极板间的电场是均匀的，电容器储存的电场能量可以写为

$$W_e = \frac{1}{2}CU^2 = \frac{1}{2}\frac{\varepsilon_0\varepsilon_r S}{d}(Ed)^2 = \frac{1}{2}\varepsilon_0\varepsilon_r SE^2 d = \frac{1}{2}\varepsilon_0\varepsilon_r E^2 V$$

因此，单位体积内的电场能量为

$$w_e = \frac{1}{2}\varepsilon_0 \varepsilon_r E^2 = \frac{1}{2}DE \tag{8-20}$$

式中，w_e 为电场单位体积的能量，称为**电场能量密度**。电场能量密度与电场强度的平方成正比。式（8-20）虽然是从平行板电容器这个特例得到的，但可以证明，对于任意电场，这个结论也是成立的。

在不均匀电场中，任取一体积元 dV，则体积元 dV 中储存的能量为

$$dW_e = w_e dV = \frac{1}{2}\varepsilon_0 \varepsilon_r E^2 dV$$

所以整个电场储存的能量为

$$W_e = \int_V dW_e = \int_V \frac{1}{2}\varepsilon_0 \varepsilon_r E^2 dV \tag{8-21}$$

式中，积分遍布电场分布的区域。

【例 8-7】 球形电容器的内、外半径分别为 R_1 和 R_2，所带的电量为分别为 $+Q$ 和 $-Q$。若在两球之间充满相对电容率为 ε_r 的电介质，问此电容器电场的能量为多少。

解： 若电容器两极板上电荷的分布是均匀的，则球壳间的电场是对称的。由高斯定理可求得球壳间的电场强度的大小为

$$E = \frac{Q}{4\pi\varepsilon_0 \varepsilon_r r^2}$$

电场的能量密度为

$$w_e = \frac{1}{2}\varepsilon_0 \varepsilon_r E^2 = \frac{Q^2}{32\pi^2 \varepsilon_0 \varepsilon_r r^4}$$

取半径为 r、厚为 dr 的球壳，其体积为 $dV = 4\pi r^2 dr$。所以此体积元内电场的能量为

$$dW_e = w_e dV = \frac{Q^2}{32\pi^2 \varepsilon_0 \varepsilon_r r^4} 4\pi r^2 dr = \frac{Q^2}{8\pi\varepsilon_0 \varepsilon_r r^2} dr$$

所以电容器储存的总能量为

$$W_e = \int w_e dV = \int_{R_1}^{R_2} \frac{Q^2}{8\pi\varepsilon_0 \varepsilon_r r^2} dr = \frac{Q^2}{8\pi\varepsilon_0 \varepsilon_r} \left(\frac{1}{R_1} - \frac{1}{R_2} \right)$$

此外，还可以利用电容器储存能量公式（8-19）和球形电容器电容公式，同样可以得到以上结果，即

$$W = \frac{1}{2}\frac{Q^2}{C} = \frac{1}{2}\frac{Q^2}{\dfrac{4\pi\varepsilon_0 \varepsilon_r R_1 R_2}{R_2 - R_1}} = \frac{Q^2}{8\pi\varepsilon_0 \varepsilon_r} \left(\frac{1}{R_1} - \frac{1}{R_2} \right)$$

【例 8-8】 如图 8-19 所示，圆柱形电容器是由半径为 R_1 的导体圆柱和同轴的半径为 R_2 的导体圆筒组成的，圆柱面长度为 L，两个圆柱面之间充满了相对电容率为 ε_r 的电介质。（1）求当这两个圆柱面上所带电量分别为 $+Q$ 和 $-Q$ 时，电容器上具有的电场能量；（2）由能量关系求此圆柱形电容器的电容。

解：（1）由题已知，其电场分布是轴对称的，圆柱面单位长度的电荷密度为 $\lambda = Q/L$，由高斯定理知，介质内任一点 P 的电场强度的大小为

$$E = \frac{\lambda}{2\pi\varepsilon_0\varepsilon_r r} \qquad R_1 < r < R_2$$

取半径为 r，厚度为 dr，长度为 L 的薄圆筒为体积元，其体积为 $dV = 2\pi r L\, dr$，在薄圆筒内的电场能量为

$$dW_e = w_e\, dV = \frac{1}{2}\varepsilon_0\varepsilon_r E^2 \cdot 2\pi r L\, dr$$

$$= \frac{1}{2}\varepsilon_0\varepsilon_r \frac{\lambda^2}{4\pi^2(\varepsilon_0\varepsilon_r)^2 r^2} \cdot 2\pi r L\, dr = \frac{\lambda^2 L}{4\pi\varepsilon_0\varepsilon_r r}\, dr$$

所以电容器上具有的电场能量为

$$W_e = \int w_e\, dV = \int_{R_1}^{R_2} \frac{\lambda^2 L}{4\pi\varepsilon_0\varepsilon_r r}\, dr = \frac{\lambda^2 L}{4\pi\varepsilon_0\varepsilon_r}\ln\frac{R_2}{R_1} = \frac{Q^2}{4\pi\varepsilon_0\varepsilon_r L}\ln\frac{R_2}{R_1}$$

（2）利用电容器储存能量公式（8-19）得

$$W = \frac{1}{2}\frac{Q^2}{C} = \frac{Q^2}{4\pi\varepsilon_0\varepsilon_r L}\ln\frac{R_2}{R_1}$$

所以圆柱形电容器的电容为

$$C = \frac{2\pi\varepsilon_0\varepsilon_r L}{\ln\dfrac{R_2}{R_1}}$$

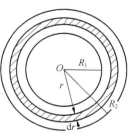

图 8-19 例 8-8

【例 8-9】 电荷 Q 均匀分布在半径为 R 的球体，求带电球体的电场能量。

解： 由高斯定理知，场强为

$$E = \begin{cases} \dfrac{Q}{4\pi\varepsilon_0 R^3}r & (r < R) \\[3mm] \dfrac{Q}{4\pi\varepsilon_0 r^2} & (r > R) \end{cases}$$

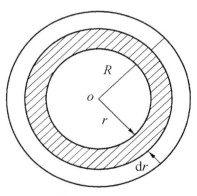

如图 8-20 所示，取体积元 dV，计算 dV 内的电场能量。在半径为 r 的球面上电场强度是相等的，厚度为 dr 的球壳体积为 $dV = 4\pi r^2\, dr$，在球壳内的能量为

$$dW_e = w_e\, dV = w_e 4\pi r^2\, dr$$

$$= \frac{1}{2}\varepsilon_0 E^2 \cdot 4\pi r^2\, dr = 2\pi\varepsilon_0 E^2 r^2\, dr$$

图 8-20 例 8-9

由于球体内外电场强度分布不同，分段积分，就可求出全部电场中的能量为

$$W_e = \int_V w_e\, dV = \int_0^R 2\pi\varepsilon_0\left(\frac{Q}{4\pi\varepsilon_0 R^3}r\right)^2 r^2\, dr + \int_R^\infty 2\pi\varepsilon_0\left(\frac{Q}{4\pi\varepsilon_0 r^2}\right)^2 r^2\, dr$$

$$= \frac{Q^2}{8\pi\varepsilon_0 R^6}\int_0^R r^4\, dr + \frac{Q^2}{8\pi\varepsilon_0}\int_R^\infty \frac{1}{r^2}\, dr = \frac{Q^2}{40\pi\varepsilon_0 R^6}R^5 + \frac{Q^2}{8\pi\varepsilon_0 R} = \frac{3Q^2}{20\pi\varepsilon_0 R}$$

8.5 *电容器的充放电

本节将讨论电容在充电和放电时的规律。

8.5.1 电容器充电

在如图 8-21 所示的电路中，电源电动势为 E，电容为 C，电阻为 R。$t=0$ 时，电容器上的电量为 $q=0$。开关 K 闭合，电源开始对电容器充电。开始时，电容器极板上无电荷，电容器两极板间电势差为零。随后，电荷在电容器极板上累积，极板间电势差增加，电阻两端电压随时间减小，充电电流相应逐渐减小。充电过程中，电容器极板电量 q，电势差 u 和电路中 i 都是时间的函数。设顺时针方向为回路的正方向，沿回路绕行一周，回路上各电压降之和为零，得

$$iR + u - E = 0$$

由于 $i = \mathrm{d}q/\mathrm{d}t$，$u = q/C$，整理上式可写为

$$R\frac{\mathrm{d}q}{\mathrm{d}t} + \frac{q}{C} - E = 0$$

初始条件为 $q=0$。利用分离变量法并积分可得

$$\int_0^q \frac{\mathrm{d}q}{q - CE} = \int_0^t -\frac{\mathrm{d}t}{RC}$$

解得

$$q = CE\left(1 - \mathrm{e}^{\frac{t}{RC}}\right)$$

上式对时间求导，可得电路中充电电流与时间的关系为

$$i = \frac{\mathrm{d}q}{\mathrm{d}t} = \frac{E}{R}\mathrm{e}^{\frac{t}{RC}}$$

式中，RC 反映充电过程的特征，称为该电路的**时间常数**。

电容器充电时，电容器上电荷和电路中的电流随时间的变化曲线如图 8-22 所示。

图 8-21　电容器的充电电路

图 8-22　电容器充电时电荷和电流随时间变化曲线

8.5.2　电容器放电

在如图 8-23 所示的电路中，$t=0$ 时，电容器上的电量为 q_0。开关 K 闭合，电容器开始放电。放电过程中，电容器极板电量 q，电势差 u 和电路中 i 都是时间的函数。设顺时针方向为回路的正方向，沿回路绕行一周，回路上各电压降之和为零，得

$$iR + u = 0$$

由 $i = \mathrm{d}q/\mathrm{d}t$，$u = q/C$，得

图 8-23　电容器的放电电路

$$R\frac{\mathrm{d}q}{\mathrm{d}t} = -\frac{q}{C}$$

初始条件为

$$q = q_0, \quad i = i_0$$

分离变量积分解出电容器上的电荷与时间的关系为

$$q = q_0 \mathrm{e}^{-\frac{t}{RC}}$$

上式求导得电路中电流与时间的关系为

$$i = -\frac{E}{R}\mathrm{e}^{-\frac{t}{RC}}$$

上式中的负号表示放电电流的方向与设定的正方向相反。

复 习 题

一、思考题

1．各种形状的带电导体中，是否只有球形导体其内部场强为零？为什么？

2．在一孤立导体球壳的中心放一点电荷，球壳内、外表面上的电荷分布是否均匀？如果点电荷偏离球心，情况如何？

3．把一个带电物体移近一个导体壳，带电体单独在导体壳的腔内产生的电场是否为零？静电屏蔽效应是如何发生的？

4．无限大均匀带电平面（面电荷密度为 σ）两侧场强为 $E = \dfrac{\sigma}{2\varepsilon_0}$，而在静电平衡状态下，导体表面（该处表面面电荷密度为 σ）附近场强 $E = \dfrac{\sigma}{\varepsilon_0}$，为什么前者比后者小一半？

5．有人说：“由于 $C=Q/U$，所以电容器的电容与其所带电荷成正比”。请指出这句话的错误。如电容器两极的电势差增加一倍，Q/U 将如何变化？

6．如果考虑平行板电容器的边缘场，那么其电容比不考虑边缘场时的电容大还是小？

7．为何高压电器设备的金属部件的表面要尽量不带棱角？

8．自由电荷与极化电荷有哪些异同点？

二、习题

1. 证明：对于两个无限大的平行平面带电导体板（如图 8-24 所示）来说，

（1）相向的两面上，电荷的面密度总是大小相等而符号相反；

（2）相背的两面上，电荷的面密度总是大小相等而符号相同。

2. 3个平行金属板 A、B 和 C 的面积都是 200cm^2，A 和 B 相距 4.0mm，A 与 C 相距 2.0mm。B、C 都接地，如图 8-25 所示。如果使 A 板带正电 $3.0×10^{-7}\text{C}$，略去边缘效应，问 B 板和 C 板上的感应电荷各是多少？以地的电势为零，则 A 板的电势是多少？

3. 在一个无限大接地导体平板附近有一点电荷 Q，它与板面的距离为 d。求导体表面上各点的感应电荷面密度 σ。

4. 两个半径分别为 R_1 和 R_2（$R_1 < R_2$）的同心薄金属球壳，现给内球壳带电 $+q$，试计算：

（1）外球壳上的电荷分布及电势大小；

（2）先把外球壳接地，然后断开接地线重新绝缘，此时外球壳的电荷分布及电势；

（3）*再使内球壳接地，此时内球壳上的电荷以及外球壳上的电势的改变量。

5. 半径为 R 的金属球离地面很远，并用导线与地相连，在与球心相距为 $d = 3R$ 处有一点电荷 $+q$，试求：金属球上的感应电荷的电量。

6. 有 3 个大小相同的金属小球，小球 1、小球 2 带有等量同号电荷，相距甚远，其间的库仑力为 F_0。试求：

（1）用带绝缘柄的不带电小球 3 先后分别接触小球 1、小球 2 后移去，小球 1 与小球 2 之间的库仑力；

（2）小球 3 依次交替接触小球 1、小球 2 很多次后移去，小球 1 与小球 2 之间的库仑力。

7. *如图 8-26 所示，一平行板电容器两极板面积都是 S，相距为 d，分别维持电势 $U_A=U$，$U_B=0$ 不变。现把一块带有电量 q 的导体薄片平行地放在两极板正中间，片的面积也是 S，片的厚度略去不计。求导体薄片的电势。

8. 在半径为 R_1 的金属球之外包有一层外半径为 R_2 的均匀电介质球壳，介质相对介电常数为 ε_r，金属球带电 Q。试求：

（1）电介质内、外的场强；

（2）电介质层内、外的电势；

（3）金属球的电势。

图 8-24　习题 1

图 8-25　习题 2

图 8-26　习题 7

9. 圆柱形电容器是由半径为 R_1 的导线和与它同轴的导体圆筒构成，圆筒内半径为 R_2，长为 L，其间充满了相对电容率为 ε_r 的电介质。设导线沿轴线单位长度上的电荷为 λ_0，圆筒上单位长度上的电荷为 $-\lambda_0$，忽略边缘效应。求：

（1）介质中的电场强度 E、电位移 D 和极化强度 P；

（2）介质表面的极化电荷面密度 σ'。

10. 如图 8-27 所示，在平行板电容器的一半容积内充入相对介电常数为 ε_r 的电介质。试求：在有电介质部分和无电介质部分极板上自由电荷面密度的比值。

图 8-27 习题 10

11. 如图 8-28 所示，两个同轴的圆柱面，长度均为 l，半径分别为 R_1 和 R_2（$R_2 > R_1$），且 $l \gg R_2 - R_1$，两柱面之间充有介电常数 ε 的均匀电介质。当两圆柱面分别带等量异号电荷 Q 和 $-Q$ 时，求：

（1）在半径 r 处（$R_1 < r < R_2$），厚度为 dr，长为 l 的圆柱薄壳中任一点的电场能量密度和整个薄壳中的电场能量；

（2）电介质中的总电场能量；

（3）圆柱形电容器的电容。

12. 如图 8-29 所示，将两个电容器 C_1 和 C_2 充电到相等的电压 U 以后切断电源，再将每一电容器的正极板与另一电容器的负极板相连。试求：

（1）每个电容器的最终电荷；

（2）电场能量的损失。

图 8-28 习题 11

13. 半径为 $R_1 = 2.0\text{cm}$ 的导体球，外套有一同心的导体球壳，壳的内、外半径分别为 $R_2 = 4.0\text{cm}$ 和 $R_3 = 5.0\text{cm}$，当内球带电荷 $Q = 3.0 \times 10^{-8}\text{C}$ 时，求：

（1）整个电场储存的能量；

（2）如果将导体壳接地，计算储存的能量；

（3）此电容器的电容值。

图 8-29 习题 12

14. 电容 $C_1 = 4\mu\text{F}$ 的电容器在 800 V 的电势差下充电，然后切断电源，并将此电容器的两个极板分别与原来不带电、电容为 $C_2 = 6\mu\text{F}$ 的两极板相连，求：

（1）每个电容器极板所带的电量；

（2）连接前后的静电场能。

第 **9** 章　**恒定电流的磁场**

【学习目标】

- 掌握恒定电流产生的条件，理解电流密度和电动势的概念。
- 掌握磁感应强度的概念，理解其矢量性。
- 理解毕奥－萨伐尔定律，学会利用其计算一些简单问题中的磁感强度。
- 熟练掌握稳恒磁场的高斯定理和安培环路定理，理解用安培环路定理计算磁感应强度的条件和方法。
- 理解洛伦兹力和安培力的公式，能分析电荷（静止和运动）在均匀电场和磁场中的受力和运动。
- 了解磁矩的概念。
- 了解磁介质的磁化现象和磁化机理，了解磁场强度的概念以及在各向同性介质中磁场强度和磁感应强度的关系。
- 掌握磁介质中的安培环路定理，了解铁磁质的特性。

　　前面两章我们讨论了静止电荷产生的静电场的性质和规律，以及静电场中导体和电介质的性质。实际上，运动电荷在其周围不仅会产生电场，而且会产生磁场。稳恒电流产生的不随时间变化的磁场称为稳恒磁场。本章将讨论稳恒电流产生的磁场的性质和规律。虽然稳恒磁场与静电场的性质、规律不同，但在研究方法上却有类似之处。因此，学习时注意和静电场对比，将有助于理解和掌握有关概念。

9.1　恒定电流

　　在学习稳恒磁场之前，首先要了解稳恒电流（即恒定电流）的概念。

9.1.1　电流　电流密度

　　电流是电荷的定向运动形成的，形成电流的带电粒子称为载流子，它们可以是自由电子、质子、离子或运动的带电物体。

　　我们以金属为例讨论电流的形成。金属可以认为是由自由电子和正离子组成的。正离子构成金属的晶格，而自由电子则在晶格之间做无规则的热运动。无外电场时，电子沿各方向运动的概率是相等的，电子热运动的平均速度为零，不形成电流。当导体两端存在电势差时，导体内部有电场存在，这时自由电子都将受到与电场方向相反的作用力。因此每个电子除了原来不规则的热运动之外，还要在电场的反方向上附加一个运动—漂移运动。大量电子的漂移运动则表现为电子的定向运动，这样就形成了电流。

　　由于带电物体做定向机械运动形成的电流，称为**运流电流**。我们讨论的是离子或自由电子相对于导体的定向运动，这种由离子或自由电子相对于导体做定向运动形成的电流称为**传导电流**。

　　传导电流形成的条件：

　　（1）导体内有可移动的电荷即载流子；

　　（2）导体两端有电势差。

　　在金属导体内，自由电子定向移动的方向是由低电势到高电势，但在历史上，人们把正电荷移动的方向定义为电流的方向，因而电流的方向与自由电子移动的方向是相反的。

　　常见的电流为沿一根导线流动的电流。为了描述电流的强弱，引入电流强度（简称电流）的概念，定义为：单位时间内通过导线任一横截面积的电量。电流用 I 表示，即

$$I = \frac{\Delta q}{\Delta t} \tag{9-1}$$

　　如果导线中的电流 I（大小、方向）不随时间改变，则称为**稳恒电流**，或称为**直流电**。当导线内的电流随时间变化时，瞬时电流 I 为

$$I = \frac{\mathrm{d}q}{\mathrm{d}t}$$

　　设在导体中自由电子的数密度为 n，电子的电量为 e，假定每个电子的漂移速度为 v，如图 9-1 所示，在导体内取一面积元 ΔS，ΔS 与漂移速度垂直，则在时间间隔 $\mathrm{d}t$ 内，在长为 $\mathrm{d}l=v\mathrm{d}t$、横截面积为 ΔS 的圆柱体内的自由电子都要通过横截面积 ΔS，此圆柱体内的自由电子数为 $nSv\mathrm{d}t$，通过的电量为 $\mathrm{d}q = ne\Delta Sv\mathrm{d}t$，因而通过此导体 ΔS 的电流为

图 9-1　电流密度

$$\Delta I = \frac{\mathrm{d}q}{\mathrm{d}t} = \frac{ne\Delta Sv\mathrm{d}t}{\mathrm{d}t} = ne\Delta Sv$$

可见，导体中的电流强度正比于自由电子数密度和漂移速度的乘积。

　　电流强度是标量，在国际单位制中，其单位为安培，用 A 表示，即

$$1\mathrm{A} = 1\mathrm{C}/s$$

　　电流 I 虽然可以描述单位时间内通过某导体横截面的电量，但它只能用于反映导体中通过某一截面的整体电流特征，不能反映电流通过该截面时截面上各点的情形。对于电流均匀沿导体流动的情形，电流在各点的分布是均匀的，引入电流强度概念就可以了。但实际上，常常遇到在大块导体中产生的电流，如地质勘探中利用的大地中的电流、电解槽内电解液中的电流、气体放电时通过气体的电流等。为了描述导体内各处电流的分布情况，我们引入电流密度矢量的概念。

　　电流密度是矢量，用 $\vec{j}$ 表示。电流密度的方向和大小规定如下：**导体中任一点电流密度的方向为该点电场强度的方向或正电荷运动的方向；电流密度的大小等于通过该点附近垂直于正电荷运动方向的单位面积的电流**，即

$$\vec{j} = \frac{\mathrm{d}I}{\mathrm{d}S}\vec{n} \qquad (9\text{-}2)$$

式中，$\vec{n}$ 为沿 $\mathrm{d}\vec{S}$ 法线方向的单位矢量。电流密度的单位为 $\mathrm{A/m^2}$。

由式（9-2）可得

$$\mathrm{d}I = \vec{J} \cdot \mathrm{d}\vec{S}$$

因而通过导体任意截面的电流为

$$I = \int \mathrm{d}I = \iint_S \vec{J} \cdot \mathrm{d}\vec{S} \qquad (9\text{-}3)$$

式（9-3）表明，通过某一面积的电流强度就是通过该面积的电流密度的通量。在导体内各点，电流密度有不同的大小和方向，所以电流密度是矢量场，也称为电流场。与电场用电场线描述类似，电流场也可用电流线来描述。电流线的切线方向为电流密度的方向，电流线的密度即为电流密度的大小。通过任意一个闭合曲面的电流可表示为

$$I = \oiint_S \vec{j} \cdot \mathrm{d}\vec{S} \qquad (9\text{-}4)$$

根据电流密度的定义，上式表示净流出闭合曲面的电流，即单位时间内从闭合曲面向外流出的电荷。根据电荷守恒定律，在单位时间内通过闭合曲面向外流出的电荷，应等于此闭合曲面内单位时间所减少的电荷，即

$$\oiint_S \vec{j} \cdot \mathrm{d}\vec{S} = -\frac{\mathrm{d}Q_{内}}{\mathrm{d}t} \qquad (9\text{-}5)$$

式（9-5）称为**电流的连续性方程**。它表示，如果任意闭合曲面内的静电荷不发生变化，则电流的总流入和总流出相等。单位时间内通过闭合曲面向外流出的电荷等于此时间内闭合曲面内电荷的减少。

若通过一个闭合曲面的电流强度（或电流密度 $\vec{j}$ 穿过封闭曲面的通量）为零，即

$$I = \iint_S \vec{J} \cdot \mathrm{d}\vec{S} \qquad (9\text{-}6)$$

式（9-6）说明，单位时间留入封闭曲面的正电荷等于单位时间留出封闭曲面的正电荷。该式又称为**恒定电流条件**，由此可以导出恒定电流电路中电流强度规则的节点电流方程，即**基尔霍夫第一方程**。

9.1.2 电源电动势

如图 9-2 所示，当两个电势不等的导体极板 A、B 用导线连接起来时，导线中就有电流。开始时，极板 A 和 B 分别带有正负电荷。在电场力的作用下，正电荷从极板 A 通过导线移到极板 B，并与极板 B 上的负电荷中和，直到两极板间的电势差消失。此时导线中的电流就终止了。

图 9-2　电源电动势

要维持导体中有恒定的电流，就必须将正电荷不断地从负极板 B 移到正极板 A 上，并使两极板间维持正负电荷不变，这样两极板间就有恒定的电势差。显然要把正电荷从负极板 B 移到正极板 A 依靠静电力是不行的，必须有其他形式的力，使正电荷从负极板移到正极板，这种力称为**非静电力**。能够提供把正电荷从负极板移到正极板的非静电力的装置叫做**电源**。

电源有正负两个极，电势高的地方为正极，电势低的地方为负极，用导线连接两极时就形成了一个闭合回路。外电路上（电源以外的部分），在恒定电场作用下，电流从正极流向负极；内电路上（电源以内的部分），在非静电力作用下，电流从负极流向正极。

电源的种类很多，不同类型的电源，其非静电力的本质不同，如在电解电池、蓄电池中，静电力是化学作用；光电池中，非静电力是光能；发电机中非静电力是电磁作用。

从能量角度来看，电源内部非静电力将正电荷从负极移到正极是需要反抗静电力做功的，这使得电荷的电势能增大了。电荷的电势能是由其他形式的能量转化而来的，如化学电池中化学能转化为电能，发电机中从机械能转化为电能等。

图 9-3 电动势

对不同的电源，由于非静电力不同，把同样的电荷从负极移到正极非静电力做功是不同的，说明不同电源中电源转化能量的能力不同。为表述电源转化能量的本领，我们引入电动势的概念。因为非静电力只存在于电源内部，我们定义**电源电动势**为：**把单位正电荷从负极经电源内部移到正极时非静电力所做的功**，用 ε 表示。它反映了电源中非静电力做功的本领，如图 9-3 所示。

如果以 W_k 表示在电源内将正电荷 q 从负极经电源内部移到正极时非静电力做的功，则有

$$\varepsilon = \frac{W_k}{q} \tag{9-7}$$

从场的观点来，可以把非静电力的作用看作是一种非静电场的作用。以 $\vec{E}_k$ 表示非静电场，则它作用在电荷 q 的非静电力为

$$\vec{F}_k = q\vec{E}_k$$

电荷 q 从负极经电源内部移到正极时非静电力做的功为

$$W_k = \int_{(\text{电源内})}^{+} q\vec{E}_k \cdot d\vec{l}$$

将上式代入式（9-6），可得

$$\varepsilon = \int_{(\text{电源内})}^{+} \vec{E}_k \cdot d\vec{l} \tag{9-8}$$

电动势是标量，与电流一样也有方向，其方向为电源内部电势升高的方向，即从负极经电源内部到正极的方向规定为电动势的方向。电动势的单位为伏特。虽然电动势的单位与电势的单位相同都是 V，但它们是两个完全不同的物理量。电动势与非静电力的功联系在一起，而电势则是与静电力的功联系在一起的。电动势的大小只取决于电源本身的性质，一定的电源具有一定的电动势，而与外电路无关。

由于非静电力只存在于电源内部，则单位正电荷绕闭合电路一周时，非静电力对它所做的功仍然为 ε，即整个回路的总电动势为

$$\varepsilon = \oint_L \vec{E}_k \cdot d\vec{l} \tag{9-9}$$

9.1.3 欧姆定律的微分形式

实验证明，通过一段导体中的电流 I 与其两端的电势差（$V_1 - V_2$）成正比，这个规律对金

属或电解液在相当大的电压范围内均成立，称为**欧姆定律**。数学表达式为

$$I = (V_1 - V_2)/R \tag{9-10}$$

R 称为导体的电阻。由于电场强度与电势差有一定的关系，所以还可由式（9-9）得到电场强度与电势差之间的关系。

在导体中取一长为 $\mathrm{d}l$、横截面积为 $\mathrm{d}S$ 的小圆柱体，圆柱体的轴线与电流流向平行。设小圆柱体两端面上的电势为 V 和 $V+\mathrm{d}V$，如图 9-4 所示。根据欧姆定律，通过截面 $\mathrm{d}S$ 的电流为

图 9-4 欧姆定律示意图

$$\mathrm{d}I = \frac{V-(V+\mathrm{d}V)}{R} = -\frac{\mathrm{d}V}{R}$$

式中，R 为小圆柱体的电阻，另由电阻定律可知 $R = \rho \dfrac{\mathrm{d}l}{\mathrm{d}S}$（$\rho$ 为电阻率）。把上面这些量及 $\mathrm{d}I = j\,\mathrm{d}S$ 代入欧姆定律式得

$$j\,\mathrm{d}S = -\frac{\mathrm{d}V}{R} = -\frac{1}{\rho}\frac{\mathrm{d}V}{\mathrm{d}l}\mathrm{d}S$$

根据场强与电势的关系 $E = -\dfrac{\mathrm{d}V}{\mathrm{d}l}$，上式可以写成

$$j = \frac{E}{\rho} = \gamma E$$

式中，$\gamma = 1/\rho$ 称为导体的电导率，由于电流密度 $\vec{j}$ 与电场强度 $\vec{E}$ 的方向相同，上式可写成矢量形式

$$\vec{j} = \gamma \vec{E} \tag{9-11}$$

这就是欧姆定律的微分形式，它反映了导体中任一点处的电流密度与该点的场强之间的关系。

9.2 磁感应强度

前面我们学习静电场的内容时，引入了电场强度的概念。与之对应，在稳恒磁场中，有磁感应强度的概念。

9.2.1 基本磁现象

我国是发现天然磁体最早的国家。春秋战国时期，《吕氏春秋》一书中已有"磁石召铁"的记载。公元前 250 年《韩非子·有度》中记载了"司南"，"司南"的勺形磁性指向器被认为是最早的磁性指南器具。11 世纪沈括发明指南针，并发现地磁偏角。12 世纪，我国已有关于指南针用于航海的记录。磁铁矿石的成分为四氧化三铁（Fe_3O_4），此外还有人工制成的磁铁，如铁氧体是氧化铁（Fe_2O_3）与二价金属氧化物 CuO、ZnO、MnO 等的一种烧结物。无论天然磁铁还是人工磁铁，都能吸引铁（Fe），钴（Co），镍（Ni）等物质，这种性质称为**磁性**。磁体上磁性最强的部分叫**磁极**。一个磁体无论任何小都有两个磁极，可以在水平面内自由转动的磁体，静止时总是一个磁极指向南方，另一个磁极指向北方，指向南的叫做南极（S 极），

指向北的叫做北极（N 极）。磁极之间呈现同性磁极相互排斥、异性磁极相互吸引的现象。

把磁铁任意分割，每一小块都有南北两极，任意磁铁总是南北两极同时存在的，自然界中没有单独的 N 极与 S 极存在。

在历史上很长的一段时间内，电学与磁学的研究一直是彼此独立地发展的，直到 19 世纪 20 年代，人们才认识到电与磁之间的联系。

1820 年 4 月，丹麦物理学家奥斯特在讲课时发现，如果在直导线附近放置一枚小磁针，则当导线中有电流通过时，磁针将发生偏转。奥斯特随后又做了数月的研究，于 1820 年 7 月 21 日发表了他的研究结果。结果表明，电流周围存在着磁场，正是这种磁场导致了小磁针的偏转，从而揭示了电流与磁场的联系。奥斯特的论文发表后，在欧洲科学界引起了强烈的反响，当时许多著名的科学家，如安培、阿拉果、毕奥和萨伐尔等一大批科学家都投身于探索磁与电的关系之中。1820 年 10 月 30 日法国物理学家毕奥和萨伐尔发表了长直导线通有电流时产生磁场的实验，并从数学上找出了电流元产生磁场的公式。1821 年英国物理学家法拉第开始研究如何"把磁变成电"，经过十年的努力，在 1831 年发现了电磁感应现象。

人们是逐渐认识到电与磁之间联系的，20 世纪初，由于科学技术的进步和原子结构理论的建立与发展，认识到磁场也是物质存在的一种形式，磁力是运动电荷之间的一种作用力。此时，人们进一步认识到磁场现象起源于电荷的运动，磁力就是运动电荷之间的一种相互作用力。磁现象与电现象之间有密切的联系。从磁场的观点看，电流与电流、磁铁与磁铁、运动电荷与运动电荷之间的相互作用都是通过磁场来传递的，如图 9-5 所示。

图 9-5　磁相互作用

安培首先利用分子电流的假设解释了物质磁性的起因。1831 年安培提出了分子电流的假设。安培认为一切磁现象都起源于电流。在磁性物质的分子中，存在着小的回路电流，称为**分子电流**，它相当于最小的基元磁体。物质的磁性就是决定于这些分子电流对外磁效应的总和。如果这些分子电流毫无规则地取各种方向，它们对外界引起的磁效应就会互相抵消，整个物质就不会显磁性。当这些分子电流的取向出现某种有规则的排列时，就会对外界产生一定的磁效应，显示出物质的磁化状态。用近代的观点看，安培假说中的分子电流，可以看成是由分子中电子绕原子核的运动和电子与核本身的自旋运动产生的。

9.2.2　磁感应强度矢量

在静电场中，根据试验电荷在电场中的受力情况引入了电场强度 $\vec{E}$，来描述电场的性质。运动电荷在磁场中要受到磁场力的作用，这个力的大小和方向，与磁场中各点的性质有关。在运动电荷的周围空间，除了产生电场外，还要产生磁场。运动电荷之间的相互作用是通过磁场进行的。与引入电场强度类似，通过研究磁场对运动试验电荷的作用力，引入描述磁场性质的物理量——磁感应强度 $\vec{B}$。

如图 9-6 所示，一电荷 q 以速度 $\vec{v}$ 通过磁场中某点，实验表明了以下结果。

（1）运动电荷所受的磁场力不仅与运动电荷的电量 q 和速度有关，而且还与运动电荷的运动方向有关，且磁场力总是垂直于速度方向的。

在磁场中的任一点存在一个特殊的方向，当电荷

图 9-6　磁感应强度的定义

沿此方向或其反方向运动时所受的磁场力为零，与电荷本身的性质无关，而且这个方向就是自由小磁针在该点平衡时北极的指向。

（2）在磁场中的任一点，当电荷沿与上述方向垂直的方向运动时，电荷所受到的磁场力最大，并且最大磁场力 F_{max} 与电荷 q 和速度 v 的乘积的比值是与 q、v 无关的确定值，比值 F_{max}/qv 是位置的函数。

根据上述实验结果，为了描述磁场的性质，定义磁感应强度 $\vec{B}$：

磁感应强度 $\vec{B}$ 的大小为运动试验电荷所受的最大磁场力 F_{max} 与运动电荷 q 和速度 v 的乘积的比值，即

$$B = \frac{F_{max}}{qv} \tag{9-12}$$

为以单位速率运动的单位正电荷所受到的磁力。**磁感应强度 $\vec{B}$ 的方向为放在该点的小磁针平衡时 N 极的指向。**

国际单位制中，磁感应强度的单位为特斯拉，用 T 表示，$1T=1N\cdot A^{-1}\cdot m^{-1}$。

在工程中，磁感应强度的单位有时还用高斯，用符号 G 表示，它和 T 的关系为

$$1T = 10^4 G$$

9.3　电流的磁场　毕奥－萨伐尔定律

下面介绍载流导线电流产生的磁场。

9.3.1　毕奥－萨伐尔定律

在静电场中，计算任意带电体在空间某点的电场强度 $\vec{E}$ 时，可把带电体分成无限多个电荷元 dq，求出每个电荷元在该点产生的电场强度 $d\vec{E}$，按场强叠加原理就可以计算出带电体在该点产生的电场强度 $\vec{E}$。与此类似，对于载流导线产生磁场的计算问题，也可把载流导线看成是由无限多个电流元 $I d\vec{l}$ 组成的，先求出每个电流元在该点产生的磁感应强度 $d\vec{B}$，再按场强叠加原理就可以计算出带电体在该点产生的磁感应强度 $\vec{B}$。

法国物理学家毕奥和萨伐尔等人在大量实验的基础上，总结出电流元 $I d\vec{l}$ 所产生的磁感应强度 $d\vec{B}$ 所遵循的规律，称为毕奥－萨伐尔定律。

如图 9-7 所示，任一电流元 $I d\vec{l}$，在真空中任一点 P 产生的磁感应强度 $d\vec{B}$ 的大小与电流元的大小 $I d\vec{l}$ 成正比，与电流元 $I d\vec{l}$ 的方向和由电流元到点 P 的矢径 $\vec{r}$ 之间的夹角 θ 的正弦成正比，与电流元到点 P 的距离 r 的平方成反比，方向为 $I d\vec{l} \times \vec{r}$ 的方向（由右手螺旋法则确定）。其数值为

$$dB = k\frac{I dl \sin\theta}{r^2}$$

在国际单位制中 $k = \frac{\mu_0}{4\pi}$ 其中

$\mu_0 = 4\pi \times 10^{-7} N \cdot A^{-2}$，叫做真空磁导率。

故

图 9-7　电流元的磁场

$$dB = \frac{\mu_0}{4\pi} \frac{I \, dl \sin\theta}{r^2} \qquad (9\text{-}13)$$

写成矢量形式为

$$d\vec{B} = \frac{\mu_0}{4\pi} \frac{I \, d\vec{l} \times \vec{r}}{r^3}$$

或

$$d\vec{B} = \frac{\mu_0}{4\pi} \frac{I \, d\vec{l} \times \vec{e}_r}{r^2} \qquad (9\text{-}14)$$

这就是**毕奥－萨伐尔定律**，其中 $\vec{e}_r = \vec{r}/r$ 为矢径 $\vec{r}$ 方向上的单位矢量。任意载流导线在 P 点产生的磁感应强度 $\vec{B}$ 为

$$\vec{B} = \int d\vec{B} = \int \frac{\mu_0}{4\pi} \frac{I \, d\vec{l} \times \vec{r}}{r^3} \qquad (9\text{-}15)$$

需要说明的是，毕奥－萨伐尔定律是在实验的基础上抽象出来的，不能由实验直接加以证明，但是由该定律出发得出的一些结果，却能很好地与实验符合，这就间接地证明了其正确性。

9.3.2　毕奥－萨伐尔定律的应用

应用毕奥－萨伐尔定律可以计算不同电流分布所产生磁场的磁感应强度。解题一般步骤如下。

（1）根据已知电流的分布与待求场点的位置，选取合适的电流元 $I\,d\vec{l}$ 。
（2）根据电流的分布与磁场分布的特点来选取合适的坐标系。
（3）根据所选择的坐标系，按照毕奥－萨伐尔定律写出电流元产生的磁感应强度 $d\vec{B}$ 。
（4）由叠加原理求出整个载流导线在场点的磁感应强度 $\vec{B}$ 的分布。
（5）一般说来，需要将磁感应强度的矢量积分变为标量积分，并选取合适的积分变量，来统一积分变量。

下面用毕奥－萨伐尔定律计算几个基本而又典型的载流导线电流产生磁感应强度。

【例 9-1】　在长为 L 的载流导线中，通有电流 I，求导线附近任一点的磁感应强度。

解：建立如图 9-8 所示的坐标系，在载流直导线上，任取一电流元 $I\,dz$，由毕奥－萨伐尔定律得电流元在 P 点产生的磁感应强度大小为

$$dB = \frac{\mu_0}{4\pi} \frac{I \, dz \sin\theta}{r^2}$$

$d\vec{B}$ 的方向为垂直于电流元与矢径所决定的平面，垂直纸面向里，用 $\otimes$ 表示。由于直导线上所有电流元在 P 点产生的磁感应强度 $d\vec{B}$ 方向相同，所以计算总磁感强度的矢量积分就可归结为标量积分，即

$$B = \int dB = \int \frac{\mu_0}{4\pi} \frac{I \, dz \sin\theta}{r^2} \qquad (9\text{-}16)$$

式中，z、r、θ 都是变量，必须统一到同一变量才能积分。由图 9-8 可知

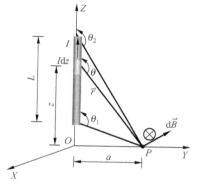

图 9-8　长直导线的电场

$$z = a\tan(\pi - \theta) = -a\tan\theta , \quad r = \frac{a}{\sin(\pi - \theta)} = \frac{a}{\sin\theta}$$

所以

$$\mathrm{d}z = a\csc^2\theta\,\mathrm{d}\theta = \frac{a\,\mathrm{d}\theta}{\sin^2\theta} , \quad \frac{\mathrm{d}z}{r^2} = \frac{\mathrm{d}\theta}{a}$$

代入式（9-16），可得

$$B = \int\mathrm{d}B = \frac{\mu_0 I}{4\pi a}\int_{\theta_1}^{\theta_2}\sin\theta\,\mathrm{d}\theta = \frac{\mu_0 I}{4\pi a}(\cos\theta_1 - \cos\theta_2)$$

讨论：

（1）如果载流导线为无限长时，则 $\theta_1 = 0$ ，$\theta_2 = \pi$，有

$$B = \frac{\mu_0 I}{2\pi a}$$

由此可见，无限长载流直导线周围各点的磁感应强度的大小与各点到导线的距离成反比。

（2）若 P 点处于距半无限长载流直导线一端为 a 处的垂面上，则因 $\theta_1 = \dfrac{\pi}{2}$，$\theta_2 = \pi$，而有

$$B = \frac{\mu_0 I}{4\pi a}$$

解题的关键：确定电流起点的 θ_1 和电流终点的 θ_2。

【**例 9-2**】　半径为 R 的载流圆线圈，电流为 I，求轴线上任一点 P 的磁感应强度 $\vec{B}$。

解：如图 9-9 所示，取 x 轴为线圈轴线，O 在线圈中心，电流元 $I\mathrm{d}\vec{l}$ 在 P 点产生的 $\mathrm{d}\vec{B}$ 大小为

$$\mathrm{d}B = \frac{\mu_0}{4\pi}\frac{I\mathrm{d}l\sin\theta}{r^2} = \frac{\mu_0 I\mathrm{d}l}{4\pi r^2}$$

式中用到了 $I\mathrm{d}\vec{l}$ 与 $\vec{r}$ 的夹角为 $90°$。设 $\mathrm{d}\vec{l}$ 垂直于纸面，则 $\mathrm{d}\vec{B}$ 在纸面内。将 $\mathrm{d}\vec{B}$ 分成平行 x 轴的分量 $\mathrm{d}\vec{B}_{/\!/}$ 与垂直于 x 轴的分量 $\mathrm{d}\vec{B}_{\perp}$。考虑与 $I\mathrm{d}\vec{l}$ 在同一直径上的电流元 $I\mathrm{d}\vec{l}'$ 在 P 点产生的磁场，其平行 x 轴的分量为 $\mathrm{d}\vec{B}'_{/\!/}$，垂直 x 轴的分量为 $\mathrm{d}\vec{B}'_{\perp}$。由对称性可知，$\mathrm{d}\vec{B}'_{\perp}$ 与 $\mathrm{d}\vec{B}_{\perp}$ 相抵消。可见，线圈在 P 点产生垂直 x 轴的分量由于两两抵消而为零，故只有平行于 x 轴的分量。即有

$$\vec{B}_{\perp} = 0$$

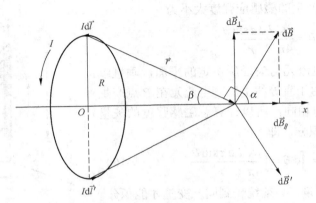

图 9-9　载流圆线圈的磁场

$$B = B_{//} = \int_l dB\cos\alpha = \int_0^{2\pi R} \frac{\mu_0 I\, dl}{4\pi r^2}\cos\alpha$$

$$= \frac{\mu_0}{4\pi}\int_0^{2\pi R} \frac{dl}{r^2}\sin\beta = \frac{\mu_0 I R^2}{2r^3} = \frac{\mu_0 I R^2}{2(x^2+R^2)^{3/2}}$$
(9-17)

$\vec{B}$ 的方向沿 x 轴正向。

从式（9-17）可以得出在两种特殊位置时的磁感应强度。

（1）在 $x=0$ 处，则圆电流在圆心处的磁感应强度为

$$B = \frac{\mu_0 I}{2R}$$

（2）当 $x \gg R$ 时，$(x^2+R^2)\approx x^2$，则在轴线上远离圆心处的磁感应强度为

$$B = \frac{\mu_0 R^2 I}{2x^3}$$

（3）线圈左侧轴线上任一点 $\vec{B}$ 方向仍向右。如果线圈是 N 匝线圈紧靠在一起的，则

$$B = \frac{\mu_0 R^2 N I}{2\left(x^2+R^2\right)^{\frac{3}{2}}}$$

【例 9-3】　载流密绕直螺线管的磁场。如图 9-10 所示，已知管的长度为 L，导线中电流为 I，螺线管单位长度上有 n 匝线圈，求螺线管轴线上任一点的 $\vec{B}$。

解：　由于螺线管上线圈是密绕的，每匝线圈可近似当作闭合的圆形电流，于是轴线上任意一点 P 的磁感应强度 $\vec{B}$ 可以认为是 n 个圆电流在该点各自产生的磁感应强度的矢量和，现取轴线上点 P 为坐标原点 O，并以轴线为 Ox 轴。在距 P 点为 x 处取长为 dx 的一段，dx 上有线圈 ndx 匝，dx 段相当于一个圆电流，电流强度为 $Indx$。因此，宽为 dx 的圆线圈产生的 $d\vec{B}$ 的大小为

$$dB = \frac{\mu_0}{2}\frac{R^2\, dI}{\left(R^2+x^2\right)^{3/2}} = \frac{\mu_0}{2}\frac{R^2 In\, dx}{\left(R^2+x^2\right)^{3/2}}$$

图 9-10　载流密绕直螺线管的磁场

由于各线圈在 P 点产生的 $d\vec{B}$ 均向右，所以 P 点的总的磁感应强度 $\vec{B}$ 为

$$B = \int dB = \int_{AB} \frac{\mu_0 R^2 In}{2} \cdot \frac{dx}{(x^2+R^2)^{\frac{3}{2}}}$$

$$= \frac{\mu_0 R^2 In}{2}\int_{AB}\frac{dx}{(x^2+R^2)^{\frac{3}{2}}}$$

为了便于积分，引入新变量 θ，由图 9-10 可知

$$x = R\cdot\mathrm{ctan}\,\theta,\quad dx = -R\csc^2\theta\, d\theta$$

$$r^2 = R^2+x^2 = R^2\cdot\csc^2\theta$$

代入上式，得

$$B = \frac{\mu_0 nI}{2} \int_{\theta_1}^{\theta_2} -\frac{R^2 \cdot R\csc^2\theta\,d\theta}{R^3\csc^3\theta} = -\frac{\mu_0 nI}{2} \int_{\theta_1}^{\theta_2} \sin\theta\,d\theta$$

$$= \frac{\mu_0 nI}{2}(\cos\theta_2 - \cos\theta_1)$$

讨论：

（1）如果螺线管为"无限长"时，即当 $L \gg R$，$\theta_1 = \pi$，$\theta_2 = 0$，所以

$$B = \mu_0 nI$$

结果表明，在无限长直螺线管内，轴线上的磁场是均匀的。

（2）如果在"半无限长载流螺线管"轴线上的端点处，$\theta_1 = \pi/2$，$\theta_2 = 0$，则有

$$B = \frac{1}{2}\mu_0 nI$$

即在半无限长直螺线管的端点处的磁感应强度恰好为内部磁感应强度的一半。

长直螺线管内轴线上磁感应强度分布如图 9-11 所示。从图中可以看出，长直螺线管内中部的磁场可以看成是均匀的。

图 9-11　螺线管轴线上的磁场分布

9.3.3　运动电荷的磁场

我们知道，电流是一切磁现象的根源，而电流是由大量电荷做定向移动形成的。可见，电流的磁场本质上是运动电荷产生的。因此，我们可以从电流元所产生的磁场公式入手，推导出运动电荷所产生的磁场公式。

设导体中单位体积内有 n 个带电粒子，导体截面积为 S，为简单起见，设每个带电粒子带有电荷 q，以平均速度 $\vec{v}$ 沿电流方向运动，如图 9-12 所示。因而单位时间内通过截面积 S 的电荷为

$$I = qnvS \tag{9-18}$$

图 9-12　运动电荷的磁场

在导体上取一电流元 $I\,d\vec{l}$，由毕奥—萨伐尔定律可知，此电流元在空间某一点产生的磁感应强度 $d\vec{B}$ 为

$$d\vec{B} = \frac{\mu_0}{4\pi}\frac{I\,d\vec{l}\times\vec{r}}{r^3} = \frac{\mu_0}{4\pi}\frac{(qnvS)\,d\vec{l}\times\vec{r}}{r^3} \tag{9-19}$$

由于在电流元 $I\,d\vec{l}$ 内的带电粒子数为 $dN = n\,dV = nS\,dl$，电流元 $I\,d\vec{l}$ 产生的磁感应强度 $d\vec{B}$ 就可看成是由这 dN 个运动电荷产生的，又因为 $I\,d\vec{l}$ 的方向与正电荷运动方向相同，于是 $d\vec{B}$ 可以写为

$$d\vec{B} = \frac{\mu_0}{4\pi}\frac{q\,dN\vec{v}\times\vec{r}}{r^3}$$

于是，单个运动电荷产生的磁场为

$$\vec{B} = \frac{d\vec{B}}{dN} = \frac{\mu_0}{4\pi}\frac{q\vec{v}\times\vec{r}}{r^3} \tag{9-20}$$

$\vec{B}$ 的方向垂直于 $\vec{v}$ 与 $\vec{r}$ 所确定的平面，如图 9-13 所示。

当 $q>0$（正电荷）时，$\vec{B}$ 的方向为 $\vec{v}\times\vec{r}$ 方向；$q<0$（负电荷）时，$\vec{B}$ 的方向为 $\vec{v}\times\vec{r}$ 相反方向。

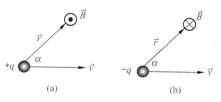

图 9-13　运动电荷磁场的方向

9.4　磁通量　磁场的高斯定理

与电场中的电通量对应，在磁场中引入了磁通量的概念。

9.4.1　磁感应线和磁通量

在静电场中，可以用电场线来形象描述电场的分布情况；与此类似，在稳恒磁场中也可以用磁场线来形象描述磁场的分布情况，磁场线也称磁感应线。规定：（1）磁感应线上任一点切线的方向即为磁感应强度 $\vec{B}$ 的方向；（2）磁感应强度 $\vec{B}$ 的大小可用磁感应线的疏密程度表示。

图 9-14（a）、（b）、（c）所示分别是载流长直导线、圆电流、载流长螺线管等典型电流的磁感应线分布的示意图。

从图中可以看出，磁感应线的绕行方向与电流流向都遵守右手螺旋法则，磁感应线有以下特性。

（1）磁感应线是环绕电流的无头尾的闭合曲线，没有起点和终点。这与静电场的电场线不同，原因在于正负电荷可以分离，而磁铁的两极不可分离，即没有磁单极子存在。

（2）任意两条磁感应线不相交，这一性质与电场线相同。

图 9-14　几种磁感应线示意图

与电场中引入电通量概念相似，引入磁通量的概念。磁通量表示磁场中通过某一曲面的磁感应线的数目，用 Φ_m 表示。

如图 9-15 所示，在曲面上取面元 $\mathrm{d}\vec{S}$，其单位法线矢量 $\vec{n}$，$\vec{n}$ 与磁感应强度 $\vec{B}$ 的夹角为 θ，通过面积元 $\mathrm{d}S$ 的磁通量为

$$\mathrm{d}\Phi_m = B\,\mathrm{d}S\cos\theta$$

通过有限曲面 S 的磁通量为

$$\Phi_m = \iint_S d\Phi_m = \iint_S B\,dS\cos\theta$$

或写为

$$\Phi_m = \iint_S \vec{B}\cdot d\vec{S} \qquad (9\text{-}21)$$

图 9-15 磁通量

与电通量一样，对闭合曲面，规定单位法线矢量 $\vec{n}$ 的方向垂直于曲面向外。磁感应线从曲面内穿出时，磁通量为正（$\theta < \dfrac{\pi}{2}$，$\cos\theta > 0$）；磁感应线从曲面外穿入时，磁通量为负（$\theta > \dfrac{\pi}{2}$，$\cos\theta < 0$）。

在国际单位制中，磁通量 Φ_m 的单位为韦伯，用符号 Wb 表示。$1\text{Wb}=1\text{T}\cdot\text{m}^2$。

9.4.2 磁场的高斯定理

由于磁感应线是闭合的，因此对任意一闭合曲面来说，有多少条磁感应线进入闭合曲面，就一定有多少条磁感应线穿出该曲面，也就是说通过任意闭合曲面的磁通量必等于零，即

$$\oiint_S \vec{B}\cdot d\vec{S} = 0 \qquad (9\text{-}22)$$

这就是磁场中的高斯定理，与静电场的高斯定理相类似，但本质上不同。在静电场中，有单独存在的正负电荷存在，因此通过任意闭合曲面的电通量可以不等于零；而在磁场中，由于不存在单独的磁单极子，所以通过任意闭合曲面的磁通量一定等于零。和静电场的分析一样，由矢量分析中的奥-高公式，式（9-21）可以写成

$$\iint_S \vec{B}\cdot d\vec{S} \iiint (\nabla \times \vec{B})\cdot d\vec{S} = 0$$

即

$$\nabla \times \vec{B} = 0 \qquad (9\text{-}22a)$$

式（9-22a）就是磁场中高斯定理的微分形式，它说明稳恒磁场是**无源场**这是稳恒磁场的基本性质之一。

1931 年，狄拉克在理论上预言了磁单极子的存在。当时他认为既然带有基本电荷的电子在宇宙中存在，那么理应带有基本"磁荷"的粒子存在。这一预言启发许多物理学家开始了他们寻找磁单极子的工作。尽管在 1975 年和 1982 年曾有实验室宣称探测到了磁单极子，但都没有得到科学界的确认。

9.5 安培环路定理

在静电场中，电场强度 $\vec{E}$ 的环流（沿任一闭合回路的线积分）恒等于零，即 $\oint_L \vec{E}\cdot d\vec{l} = 0$，它反映了静电场是保守场的性质。对于稳恒磁场，磁感应强度矢量 $\vec{B}$ 沿任一闭合回路的线积分 $\oint_L \vec{B}\cdot d\vec{l}$（$\vec{B}$ 的环流）是否等于零？稳恒磁场是否为保守场呢？

9.5.1 安培环路定理

以长直载流导线的磁场为例,通过计算 $\oint_L \vec{B} \cdot \mathrm{d}\vec{l}$,我们将看到它一般不为零。

如图 9-16（a）所示,对长直载流导线,其周围的磁感应线是一系列圆心在导线上且垂直于导线平面内的同心圆。磁感应强度 $\vec{B}$ 的大小为

$$B = \frac{\mu_0 I}{2\pi r}$$

式中,I 为长直载流导线的电流,r 为场点到导线的垂直距离。

在垂直于导线的平面内,过场点取一回路 L,绕行方向为逆时针方向。如图 9-16（b）所示,在场点处取一线元 $\mathrm{d}\vec{l}$,$\mathrm{d}\vec{l}$ 与 $\vec{B}$ 之间的夹角为 θ,由于 $\mathrm{d}l\cos\theta \approx r\mathrm{d}\varphi$,则沿回路 L 磁感应强度 $\vec{B}$ 的环流为

$$\oint_L \vec{B} \cdot \mathrm{d}\vec{l} = \oint_L B\cos\theta \mathrm{d}l = \oint_L \frac{\mu_0 I}{2\pi r}\cos\theta \mathrm{d}l$$
$$= \frac{\mu_0 I}{2\pi r}\int_0^{2\pi} \mathrm{d}\varphi = \mu_0 I \tag{9-23}$$

上式表明:**磁感应强度 $\vec{B}$ 沿任一闭合路径的线积分,等于该闭合路径所包围的电流的 μ_0 倍,这就是磁场的安培环路定理。**

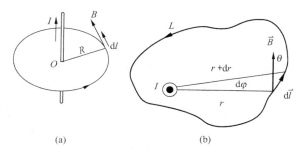

图 9-16 安培环路定理

当闭合路径反向绕行,即积分方向反向时,这时 $\mathrm{d}\vec{l}$ 与 $\vec{B}$ 之间的夹角为 $\pi - \theta$,$\mathrm{d}l\cos(\pi - \theta) \approx -r\mathrm{d}\varphi$,于是有

$$\oint_L \vec{B} \cdot \mathrm{d}\vec{l} = -\mu_0 I = \mu_0(-I) \tag{9-24}$$

当积分绕向与 I 的流向遵守右手螺旋定则时,式（9-22）中的电流 I 取正值;当积分绕向与 I 的流向遵守左手螺旋定则时,式（9-22）中的电流 I 取负值。

如果闭合路径不包围电流,可以证明

$$\oint_L \vec{B} \cdot \mathrm{d}\vec{l} = 0$$

式（9-22）虽然是从无限长载流导线这一特例的磁场中导出的,但是对闭合回路为任意形状、且回路包围有任意电流情况,都是成立的。

如果闭合路径包围多个电流,因而有

$$\oint_L \vec{B} \cdot \mathrm{d}\vec{l} = \mu_0 \sum_i I_i \tag{9-25}$$

式中，$I = \sum_i I_i$ 为闭合回路包围的电流的代数和，如图 9-17 所示。

利用矢量分析中的斯托克斯公式，若 S 是闭合路径 L 所包围的面积，则有

$$\oint_L \vec{B} \cdot \mathrm{d}\vec{l} = \iint_S (\nabla \times \vec{B}) \cdot \mathrm{d}\vec{S} = \mu_0 \sum_{(L内)} I_i = \iint_S \vec{J} \cdot \mathrm{d}\vec{S}$$

即

$$\nabla \times \vec{B} = \mu_0 \vec{J} \qquad\qquad (9\text{-}25a)$$

式（9-25a）就是恒定磁场的安培环路定理的微分形式，其中 $\vec{J}$ 是电流密度矢量。由式（9-25）和（9-25a）说明恒定磁场是涡旋场（或有旋场）。

为了更好地理解安培环路定理，有以下几点需要说明。

（1）安培环路定律对于稳恒电流的任一形状的闭合回路均成立，反映了稳恒电流产生磁场的规律。稳恒电流本身是闭合的，故安培环路定律仅适用于闭合的载流导线，而对于任意设想的一段载流导线则不成立。

（2）电流的正负规定：若电流流向与积分回路的绕向方向满足右手螺旋关系，式中的电流取正值；反之取负值。

（3）$\oint_l \vec{B} \cdot \mathrm{d}\vec{l}$ 只与闭合回路所包围的电流有关，但路径上磁感应强度 $\vec{B}$ 是闭合路径内外电流分别产生的磁感应强度的矢量和。

（4）磁场中 $\vec{B}$ 的环流一般不等于零，说明稳恒磁场与静电场不同，稳恒磁场是**非保守场**，不能引入与静电场中与电势相应的物理量。

9.5.2 安培环路定理的应用

【**例 9-4**】 求无限长均匀载流圆柱导体的磁场。设圆柱导体的半径为 R，电流为 I 沿轴线方向。

解：由于电流分布有轴对称性，而且圆柱体很长，所以磁场对圆柱导体轴线同样是有对称性的。磁场线是在垂直于轴线平面内以该平面与轴线交点为圆心的一系列同心圆，如图 9-18 所示。因此可以选取通过场点 P 的圆作为积分回路，圆的半径为 r，使电流方向与积分回路绕行方向满足右手螺旋法则，在每一个圆周上 $\vec{B}$ 的大小是相同的，方向与每点的 $\mathrm{d}\vec{l}$ 的方向相同，这时有 $\vec{B} \cdot \mathrm{d}\vec{l} = B \mathrm{d}l$。利用安培环路定理，对半径为 r 的环路有

$$\oint_L \vec{B} \cdot \mathrm{d}\vec{l} = \oint_L B \cdot 2\pi r = \mu_0 \sum_i I_i$$

对于圆柱体外部一点，闭合积分路径包围的电流为 $\sum_i I_i = I$，可得

图 9-17 回路包围多个电流

图 9-18 无限长均匀载流圆柱导体的磁场

$$B = \frac{\mu_0 I}{2\pi r} \qquad (r > R)$$

结果表明，在圆柱体外部，磁场分布与全部电流集中在圆柱导体轴线上的无限长直载流导线磁场分布相同。

对于圆柱体内部一点，闭合积分路径包围的电流为总电流 I 的一部分，由于电流均匀分布，所以得

$$I' = \sum_i I_i = \frac{I}{\pi R^2}\pi r^2 = \frac{r^2}{R^2}I$$

于是有

$$B = \frac{\mu_0}{2\pi r}\cdot\frac{r^2}{R^2}I = \frac{\mu_0 r I}{2\pi R^2} \qquad (r < R)$$

结果表明，在圆柱体内部，磁感应强度 $\vec{B}$ 的大小与 r 成正比。$B \sim r$ 曲线如图 9-18 所示。

【例 9-5】 求载流无限长直螺线管内的磁场分布。设此螺线管线圈中通电流 I，单位长度密绕 n 匝线圈。

解：图 9-19 所示为一个密绕长直螺线管的一段，其单位长度匝数为 n，通过的电流为 I，管内的磁感应强度为 $\vec{B}$，方向与轴线平行，大小相等，管内的磁场可视为均匀磁场。管外靠近管壁处磁感应强度为零。如图 9-19 所示，过管内一点做一矩形闭合回路 $abcda$，则磁感应强度 $\vec{B}$ 沿此回路积分为

图 9-19 长直螺线管内的磁场

$$\oint_l \vec{B}\cdot d\vec{l} = \int_{ab}\vec{B}\cdot d\vec{l} + \int_{bc}\vec{B}\cdot d\vec{l} + \int_{cd}\vec{B}\cdot d\vec{l} + \int_{da}\vec{B}\cdot d\vec{l}$$

在 cd 段，由于管外磁感应强度为零，所以 $\int_{cd}\vec{B}\cdot d\vec{l} = 0$。在 bc 和 da 段，一部分在管外，一部分在管内，虽然管内部分 $B \neq 0$，但 $\vec{B}$ 与 $d\vec{l}$ 垂直，管外部分 $B = 0$，所以有

$$\int_{bc}\vec{B}\cdot d\vec{l} = \int_{da}\vec{B}\cdot d\vec{l} = 0$$

在 ab 段，磁感应强度为 $\vec{B}$，方向与轴线平行，大小相等，所以

$$\int_{ab}\vec{B}\cdot d\vec{l} = B\overline{ab}$$

再根据安培定理可得

$$\oint_L \vec{B}\cdot d\vec{L} = \mu_0 \overline{ab}nI$$

比较两式可得

$$B = \mu_0 nI$$

上式表明，无限长直螺线管内任一点的磁感应强度的大小，与通过螺线管的电流和单位长度线圈的匝数成正比。这一结论与用毕奥—萨伐尔定律计算结果相同，但却简单多了。

【例 9-6】 求螺绕环内的磁感应强度，如图 9-20 所示，设环上密绕 N 匝线圈，线圈中通有电流为 I。

解： 如果螺绕环上导线绕的很密，则全部磁场都集中在环内，环内的磁感应线是同心圆，圆心都在螺绕环的对称轴上。由于有对称性，在同一磁场线上各点 $\vec{B}$ 的大小是相同的，方向沿圆的切线方向。为求出环内离环心为 r 的场点 P 的磁感应强度，取过 P 点的半径为 r 的圆为积分路径 L，由安培环路定理，有

图 9-20　螺绕环内的磁场

$$\oint_L \vec{B} \cdot d\vec{l} = B \oint_L dl = B 2\pi r = \mu_0 \sum_i I_i$$

回路所包围的电流的代数和 $\sum_i I_i = NI$，所以得到

$$B = \frac{\mu_0 N I}{2\pi r}$$

$\vec{B}$ 的方向在纸面内垂直 OP。从上面结果看出，不同半径 r 处 $\vec{B}$ 的大小不同，这一点与无限长直螺线管的情况是不同的。

设用 L 表示螺绕环中心线的周长时，则在此圆周上各点 $\vec{B}$ 的大小为 $B = \dfrac{\mu_0 N I}{L} = \mu_0 n I$，$n = \dfrac{N}{L}$ 为单位长度上的匝数。

如果环外半径与内半径之差远小于环中心线的半径时，则可认为环内部各点 $\vec{B}$ 的大小是相等的，即磁场是均匀磁场。

与应用高斯定理可以求电场强度类似，应用安培环路定律可以求出某些有对称分布的电流的磁感应强度分布。计算的一般步骤如下。

（1）根据电流分布的对称性分析磁场分布是否具有对称性。

（2）过场点选取合适的闭合积分路径，即在此闭合路径的各点磁感应强度 $\vec{B}$ 的大小应相等，使得 $\vec{B}$ 的环流容易计算。

（3）利用 $\oint_L \vec{B} \cdot d\vec{l} = \mu_0 \sum_{L内} I_i$，求出磁感应强度 $\vec{B}$ 的值。

9.6　带电粒子在电场和磁场中的运动

带电粒子在磁场中运动时要受到洛伦兹力的作用。

9.6.1　洛伦兹力

在均匀磁场 $\vec{B}$ 中，运动电荷 $+q$，其速度为 $\vec{v}$，由磁感应强度 $\vec{B}$ 的定义式可知 $\vec{v}$ 与 $\vec{B}$ 的关系式为

$$\vec{F} = q\vec{v} \times \vec{B} \tag{9-26}$$

这个力称为**洛伦兹力**，洛伦兹力的大小为

$$F = qvB\sin\theta$$

图 9-21 右手螺旋

式中，θ 为 $\vec{v}$ 与 $\vec{B}$ 之间的夹角，$\vec{F}$ 的方向垂直于 $\vec{v}$ 和 $\vec{B}$ 组成的平面，$\vec{v}$、$\vec{B}$ 和 $\vec{F}$ 满足右手螺旋关系，即右手四指由 $\vec{v}$ 经小于 $180°$ 的角度弯向 $\vec{B}$，此时大拇指指向的就是正电荷受力的方向，如图 9-21 所示。

磁场只对运动电荷有作用力。洛仑兹力与电荷正负有关，当 $q > 0$ 时，洛仑兹力的方向与 $\vec{v} \times \vec{B}$ 的方向相同；当 $q < 0$ 时，洛仑兹力的方向与 $\vec{v} \times \vec{B}$ 的方向相反。

由于洛仑兹力的方向总是与运动电荷的方向垂直，即 $\vec{F} \perp \vec{v}$，因而洛仑兹力只改变带电粒子运动的方向，而不改变其运动速度的大小，故洛仑兹力对带电粒子不做功。

9.6.2 带电粒子在电磁场中的运动和应用

一个带电荷为 q、质量为 m 的粒子，在电场强度为 $\vec{E}$ 的电场中所受到的电场力为 $\vec{F}_e = q\vec{E}$。

一个带电荷为 q、质量为 m 的粒子，以速度 $\vec{v}$ 进入磁感应强度为 $\vec{B}$ 的均匀磁场中，它所受到的洛仑兹力为 $\vec{F}_m = q\vec{v} \times \vec{B}$。

一般情况下，带电粒子如果既在电场又在磁场中运动时，则带电粒子在电场和磁场中所受的力应为电场力和洛仑兹力的和，即

$$\vec{F} = \vec{F}_e + \vec{F}_m = q\vec{E} + q\vec{v} \times \vec{B} \tag{9-27}$$

下面讨论带电粒子在均匀磁场中的运动情形。

如果有一个带电粒子电荷为 q，质量为 m，以初速度 $\vec{v}$ 进入磁感应强度为 $\vec{B}$ 的均匀磁场中，根据 $\vec{v}$ 与 $\vec{B}$ 之间的方向关系，我们分 3 种情况讨论带电粒子在磁场中的运动。

（1）粒子的初速度 $\vec{v}$ 与磁场平行或反平行，即 $\vec{v}//\vec{B}$，磁场对运动粒子的作用力 $\vec{F}=0$，带电粒子做速度 $\vec{v}$ 的匀速直线运动，不受磁场的影响。

（2）粒子的初速度 $\vec{v}$ 与磁场垂直，即 $\vec{v} \perp \vec{B}$，带电粒子所受的洛仑兹力的大小为 $F = qvB$，方向与速度 $\vec{v}$ 垂直，所以洛仑兹力只能改变速度的方向，不改变速度的大小。带电粒子进入磁场后，将做匀速圆周运动，洛仑兹力提供了向心力，如图 9-22 所示。

由牛顿第二定律，得

$$qvB = m\frac{v^2}{R}$$

所以圆轨道半径为

$$R = \frac{mv}{qB} \tag{9-28}$$

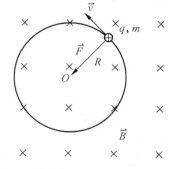

图 9-22 带电粒子在均匀磁场的圆周运动

从式（9-28）可以看出，粒子运动半径 R 与带电粒子的速率成正比，与磁感应强度 $\vec{B}$ 的大小成反比。

粒子运动一周所需的时间，即回旋周期为

$$T = \frac{2\pi R}{v} = \frac{2\pi}{v}\frac{mv}{qB} = \frac{2\pi m}{qB} \tag{9-29}$$

带电粒子在单位时间内运行的周数，即频率为

$$f = \frac{1}{T} = \frac{qB}{2\pi m} \tag{9-30}$$

从式（9-29）和式（9-30）可以看出回旋周期 T、频率 f 与带电粒子的速率和回旋半径无关。

（3）带电粒子的速度 $\vec{v}$ 与磁场 $\vec{B}$ 之间的夹角为 θ 时，则可以把速度 $\vec{v}$ 分解为平行于磁感应强度 $\vec{B}$ 的分量 $\vec{v}_{//}$ 和垂直于磁感应强度 $\vec{B}$ 的分量 $\vec{v}_{\perp}$，如图 9-23（a）所示，它们的大小分别为

$$v_{//} = v\cos\theta$$
$$v_{\perp} = v\sin\theta$$

图 9-23　螺旋运动

若带电粒子在平行于磁场 $\vec{B}$ 的方向或其反方向运动，有 $F_{//} = 0$，则带电粒子做匀速直线运动；若带电粒子在垂直于磁场 $\vec{B}$ 的方向运动，有 $F_{\perp} = qvB\sin\theta$，则带电粒子在垂直于 $\vec{B}$ 的平面内做匀速圆周运动。

当两个分量同时存在时，带电粒子同时参与两个运动，结果粒子做螺旋线向前运动，轨迹是螺旋线。粒子的回转半径为

$$R = \frac{mv_{\perp}}{qB} \tag{9-31}$$

粒子的回旋周期为

$$T = \frac{2\pi R}{v_{\perp}} = \frac{2\pi m}{qB} \tag{9-32}$$

粒子回转一周前进的距离称为螺距，螺距为

$$h = v_{//}T = \frac{2\pi mv_{//}}{qB} \tag{9-33}$$

式（9-33）表明，螺距 h 与 $v_{\perp}$ 无关，只与 $v_{//}$ 成正比。从磁场中某点发射一束很窄的带电粒子流时，如果它们的速率大小相近，则这些粒子的沿磁场方向的 $v_{//}$ 近似相等，尽管它们在做不同半径的螺旋线运动，但其螺距是近似相等的。每转一周，粒子又会重新汇聚在一起，这种现象称为磁聚焦，如图 9-24 所示。在实际中用得更多的是短线圈产生的非均匀磁场的磁聚焦作用，这种线圈称为磁透镜，它在电子显微镜中起了与透镜相类似的作用。

如果带电粒子是在非均匀磁场中的运动的，则带电粒子进入磁场，由于磁场的不均匀，洛伦兹力的大小变化，所以不是匀速圆周运动，但带电粒子同样要做螺旋运动，只是回旋半径和螺距是不断变化的。当带电粒子向磁场较强的方向运动时，回旋半径较小。如图 9-25 所示，若粒子在非均匀磁场中所受洛伦兹力恒有一指向磁场较弱方向的分量阻碍其继续前进，可能使粒子前进的速度减小到零，并沿反方向运动，就像遇到反射镜一样，这种磁场称为磁镜。

图 9-24 磁聚焦

图 9-25 磁镜

9.6.3 霍尔效应

霍尔效应是 1879 年，由霍尔首先观察到的。把一块宽为 d，厚为 b 的导体板，放在磁感应强度为 $\vec{B}$ 的均匀磁场中，导体板通有电流 I，若使磁场方向与电流方向垂直，则在导体板的横向两侧就会出现一定的电势差（如图 9-26 所示）。这种现象叫**霍尔效应**，产生的电势差称为霍尔电势差。

实验表明，在磁场不太强时，霍尔电势差 U_H 与电流 I 和磁感应强度 B 成正比，而与导电板的厚度 b 成反比，即

图 9-26 霍尔效应

$$U_H = R_H \frac{BI}{b} \qquad (9\text{-}34)$$

式中，R_H 为比例系数，称为霍尔系数。

霍尔效应产生的原因是由于导体中的载流子（作定向运动的带电粒子）在磁场中受到洛伦兹力而发生横向漂移的结果。设载流子是正电荷，其定向运动方向与电流方向相同，载流子以平均速度 $\vec{v}$ 运动，则在磁场中载流子所受的洛伦兹力的大小为 $F_m = qvB$，洛伦兹力的方向向右，载流子在洛伦兹力的作用下，电荷产生横向漂移，使图 9-26 中的右端面积累正电荷，左端面积累负电荷，在两端面之间产生一个由右指向左的电场 $\vec{E}$。这样载流子还将受到电场力 $\vec{F}_e$ 的作用。电场力 $\vec{F}_e$ 的方向与洛伦兹力方向相反，阻碍载流子向右端面积累。当两端面电荷积累得到一定的程度，使得 $\vec{F}_m + \vec{F}_e = 0$，就达到了平衡，此时两端面载流子停止积累，两端面上的电荷不发生变化，于是，两端面间产生了一个恒定的电势差。端面间的电场达到稳定，我们把这个电场叫霍尔电场，用 $\vec{E}_H$ 表示。

设载流子的电荷为 q，载流子的定向运动平均速度为 v，磁感应强度为 B，于是在平衡时有

$$qE_H = qvB$$

所以有

$$E_H = Bv$$

用霍尔电压 U_H 表示，则

$$\frac{U_H}{d} = Bv \qquad (9\text{-}35)$$

设单位体积内载流子数为 n，则根据电流的定义有

$$I = nqvbd$$

则可得

$$v = \frac{I}{nqbd}$$

代入式（9-35），得霍尔电势差为

$$U_H = \frac{BI}{nqb} \tag{9-36}$$

上式与式（9-32）比较，可得霍尔系数为

$$R_H = \frac{1}{nq} \tag{9-37}$$

由上式可知，霍尔系数的正负取决于载流子的正负。利用霍尔电势差（或霍尔系数）的正负，可以判断半导体中载流子的正负性质。由于式（9-37）中各个量都可以由实验测定，从而可以确定霍尔系数，就可计算出载流子的浓度。

讨论：

（1）若霍尔元件为导体，由于载流子浓度 n 很大，则由式（9-37）可见霍尔系数 R_H 很小，霍尔效应不明显；

（2）若霍尔元件为电介质，由于载流子浓度 n 很小，则由式（9-37）可见霍尔系数 R_H 很大，但由式（9-34），$I=0$，则没有霍尔效应；

（3）只有霍尔元件为半导体的情况，载流子浓度 n 适当，我们可以在实验中观察到明显的霍尔效应。

由以上的讨论，我们可以得出结论：霍尔元件只能用半导体材料。

霍尔效应在工业生产中也有许多应用。根据霍尔效应，利用半导体材料制成多种霍尔元件，可以用来测量磁感应强度、电流和功率等。在半导体中，载流子浓度要小于金属电子的浓度，且容易受温度、杂质的影响，所以霍尔系数是研究半导体的重要方法之一。

1980 年，德国物理学家克利青在研究低温和强磁场下半导体的霍尔效应时，发现 $U_H \sim B$ 的曲线出现台阶，而不为线性关系，这就是量子霍尔效应。为此，克利青于 1985 年获得诺贝尔物理学奖。崔琦和斯托默等在对强磁场和超低温实验条件下的电子进行研究时，发现了分数量子霍尔效应，为此崔琦与德国科学家霍斯特·施特默和美国科学家罗伯特获得 1998 年诺贝尔物理奖。

9.7　磁场对载流导线的作用

导线中的电流是电子做定向运动形成的，当把载流导线置于磁场中时，运动的载流子要受到洛仑兹力的作用，所以载流导线在磁场中受到的磁力本质上是在洛伦兹力作用下，导体中做定向运动的电子与金属导体中晶格上的正离子不断地碰撞，把动量传给了导体，从而使整个载流导体在磁场中受到磁力的作用。

9.7.1　磁场对载流导线的作用力——安培力

如图 9-27（a）所示，在载流导线上取一电流元 $I\,\mathrm{d}\vec{l}$，此电流元与磁感应强度 $\vec{B}$ 之间的夹角为 φ，假设电流元中自由电子的定向漂移速度为 $\vec{v}$，且 $\vec{v}$ 与磁感应强度 $\vec{B}$ 之间的夹角为 θ，则 $\theta=\pi-\varphi$。

电流元中的每一个自由电子受到的洛伦兹力的大小均为 $f=evB\sin\theta$。由于电子带负电，这个力的方向为垂直纸面向里。若电流元的截面积为 S，单位体积内的自由电子数为 n，则电流元中共有的电子数为 $nS\mathrm{d}l$。所以，电流元所受的力为这些电子所受洛伦兹力的总和。由于作用在每个电子上的力的大小及方向都相同，所以，磁场作用于电流元上的力为

$$\mathrm{d}F = nS\mathrm{d}l\cdot f = nS\mathrm{d}l\cdot evB\sin\theta$$

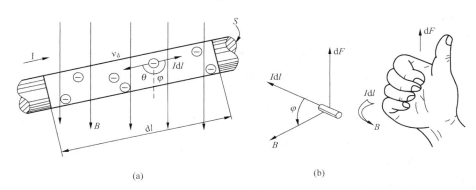

图 9-27　安培力

又因为 $I=neSv$，所以得到

$$\mathrm{d}F = I\,\mathrm{d}lB\sin\theta$$

由于 $\theta=\pi-\varphi$，则 $\sin\theta=\sin(\pi-\varphi)=\sin\varphi$，

因此

$$\mathrm{d}F = I\,\mathrm{d}lB\sin\varphi$$

把上式写成矢量形式

$$\mathrm{d}\vec{F} = I\,\mathrm{d}\vec{l}\times\vec{B} \tag{9-38}$$

方向由右手螺旋法则来确定，如图 9-27（b）所示。这就是磁场对电流元的作用力，称为**安培力**，式（9-38）为**安培定律**的数学表达形式。

利用安培定律可以计算任一段载流导线在磁场中受到的安培力，对于有限长载流导线在磁场中受的安培力，等于磁场作用在各电流元上的安培力的矢量和，即

$$\vec{F} = \int\mathrm{d}\vec{F} = \int_L I\,\mathrm{d}\vec{l}\times\vec{B} \tag{9-39}$$

式中，$\vec{B}$ 为各电流元所在处的磁感应强度。

下面看几个例子。

【例 9-7】　如图 9-28 所示，一段长为 L 的载流直导线，置于磁感应强度为 $\vec{B}$ 的均匀磁场中，$\vec{B}$ 的方向在纸面内，电流流向与 $\vec{B}$ 夹角为 θ，求导线受力 $\vec{F}=?$

解：取电流元 $I\,\mathrm{d}\vec{l}$，则电流元受到的安培力为

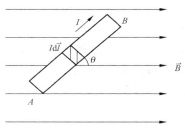

图 9-28　例 9-7

$$d\vec{F} = I d\vec{l} \times \vec{B}$$

方向为垂直指向纸面，且导线上所有电流元受力方向相同。整段导线受到安培力为

$$\vec{F} = \int d\vec{F} = \int_L I d\vec{l} \times \vec{B}$$

化为标量积分，力 $\vec{F}$ 的大小为

$$F = \int_A^B IB\sin\theta dl = \int_0^L IB\sin\theta dl = IBL\sin\theta$$

$\vec{F}$ 的方向垂直指向纸面。

当 $\theta = 0$ 时，$\vec{F} = 0$。当 $\theta = \dfrac{\pi}{2}$ 时，$F = F_{\max} = BIL$。

以上是载流直导线在均匀磁场中的受力情况，一般情况下，磁场是不均匀的，这可从下面例子中看到。

【例 9-8】 一无限长载流直导线 AB，载电流为 I_1，在它的一侧有一长为 l 的有限长载流导线 CD，其电流为 I_2，AB 与 CD 共面，且 $CD \perp AB$，C 端距 AB 为 a。求直导线 CD 受到的安培力。

解： 如图 9-29 所示，取 x 轴与 CD 重合，原点在 AB 上。由题意可知，载流导线 CD 处于一个非均匀场中，磁感应强度随位置变化，在 x 处 $\vec{B}$ 方向垂直纸面向里，大小为

$$B = \frac{\mu_0 I_1}{2\pi x}$$

图 9-29 例 9-8

在 CD 上距离 AB 为 x 处取电流元 $I_2 dx$，则其所受到的安培力为

$$d\vec{F} = I_2 d\vec{x} \times \vec{B}$$

由于 CD 上各电流元受到的安培力方向相同，所以 CD 段受到安培力 $\vec{F} = \int d\vec{F}$ 可简化为标量积分，CD 段受到安培力的大小为

$$F = \int dF = \int_a^{a+l} \frac{\mu_0 I_1}{2\pi x} I_2 dx = \frac{\mu_0 I_1 I_2}{2\pi} \ln\frac{a+l}{a}$$

$\vec{F}$ 的方向为沿纸面向上，即沿 $\overrightarrow{BA}$ 方向。

上面结果用矢量表示为

$$\vec{F} = \frac{\mu_0 I_1 I_2}{2\pi} \ln\frac{a+l}{a} \vec{j}$$

【例 9-9】 一根形状不规则的载流导线，两端点的距离为 L，通有电流为 I，导线置于磁感应强度为 $\vec{B}$ 的均匀磁场中，磁感应强度 $\vec{B}$ 的方向垂直于导线所在平面，求作用在此导线上的磁场力。

解： 建立坐标如图 9-30 所示，在导线上取电流元 $I d\vec{l}$，其所受安培力

$$d\vec{F} = I d\vec{l} \times \vec{B}$$

$d\vec{F}$ 的大小为 $dF = IB dl$，方向如图 9-30 所示。

图 9-30 例 9-9

设 $\mathrm{d}\vec{F}$ 与 y 轴的夹角为 θ，因而 $\mathrm{d}\vec{F}$ 在 x 方向和 y 方向的分力的大小分别为

$$\mathrm{d}F_x = \mathrm{d}F\sin\theta = BI\,\mathrm{d}l\sin\theta$$

$$\mathrm{d}F_y = \mathrm{d}F\cos\theta = BI\,\mathrm{d}l\cos\theta$$

因为

$$\mathrm{d}l\sin\theta = \mathrm{d}y$$

$$\mathrm{d}l\cos\theta = \mathrm{d}x$$

所以有

$$\mathrm{d}F_x = BI\,\mathrm{d}y$$

$$\mathrm{d}F_y = BI\,\mathrm{d}x$$

积分可得

$$F_x = \int_0^0 BI\,\mathrm{d}y = 0$$

$$F_y = \int_0^l BI\,\mathrm{d}x = BIl$$

故载流导线所受的磁力的大小为 $F = BIl$，方向沿 y 轴方向。

用矢量表示为

$$\vec{F} = BIl\,\vec{j}$$

结果表明，在均匀磁场中，任意形状的载流导线所受的磁力，与始点和终点相连的载流直导线所受的磁力相等。

【例 9-10】 如图 9-31 所示，半径为 R、电流为 I 的平面载流线圈，放在均匀磁场中，磁感应强度为 $\vec{B}$，$\vec{B}$ 的方向垂直纸面向外，求半圆周 $\overline{abc}$ 和 $\overline{cda}$ 受到的安培力。

解： 如图 9-31 所示取坐标系，原点在圆心，y 轴过 a 点，x 轴在线圈平面内。

（1）首先求 $\overline{abc}$ 受到的安培力 $\vec{F}_{\overline{abc}}$。

电流元 $I\,\mathrm{d}\vec{l}$ 受到安培力

$$\mathrm{d}\vec{F} = I\,\mathrm{d}\vec{l}\times\vec{B}$$

$\mathrm{d}\vec{F}$ 的大小为

$$\mathrm{d}F = I\,\mathrm{d}lB\sin\frac{\pi}{2}$$

$\mathrm{d}\vec{F}$ 方向为沿半径向外。因为 $\overline{abc}$ 各处电流元受力方向不同（均沿各自半径向外），将 $\mathrm{d}\vec{F}$ 分解成 $\mathrm{d}\vec{F}_x$ 及 $\mathrm{d}\vec{F}_y$ 来进行叠加。

$$\mathrm{d}F_x = \mathrm{d}F\cos\theta = BI\,\mathrm{d}l\cos\theta$$

$$F_x = \int \mathrm{d}F_x = \int_{abc} BI\,\mathrm{d}l\cos\theta = \int_{-\pi/2}^{\pi/2} BI(R\,\mathrm{d}\theta)\cos\theta = 2BIR$$

$$\mathrm{d}F_y = \mathrm{d}F\sin\theta = BI\,\mathrm{d}l\sin\theta$$

积分得

$$F_y = \int \mathrm{d}F_y = \int_{abc} BI\,\mathrm{d}l\sin\theta = \int_{-\pi/2}^{\pi/2} BI(R\,\mathrm{d}\theta)\sin\theta = 0$$

图 9-31 例 9-10

实际上，由受力的对称性也可直接得知 $F_y = 0$，$\vec{F}_{abc} = 2BIR\vec{i}$。

（2）求 $\vec{F}_{cda}$。

考虑电流元 $I\,d\vec{l}'$，它受到的安培力为 $d\vec{F}' = I\,d\vec{l}' \times \vec{B}$，大小为 $dF' = I\,dl'B\sin\dfrac{\pi}{2}$，方向为沿半径向外。与 $\overline{abc}$ 求解方法相同，由于 $\overline{cda}$ 上各电流元受力方向不同，也将 $d\vec{F}'$ 分解成 $d\vec{F}'_x$，$d\vec{F}'_y$。

$$dF'_x = -dF'\sin\varphi = -BI\,dl'\sin\varphi$$

$$F'_x = \int dF'_x = \int_{cda} -BI\,dl'\sin\varphi = \int_0^\pi -BI(R\,d\varphi)\sin\varphi = -2BIR$$

$$dF'_y = dF'\cos\varphi = BI\,dl'\cos\varphi$$

$$F'_y = \int dF'_y = \int_{cda} BI\,dl'\cos\varphi = \int_0^\pi BI(R\,d\varphi)\cos\varphi = 0$$

所以

$$\vec{F}_{cda} = -2BIR\vec{i}$$

对本题讨论如下。

（1）各电流元受力方向不同时，应先求出 dF_x 及 dF_y，之后再求 $\vec{F}_x$ 及 $\vec{F}_y$。

（2）分析导线受力的对称性。如本题中，不用计算 F_y 和 F'_y 就能知道它们为 0。

（3）由于 $\vec{F}_{abc} + \vec{F}_{cda} = 0$，所以圆形平面载流线圈在均匀磁场中受力为 0。

推广上面结果：任意平面闭合线圈在均匀磁场中受安培力为 0，这样，对某些问题的计算得到简化。

9.7.2　载流线圈的磁矩　磁场对载流线圈的作用

在磁电式电流计和直流电动机内，一般都有处在磁场中的线圈。当线圈中有电流通过时，它们将在磁场的作用下发生转动，因而讨论磁场对载流线圈的作用有重要的实际意义。

如图 9-32 所示，在磁感应强度为 $\vec{B}$ 的均匀强磁场中，有一刚性矩形载流线圈 $abcd$，边长分别为 l_1 和 l_2，线圈通过的电流为 I，方向如图所示，磁感应强度 $\vec{B}$ 的方向沿水平方向，与线圈平面成 φ 角。现分别求磁场对 4 个载流导线边的作用力。由式（9-36），作用于导线 ab、cd 两边的磁场力大小为

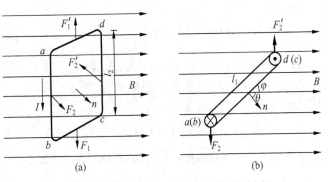

图 9-32　矩形载流线圈在磁场中所受的磁力矩

$$F_2 = BIl_2$$

$$F'_2 = BIl_2$$

两者大小相等，方向相反，但作用线不在一条线上。作用在导线 bc、ad 两边受力情况为

$$F_1 = BIl_1\sin\varphi$$

$$F_1' = BIl_1 \sin(\pi - \varphi) = BIl_1 \sin\varphi$$

两者大小相等，方向相反，且在同一直线上，相互抵消，故对于线圈来说，它们合力矩为零。而 F_2 与 F_2' 形成一个力偶，其力偶臂为 $l_1 \cos\varphi$。所以线圈所受有磁力矩为

$$M = F_2 l_1 \cos\varphi$$

又因为 $\theta = \dfrac{\pi}{2} - \varphi$，所以 $\cos\varphi = \sin\theta$，因此线圈所受有磁力矩为

$$M = F_2 l_1 \cos\varphi = BIl_2 l_1 \sin\theta = BIS \sin\theta \qquad (9\text{-}40)$$

式中，$S = l_1 l_2$ 是矩形线圈的面积，θ 是线圈法线 $\vec{n}$（规定 $\vec{n}$ 的方向与线圈电流的方向之间满足右手螺旋关系，即四指与电流方向相同，大拇指方向即为法线方向，如图 9-33 所示）与磁感应强度 $\vec{B}$ 之间的夹角。当线圈有 N 匝时，则线圈所受的磁力矩为

$$M = NBIS \sin\theta$$

这里引入磁矩 $\vec{m}$ 概念，定义线圈磁矩 $\vec{m} = I\vec{S} = NIS\vec{n}$，因此，引入磁矩后上式可以写成矢量形式为

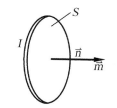

图 9-33　载流线圈的正法线

$$\vec{M} = \vec{m} \times \vec{B} \qquad (9\text{-}41)$$

力矩 $\vec{M}$ 的大小为 $M = mB \sin\theta$，方向由磁矩 $\vec{m}$ 与 $\vec{B}$ 的矢量积确定。

式（9-41）虽然是从矩形线圈推导出来的，但可以证明对任意形状的平面载流线圈都成立。下面分几种情况讨论。

（1）如图 9-34（a）所示，当 $\theta = 0$ 时，线圈平面与磁场 $\vec{B}$ 垂直，线圈所受的磁力矩 $M = 0$，此时线圈处于稳定平衡状态。

（2）如图 9-34（b）所示，当 $\theta = \dfrac{\pi}{2}$ 时，即线圈平面与磁场 $\vec{B}$ 平行，线圈所受的磁力矩最大，$M_{\max} = ISB$。

（3）如图 9-34（c）所示，当 $\theta = \pi$ 时，线圈平面与磁场 $\vec{B}$ 垂直，线圈所受的磁力矩 $M = 0$，这时线圈处于不稳定平衡状态，即此时只要线圈稍受扰动，就不再回到原平衡位置。

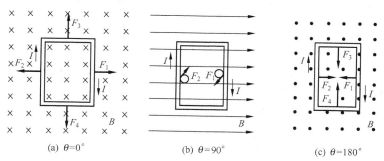

(a) $\theta = 0°$　　　　　(b) $\theta = 90°$　　　　　(c) $\theta = 180°$

图 9-34　载流线圈法线方向与磁场方向成不同角度时所受的磁力矩

如果载流线圈处于非匀强磁场中，线圈除受磁力矩作用外，还要受到安培力的作用，因此，线圈除了转动外，还有平动，向磁场强的地方移动。

磁电式电流计就是通过载流线圈在磁场中受磁力矩的作用发生偏转而制作的。磁电式电流计的结构如图 9-35 所示。在永久磁铁的两极和圆柱体铁心之间的空气隙内，放一可绕固定

转轴 OO' 转动的铝制框架，框架上绕有线圈，转轴的两端各有一个旋丝，且在一端上固定一针。当电流通过线圈时，由于磁场对载流线圈的磁力矩作用，使指针跟随线圈一起发生偏转，从偏转角的大小，就可以测出通过线圈的电流。

图 9-35　磁电式电流计

在永久磁铁与圆柱之间空隙内的磁场是径向的，所以线圈平面的法线方向总是与线圈所在处的磁场垂直，因而线圈所受的磁力矩为

$$M = NBIS$$

当线圈转动时，旋丝卷紧，产生一个反抗力矩

$$M' = \alpha\theta$$

式中，α 为游丝的扭转常数，θ 为线圈转过的角度。平衡时有

$$M = NBIS = \alpha\theta$$

所以

$$I = \frac{\alpha}{NBS}\theta = k\theta$$

式中，$k = \dfrac{\alpha}{NBS}$ 为常量，因而根据线圈偏转角度 θ，就可以测出通过线圈的电流 I。

9.7.3　磁力的功

载流导线或载流线圈在磁力和磁力矩的作用下运动时，磁力就要做功。下面从两个特例出发，导出磁力做功的一般公式。

（1）载流导线在磁场中运动时磁力所做的功

设在磁感应强度为 $\overline{B}$ 的均匀磁场中，有一载流闭合回路 $abcda$，其中 ab 长度为 l，可以沿 da 和 cb 滑动，如图 9-36 所示。设 ab 滑动时，回路中电流不变，则载流导线 ab 在磁场中所受的安培力 $\overline{F}$ 的大小为 $F = IBl$，方向向右，在 $\overline{F}$ 的作用下将向右运动，当由初始位置 ab 移动到位置 $a'b'$ 时，磁力 $\overline{F}$ 所做的功为

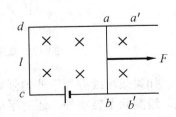

图 9-36　磁力对载流导线的功

$$W = F(\overline{aa'}) = IBl(\overline{aa'}) = BI\Delta S = I\Delta\Phi$$

上式说明，当载流导线在磁场中运动时，若电流保持不

变，磁力所做的功等于电流乘以通过回路所包围面积内磁通量的增量，即：磁力所做的功等于电流乘以载流导线在移动中所切割的磁感应线数。

（2）载流线圈在磁场内转动时磁力所做的功

如图 9-37 所示，设载流线圈在均匀磁场中做顺时针转动，若设法使线圈中电流维持不变，线圈所受磁力矩为 $M = BIS \sin \varphi$，当线圈转过小角度 $d\varphi$ 时，使线圈法向 $\vec{n}$ 与磁感应强度 $\vec{B}$ 之间的夹角由 φ 变为 $\varphi + d\varphi$，磁力矩所做的元功为

$$dW = -M d\varphi = -BIS \sin \varphi d\varphi = BIS \, d(\cos \varphi) = I \, d(BS \cos \varphi)$$

式中的负号表示磁力矩做正功时将使 φ 减小，$d\varphi$ 为负值。

由于 $BS \cos \varphi$ 为通过线圈的磁通量，所以 $d(BS \cos \varphi)$ 表示线圈转过 $d\varphi$ 后磁通量的增量。所以有 $dW = I \, d\Phi$。

当线圈从 φ_1 转到 φ_2 时，磁力矩所做的总功为

$$W = \int_{\varphi_1}^{\varphi_2} I \, d\Phi = I(\Phi_2 - \Phi_1) = I \Delta \Phi$$

式中，Φ_1 和 Φ_2 分别为线圈在 φ_1 和 φ_2 时通过线圈的磁通量

图 9-37 磁力对载流线圈的功

9.8 磁场中的磁介质

前面我们讨论的都是真空中运动电荷及电流所产生的磁场，而在实际磁场中，一般都存在着各种各样的磁介质。与电场中的电介质由于极化而影响电场类似，磁场与磁介质之间也有相互作用。处于磁场中的磁介质产生磁化，磁化的磁介质也会产生附加磁场，从而对原磁场产生影响。

9.8.1 磁介质

在磁场中与磁场发生相互作用，反过来影响原来磁场的物质称为**磁介质**。实验表明不同磁介质对磁场的影响是不同的。设真空中某点的磁感应强度为 $\vec{B}_0$，磁介质由于磁化而产生的附加磁感应强度为 $\vec{B}'$，则磁介质中磁感应强度 $\vec{B}$ 为 $\vec{B}_0$ 和 $\vec{B}'$ 的矢量和，即

$$\vec{B} = \vec{B}_0 + \vec{B}' \tag{9-42}$$

附加磁感应强度 $\vec{B}'$ 的方向和大小随磁介质的不同而不同。根据 $\vec{B}'$ 与 $\vec{B}_0$ 方向之间的关系，磁介质可分为下面 3 类。

（1）顺磁质。

顺磁质的附加磁感应强度 $\vec{B}'$ 与 $\vec{B}_0$ 同向，使得 $B > B_0$，如氧、铝、铂、铬等。

（2）抗磁质。

抗磁质的附加磁感应强度 $\vec{B}'$ 与 $\vec{B}_0$ 反同，使得 $B < B_0$，如铜、铋、氢等。

实验指出，无论是顺磁质还是抗磁质，附加磁感应强度 $\vec{B}'$ 的值要比 $\vec{B}_0$ 的值小得多（通常只有 $\vec{B}_0$ 的十万分之几），它对原来磁场的影响比较微弱，所以，顺磁质和抗磁质统称为弱磁性物质。

（3）铁磁质。

铁磁质的附加磁感应强度 $\vec{B}'$ 与 $\vec{B}_0$ 同向，附加磁感应强度 $\vec{B}'$ 的值要比 $\vec{B}_0$ 的值大得多，即 $B' \gg B_0$。这类磁介质能够显著地增强磁场，称为铁磁质。如铁、钴、镍及其合金等。

通常定义 B 与 B_0 的比值为该磁介质的相对磁导率，用 μ_r 表示，即

$$\mu_r = \frac{B}{B_0} \qquad (9\text{-}43)$$

所以，对于顺磁质，$B > B_0$，$\mu_r > 1$；对于抗磁质，$B < B_0$，$\mu_r < 1$；对于铁磁质，$B \gg B_0$，$\mu_r \gg 1$。

9.8.2 磁介质的磁化 磁化强度

顺磁质和抗磁质的磁化特性决定于物质的微观结构。物质分子中任何一个电子都同时参与两种运动，即环绕原子核的轨道运动和电子本身的自旋运动。这两种运动都能够产生磁效应。电子轨道运动相当于一个圆电流，具有一定的轨道磁矩。电子自旋运动，也有自旋磁矩。一个分子中所有的电子轨道磁矩和自旋磁矩的矢量和称为分子的固有磁矩，可以看成是一个等效的圆形分子电流产生的。

研究表明，当没有外磁场时，抗磁质的分子磁矩为零，顺磁质的分子磁矩不为零（称为分子固有磁矩）。但是，由于分子的热运动，这些分子电流的流向是杂乱无章的，在磁介质中的任一宏观体积中，分子磁矩相互抵消，如图 9-38（a）所示。因此，在无外磁场时，不论是抗磁质还是顺磁质对外都不显磁性。

图 9-38 顺磁质中分子磁矩的取向

将磁介质放到磁场 $\vec{B}_0$ 中，磁介质将受到下面两种作用。

（1）分子固有磁矩将受到外磁场 $\vec{B}_0$ 的磁力矩作用，使各个分子磁矩都有转向外磁场的方向排列的趋势，这样各个分子磁矩将沿外磁场 $\vec{B}_0$ 方向产生附加的磁场 $\vec{B}'$，如图 9-39（b）所示。

（2）外磁场 $\vec{B}_0$ 将使各个分子固有磁矩发生变化，即对每一个分子产生一个附加的磁矩。可以证明，不论外磁场的方向如何，总是产生一个与外磁场方向相反的附加磁矩，结果会产生一个与外磁场方向相反的 $\vec{B}'$。

顺磁质的分子固有磁矩不为零，加上外磁场 $\vec{B}_0$ 后，要产生与外磁场反向的附加分子磁矩。但是由于顺磁质的分子固有磁矩一般要比附加磁矩大得多，因而在顺磁质内可以忽略不计。所以，顺磁质在外磁场中的磁化主要取决于分子磁矩的转向作用，即顺磁质产生的附加磁场总是与外磁场方向相同的。

抗磁质的分子固有磁矩为零，在加上外磁场 $\vec{B}_0$ 后，分子磁矩的转向效应不存在，所以外磁场引起的附加磁矩是产生附加磁场的唯一原因。因而抗磁质产生的磁场总是与外磁场反向的。

抗磁性是一切磁介质的特性，顺磁质也具有这种抗磁性，只不过，在顺磁质中，抗磁性的效应较顺磁性要小，因此，在研究顺磁质的磁化时，可以不考虑抗磁性。

由上面的讨论可以看出，磁介质的磁化实质上是分子磁矩的取向以及在外磁场作用下产生附加磁矩的作用。无论哪种作用，磁介质磁化后都产生了磁矩。因此可以用磁介质中单位

体积内的分子磁矩的矢量和来描述磁介质磁化的程度，单位体积内的分子磁矩的矢量和称为 **磁化强度**，用 $\overline{M}$ 表示。以 $\sum \overline{m}_i$ 表示体积元 ΔV 体积内所有分子磁矩的矢量和，则有

$$\overline{M} = \frac{\sum \overline{m}_i}{\Delta V} \tag{9-44}$$

式中，ΔV 是体积元体积，$\overline{m}_i$ 是体积元内的第 i 个分子的磁矩。在国际单位制中，磁化强度的单位是 $\text{A} \cdot \text{m}^{-1}$。

9.8.3　磁介质中的安培环路定理　磁场强度

不论是顺磁质还是抗磁质都有分子固有磁矩或附加磁矩，与这些磁矩相对应的，是等效的分子电流。在磁介质内部各点处的分子电流会相互抵消；而在磁介质的表面上的分子电流没有抵消，它们方向都相同，相当于在表面上有一层表面流动的电流，这种电流称为 **磁化电流** 或 **束缚电流**，一般用 I_S 表示。

在磁介质中，由于磁化作用而产生磁化电流，这时总的磁感应强度为传导电流产生的 $\vec{B}_0$ 和磁化电流产生的 $\vec{B}'$ 的矢量和。此时的安培环路定理应写为

$$\oint_l \vec{B} \cdot \mathrm{d}\vec{l} = \mu_0 \left(\sum I + \sum I_\text{S} \right) \tag{9-45}$$

我们以无限长直螺线管中充满均匀的各向同性顺磁质为例来讨论。设线圈中的传导电流为 I，磁介质的相对磁导率为 μ_r，单位长度线圈的匝数为 n，磁介质表面上单位长度的磁化电流为 nI'，取如图 9-39 所示的回路，设 $ab = 1$，则式（9-43）可以写为

$$\oint_l \vec{B} \cdot \mathrm{d}\vec{l} = \mu_0 n(I + I')$$

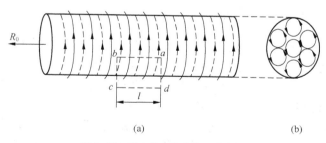

图 9-39　磁介质中的安培环路定理

对长直螺线管有

$$B_0 = \mu_0 nI \ , \quad B' = \mu_0 nI'$$

由式（9-42）和式（9-43）有

$$\mu_0 nI + \mu_0 nI' = B = \mu_\text{r} B_0 = \mu_\text{r} \mu_0 nI = \mu nI \tag{9-46}$$

式中，$\mu = \mu_0 \mu_\text{r}$，将上式代入式（9-43）有

$$\oint_l \vec{B} \cdot \mathrm{d}\vec{l} = \mu nI \tag{9-47}$$

令

$$\overline{H} = \frac{\overline{B}}{\mu} \tag{9-48}$$

式中，$\overline{H}$ 称为磁场强度，是表示磁场强弱与方向的物理量，是一个辅助量。在国际单位制中 H 的单位：$A \cdot m^{-1}$。引入磁场强度 $\overline{H}$ 后，式（9-45）可以表示为

$$\oint_l \overline{H} \cdot d\overline{l} = nI \tag{9-49}$$

因为 nI 为闭合回路所包围的传导电流的代数和，可改写为 $\sum_i I_i$。这样上式可改写成

$$\oint_l \overline{H} \cdot d\overline{l} = \sum_i I_i \tag{9-50}$$

式（9-50）表明，**磁场强度沿任意闭合回路的线积分，等于该回路所包围的传导电流的代数和**。式（9-50）就是磁介质中的安培环路定理。虽然这一定理是通过长直螺线管这一特例导出的，但可以证明，它在一般情况下也是正确的。

由于 $\overline{H}$ 的环流只与闭合回路所包围的传导电流的代数和有关，与磁化电流及闭合回路之外的传导电流无关，因此，计算有磁介质存在时的磁感应强度 $\overline{B}$ 时，一般方法是先利用式（9-48）求出 $\overline{H}$ 的分布，然后利用式（9-46）求出 $\overline{B}$ 的分布。当然只有电流分布有一定的对称性时，$\overline{H}$ 才能方便地由磁介质中的安培环路定理求出。

9.9 铁磁质

铁磁质是一类性能特殊的磁介质，表现在它磁化后能产生很强的磁感应强度。对顺磁质和抗磁质来说，其相对磁导率都近似等于 1，而且一般为不随外磁场而改变的常量。铁磁质的相对磁导率 $\mu_r \gg 1$，一般可以达到 $10^2 \sim 10^4$，而且随外磁场而变化。铁磁质常用于电机、电气设备、电子器件等。

9.9.1 磁质的磁化规律 磁滞回线

铁磁质 μ 很大，且 μ 值还随外磁场而变化，即磁感应强度 B 与磁场强度 H 之间为非线性关系。图 9-40 所示是铁磁质磁化时 $B-H$ 的曲线，从图中可以看出，随着磁场强度 H 的逐渐增加，B 开始时缓慢增加（01 段），接着随 H 变大，B 急剧增大（12 段），然后增加缓慢（23 段），最后增加十分缓慢（34 段），过了 4 点，再增加 H，B 几乎不再增加，达到饱和状态，相应的磁感应强度称为饱和磁感应强度。从 0 到饱和状态的 $B-H$ 曲线称为铁磁质的磁化曲线。

从图 9-40 的磁化曲线可以看出，铁磁质的 B 与 H 的关系不是线性的，根据 $\mu = B/H$，则铁磁质的磁导率 μ 不是常数，磁导率 μ 与 H 的关系如图 9-41 所示。

图 9-40 磁化曲线

图 9-41 磁导率与 H 的关系

当铁磁质的磁感应强度达到饱和状态后，如图 9-42 所示，逐渐减小 H，磁感应强度 B 并不是沿起始磁化曲线 oa 减少，并且，当 H 减小到为零时，B 仍然保留一定的值 B_r，B_r 称为剩余磁化强度，这种现象称为磁滞现象，简称磁滞。要消除剩磁，使铁磁质中的 B 减小到零，必须加一个反向磁场，当反向磁场增加到 H_c 时，B 才能减小到零，这时的反向磁场 H_c 称为矫顽力。如果反向磁场继续增加，则铁磁质将反向磁化，直到饱和状态。此后，若使反向磁场减弱，H 减小到零，然后又沿正方向增加，$B-H$ 曲线形成一个闭合曲线，称为磁滞回线。图 9-43 描述的是不同铁磁质的磁滞回线。

图 9-42　磁滞回线

(a) 软磁材料　　(b) 硬磁材料　　(c) 矩磁材料

图 9-43　不同铁磁质的磁滞回线

磁滞是指磁感应强度 B 的变化落后于 H 的变化。铁磁质的磁滞现象会造成能量损失，这种损失的能量称为磁滞损耗。可以证明，铁磁质在缓慢磁化情况下，经历一次磁化过程损耗的能量，与磁滞回线所包围的面积成正比。

9.9.2　磁性材料的分类

实验证明，不同铁磁材料的磁滞回线有很大的不同。根据矫顽力的大小或磁滞回线的形状的不同，铁磁材料可分为软磁材料、硬磁材料和矩磁材料。

软磁材料如软铁、硅钢、坡莫合金等，特点是：材料的矫顽力小，容易磁化，也容易退磁。软磁材料的磁滞回线细而窄，所包围的面积小，因而磁滞损耗小。适用于交变磁场中，常用作变压器、继电器、电磁铁、电动机和发电机的铁芯等。

硬磁材料如碳钢、钕铁硼合金等，特点是：材料的矫顽力大，剩磁大。硬磁材料的磁滞回线粗而宽，磁滞损耗大。这种材料磁化后能保留很强的磁性，适用于制造各种类型的永久磁体，扬声器等。

矩磁材料如锰镁铁氧体、锂锰铁氧体等，磁滞回线接近于矩形，特点是剩磁接近饱和值。若矩磁材料在不同方向的外磁场下磁化，当电流为零时，总是处于两种剩磁状态，因此可用作计算机的"记忆"元件，或用于自动控制技术等方面。

9.9.3　磁畴

铁磁质的起因可以用"磁畴"理论来解释。如图 9-44 所示，在铁磁质内存在着无数个自发磁化的小区域，称为磁畴，磁畴的体积约为 $10^{-12} \sim 10^{-9} \mathrm{cm}^3$。在每个磁畴中，所有原子的磁矩全都向着同一个方向排列整齐，在未磁化的铁磁质中，由于热运动，各磁畴的磁矩取向是无规则的，因此整块铁磁质在宏观上对外不显示磁性。当在铁磁质内加外磁场并逐渐增大外磁场时，磁畴将发生变化，这时磁矩方向与外磁场方向接近的磁畴逐渐增大，而方向相反的磁畴逐渐减小。最后当外加磁场加大到一定程度后，所有磁畴的磁矩方向都指向同一方向，这时磁介质就达到饱和状态。

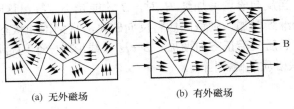

(a) 无外磁场   (b) 有外磁场

图 9-44 磁畴

在外加磁场去除后，铁磁质将重新分裂为许多磁畴，但由于掺杂和内应力等原因，各磁畴之间存在摩擦阻力，使磁畴并不能恢复到原来杂乱排列的状态，因而表现出磁滞现象。当外磁场去除后，铁磁质仍能保留部分磁性。

当铁磁质的温度升高到某一临界温度时，分子热运动加剧，磁畴就会瓦解，从而使铁磁质的磁性消失，成为顺磁质，这个临界温度称为居里温度或居里点。

复 习 题

一、思考题

1. 在同一磁感应线上，各点磁感应强度 $\vec{B}$ 的数值是否都相等?为何不把作用于运动电荷的磁力方向定义为磁感应强度 $\vec{B}$ 的方向?

2.（1）在没有电流的空间区域里，如果磁感应线是平行直线，磁感应强度 $\vec{B}$ 的大小在沿磁感应线和垂直它的方向上是否可能变化（即磁场是否一定是均匀的）?（2）若存在电流，上述结论是否还对?

3. 用安培环路定理能否求一段有限长载流直导线周围的磁场?

4. 如图 9-45 所示，在载流长螺线管的情况下，导出其内部 $B = \mu_0 nI$，外面 $B = 0$，所以在载流螺线管外面环绕一周的环路积分

$$\oint_L \vec{B}_{外} \cdot \mathrm{d}\vec{l} = 0$$

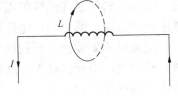

图 9-45 思考题 4

但从安培环路定理来看，环路 L 中有电流 I 穿过，环路积分应为

$$\oint_L \vec{B}_{外} \cdot \mathrm{d}\vec{l} = \mu_0 I$$

这是为什么?

5. 如果一个电子在通过空间某一区域时不偏转，能否肯定这个区域中没有磁场?如果它发生偏转能否肯定那个区域中存在着磁场?

6. 磁场是不是保守场?

7. 在无电流的空间区域内，如果磁感应线是平行直线，那么磁场一定是均匀场。试证明之。

二、习题

1. 已知磁感应强度 $B=2.0\mathrm{Wb\cdot m^{-2}}$ 的均匀磁场，方向沿 x 轴正方向，如图 9-46 所示。试求：

（1）通过图中 $abcd$ 面的磁通量；

（2）通过图中 $befc$ 面的磁通量；

（3）通过图中 $aefd$ 面的磁通量。

2. 如图 9-47 所示，AB、CD 为长直导线，$\overset{\frown}{BC}$ 为圆心在 O 点的一段圆弧形导线，其半径为 R，若通以电流 I，求 O 点的磁感应强度。

图 9-46　习题 1

图 9-47　习题 2

3. 在真空中，有两根互相平行的无限长直导线 L_1 和 L_2，相距 0.1m，通有方向相反的电流，其中 $I_1=20\mathrm{A}$，$I_2=10\mathrm{A}$，如图 9-48 所示。A、B 两点与导线在同一平面内。这两点与导线 L_2 的距离均为 5.0cm。试求 A、B 两点处的磁感应强度，以及磁感应强度为零的点的位置。

4. 如图 9-49 所示，两根导线沿半径方向引向铁环上的 A、B 两点，并在很远处与电源相连，已知圆环的粗细均匀，求环中心 O 的磁感应强度。

图 9-48　习题 3

5. 在一半径 $R=1.0\mathrm{cm}$ 的无限长半圆柱形金属薄片中，自上而下地有电流 $I=5.0\mathrm{A}$ 通过，且电流分布均匀，如图 9-50 所示。试求圆柱轴线任一点 P 处的磁感应强度。

图 9-49　习题 4

图 9-50　习题 5

6. 如图 9-51 所示，氢原子处在基态时，它的电子可看作是在半径 $a=0.52\times10^{-8}\mathrm{cm}$ 的轨道上作匀速圆周运动，速率 $v=2.2\times10^{8}\mathrm{cm\cdot s^{-1}}$。求电子在轨道中心所产生的磁感应强度和电子磁矩的值。

7．两平行长直导线相距 d =40cm，每根导线载有电流 $I_1=I_2$=20A，如图 9-52 所示。求：

（1）两导线所在平面内与该两导线等距的一点 A 处的磁感应强度；

（2）通过图中斜线所示面积的磁通量（$r_1=r_3$ =10cm，l =25cm）。

8．一根很长的铜导线载有电流 10A，设电流均匀分布，在导线内部做一平面 S，如图 9-53 所示。试计算通过 S 平面的磁通量（沿导线长度方向取长为 1m 的一段进行计算）。铜的磁导率 $\mu=\mu_0$。

图 9-51　习题 6

图 9-52　习题 7

图 9-53　习题 8

9．设图 9-54 中两导线中的电流均为 8A，对图示的三条闭合曲线 a、b、c，分别写出安培环路定理等式右边电流的代数和。并讨论：

（1）在各条闭合曲线上，各点的磁感应强度 $\vec{B}$ 的大小是否相等？

（2）在闭合曲线 c 上各点的 $\vec{B}$ 是否为零?为什么？

10．图 9-55 所示是一根很长的长直圆管形导体的横截面，内、外半径分别为 a、b，导体内载有沿轴线方向的电流 I，且 I 均匀地分布在管的横截面上。设导体的磁导率 $\mu \approx \mu_0$，试求导体内部各点 $(a<r<b)$ 的磁感应强度的大小。

图 9-54　习题 9

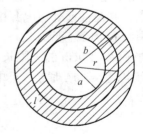

图 9-55　习题 10

11．一根很长的同轴电缆，由一导体圆柱（半径为 a）和一同轴的导体圆管（内、外半径分别为 b、c）构成，如图 9-56 所示。使用时，电流 I 从一导体流去，从另一导体流回。设电流都是均匀地分布在导体的横截面上，求：（1）导体圆柱内（$r<a$）；（2）两导体之间（$a<r<b$）；（3）导体圆筒内（$b<r<c$）；（4）电缆外（$r>c$）各点处磁感应强度的大小。

12．在半径为 R 的长直圆柱形导体内部，与轴线平行地挖成一半径为 r 的长直圆柱形空腔，两轴间距离为 a，且 $a>r$，横截面如图 9-57 所示。现在电流 I 沿导体管流动，电流均匀分布在管的横截面上，而电流方向与管的轴线平行。求：

（1）圆柱轴线上的磁感应强度的大小；

（2）空心部分轴线上的磁感应强度的大小。

图 9-56 习题 11

图 9-57 习题 12

13. 如图 9-58 所示，长直电流 I_1 附近有一等腰直角三角形线框 ABC，通以电流 I_2，二者共面。求三角形 ABC 各边所受的磁力。

14. 在磁感应强度为 $\vec{B}$ 的均匀磁场中，垂直于磁场方向的平面内有一段载流弯曲导线，电流为 I，如图 9-59 所示。求其所受的安培力。

图 9-58 习题 13

图 9-59 习题 14

15. 如图 9-60 所示，在长直导线 AB 内通以电流 I_1=20A，在矩形线圈 $CDEF$ 中通有电流 I_2=10A，AB 与线圈共面，且 CD、EF 都与 AB 平行。已知 a=9.0cm，b=20.0cm，d=1.0cm，求：

（1）导线 AB 的磁场对矩形线圈每边所作用的力；

（2）矩形线圈所受合力和合力矩。

16. 边长为 l=0.1m 的正三角形线圈放在磁感应强度 B=1T 的均匀磁场中，线圈平面与磁场方向平行，如图 9-61 所示，使线圈通以电流 I=10A，求：

（1）线圈每边所受的安培力；

（2）对 OO' 轴的磁力矩大小；

（3）从线圈平面与磁场平行位置转到线圈平面与磁场垂直时磁力所做的功。

图 9-60 习题 15

图 9-61 习题 16

17. 一正方形线圈，由细导线做成，边长为 a，共有 N 匝，可以绕通过其相对两边中点的一个竖直轴自由转动。现在线圈中通有电流 I，并把线圈放在均匀的水平外磁场 $\vec{B}$ 中，线圈对其转轴的转动惯量为 J。求线圈绕其平衡位置作微小振动时的振动周期 T。

18. 一长直导线通有电流 $I_1=20A$，旁边放一导线 ab，其中通有电流 $I_2=10A$，且两者共面，如图 9-62 所示。求导线 ab 所受作用力对 O 点的力矩。

19. 如图 9-63 所示，一平面塑料圆盘，半径为 R，表面带有面密度为 σ 剩余电荷。假定圆盘绕其轴线 AA' 以角速度 ω（rad·s⁻¹）转动，磁场 $\vec{B}$ 的方向垂直于转轴 AA'。试证磁场作用于圆盘的力矩的大小为 $M=\dfrac{\pi\sigma\omega R^4 B}{4}$。

图 9-62　习题 18　　　　　　　图 9-63　习题 19

20. 如图 9-64 所示，电子在 $B=70\times10^{-4}T$ 的匀强磁场中作圆周运动，圆周半径 $r=3.0cm$。已知 $\vec{B}$ 垂直于纸面向外，某时刻电子在 A 点，速度 $\vec{v}$ 向上。

（1）试画出此电子运动的轨道。

（2）求此电子速度 $\vec{v}$ 的大小。

（3）求此电子的动能 E_k。

21. 如图 9-65 所示，一电子在 $B=20\times10^{-4}T$ 的磁场中沿半径为 $R=2.0cm$ 的螺旋线运动，螺距 $h=5.0cm$。

（1）求这电子的速度。

（2）磁场 $\vec{B}$ 的方向如何？

图 9-64　习题 20　　　　　　图 9-65　习题 21

22. 在霍尔效应实验中，一宽 1.0cm、长 4.0cm、厚 $1.0\times10^{-3}cm$ 的导体，沿长度方向载有 3.0A 的电流，当磁感应强度大小为 $B=1.5T$ 的磁场垂直地通过该导体时，产生 $1.0\times10^{-5}V$ 的横向电压，试求：

（1）载流子的漂移速度；

（2）每立方米的载流子数目。

23．图 9-66 中的 3 条线表示 3 种不同磁介质的 $B \sim H$ 关系曲线，虚线是 $B = \mu_0 H$ 关系的曲线，试指出哪一条是表示顺磁质？哪一条是表示抗磁质？哪一条是表示铁磁质？

图 9-66　习题 23

24．螺绕环中心周长 $L = 10\text{cm}$，环上线圈匝数 $N = 200$ 匝，线圈中通有电流 $I = 100\text{mA}$。

（1）当管内是真空时，求管中心的磁场强度 $\overline{H}$ 和磁感应强度 $\overline{B}_0$。

（2）若环内充满相对磁导率 $\mu_r = 4200$ 的磁性物质，则管内的 $\overline{B}$ 和 $\overline{H}$ 各是多少？

（3）*磁性物质中心处由导线中传导电流产生的 $\overline{B}_0$ 和由磁化电流产生的 $\overline{B}'$ 各是多少？

25．螺绕环的导线内通有电流 20A，利用冲击电流计测得环内磁感应强度的大小是 $1.0\text{Wb} \cdot \text{m}^{-2}$，已知环的平均周长是 40cm，绕有导线 400 匝，试计算：

（1）磁场强度；

（2）磁化强度；

（3）*磁化率；

（4）*相对磁导率。

26．一铁制的螺绕环，其平均圆周长 $L = 30\text{cm}$，截面积为 1.0cm^2，在环上均匀绕以 300 匝导线，当绕组内的电流为 0.032A 时，环内的磁通量为 $2.0 \times 10^{-6}\text{Wb}$，试计算：

（1）环内的平均磁通量密度；

（2）圆环截面中心处的磁场强度。

第 **10** 章 电磁感应与电磁场

【学习目标】

- ● 熟练掌握法拉第电磁感应定律和楞次定律，并能熟练应用其来计算感应电动势，并判明该电动势的方向。
- ● 理解动生电动势和感生电动势的本质，了解有旋电场的概念。
- ● 理解自感和互感的现象，能计算简单几何形状导体的自感和互感。
- ● 了解磁场能量和磁能密度的概念，会计算均匀磁场和对称磁场的能量。
- ● 了解位移电流和麦克斯韦电场的基本概念，及麦克斯韦方程组积分形式的物理意义。

1820 年奥斯特发现了电流的磁效应。那么，能否利用磁效应产生电流呢？从 1822 年起，英国实验物理学家法拉第就开始对这一问题进行了大量的实验研究，终于在 1831 年发现了电磁感应现象，即利用磁场产生电流的现象。电磁感应现象的发现，在理论上，全面揭示电与磁的联系。电磁感应定律也是麦克斯韦电磁理论的基本组成部分之一；在实践上，它为人类获取巨大而廉价的电能开辟了道路，标志着一场重大的工业和技术革命的到来。

本章首先讲述电磁感应现象的基本规律——电磁感应定律，然后讨论动生电动势和感生电动势，介绍在电工技术中常用到的自感、互感和磁场能量等问题，最后给出麦克斯韦方程组。

10.1 电磁感应定律

电磁感应现象的发现，在物理学历史上具有划时代的意义。从此，电和磁这两个相对独立的部分，组成了一个完整的学科——电磁学。

10.1.1 电磁感应现象

电流磁效应的发现，从一个侧面揭示了电与磁之间的关系。于是人们自然联想到，磁场是否可以产生电流？许多科学家对此进行了探索，法拉第是其中之一。

法拉第电磁感应现象大体上可通过两类实验来说明：（1）磁铁与线圈有相对运动时，线圈中产生电流，如图 10-1 所示；（2）当一个线圈中电流发生变化时，可在另一线圈中感应出电流，如图 10-2 所示。

图 10-1　磁铁与线圈有相对运动时的电流

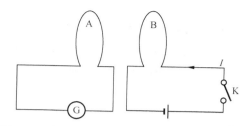

图 10-2　一线圈电流发生变化时，另一线圈中感应出电流

　　所有电磁感应实验的结果分析均表明，当穿过闭合导体回路所包围面积的磁通量发生变化时，回路中就会产生电流，这种现象称为**电磁感应现象**，这种电流称为**感应电流**。

　　当穿过闭合导体回路所包围面积的磁通量发生变化时，回路中产生电流，说明在回路中产生了电动势，这种电动势称为**感应电动势**。

　　需要注意的是，如果线圈不是闭合的，虽然没有感应电流，但感应电动势仍然存在。所以，感应电动势比感应电流反映更本质的东西。

10.1.2　法拉第电磁感应定律

　　法拉第对电磁感应现象作了详细的分析，总结出如下结论：**当穿过闭合回路所包围面积的磁通量发生变化时，不论这种变化是什么原因引起的，回路中就有感应电动势产生，并且感应电动势正比于磁通量对时间变化率的负值**，即

$$\varepsilon_i = -\frac{\mathrm{d}\Phi}{\mathrm{d}t} \qquad (10\text{-}1)$$

　　式（10-1）就是法拉第电磁感应定律的数学表达式。

　　感应电动势的大小等于磁通量对时间的变化率，式（10-1）中的负号反映了感应电动势的方向与磁通量变化之间的关系。在判断感应电动势的方向时，应先规定导体回路 L 的绕行方向，然后，按右手螺旋法则确定出回路所包围面积的正法线方向 $\vec{n}$。若磁感应强度 $\vec{B}$ 与 $\vec{n}$ 的夹角小于 $90°$，则穿过回路面积的磁通量为 $\Phi>0$；反之，若磁感应强度 $\vec{B}$ 与 $\vec{n}$ 的夹角大于 $90°$，则 $\Phi<0$；再根据 Φ 的变化情况，确定 $\mathrm{d}\Phi/\mathrm{d}t$ 的正负。如果 $\mathrm{d}\Phi/\mathrm{d}t>0$，根据式（10-1），则 $\varepsilon_i<0$，表示感应电动势的方向和回路 L 的绕行方向相反。反之，如果 $\mathrm{d}\Phi/\mathrm{d}t<0$，则 $\varepsilon_i>0$，表示感应电动势的方向和回路 L 的绕行方向相同，如图 10-3 所示。

　　如果回路是由 N 匝密绕线圈组成的，而穿过每匝线圈的磁通量都等于 Φ，则通过 N 匝线圈的磁通量为 $\Psi = N\Phi$。Ψ 称为磁链。则有

图 10-3　感应电动势的方向

$$\varepsilon_i = -\frac{\mathrm{d}\Psi}{\mathrm{d}t} = -N\frac{\mathrm{d}\Phi}{\mathrm{d}t} \qquad (10\text{-}2)$$

如果闭合回路的电阻为 R，则回路中的感应电流为

$$I_i = \frac{\varepsilon_i}{R} = -\frac{1}{R}\frac{d\Phi}{dt} \qquad (10\text{-}3)$$

下面计算通过回路的感应电量。

令时间间隔 $\Delta t = t_2 - t_1$，设在 t_1 时刻穿过回路所围面积的磁通量为 Φ_1，在 t_2 时刻穿过回路所围面积的磁通量为 Φ_2，因为

$$I = \frac{dq}{dt}$$

所以在 $\Delta t = t_2 - t_1$ 时间内，通过回路的感应电量为

$$q = \int_{t_1}^{t_2} I\,dt = \int_{\Phi_1}^{\Phi_2} -\frac{d\Phi}{R} = \frac{1}{R}(\Phi_1 - \Phi_2) \qquad (10\text{-}4)$$

比较式（10-3）和式（10-4）可以看出，感应电流与回路中磁通量随时间的变化率有关，但是回路中的感应电量只与磁通量的变化量有关，而与磁通量随时间的变化率无关。

测出在某段时间中通过回路的感应电量，而且回路电阻为已知，则可求得在这段时间内通过回路所围面积的磁通量的变化。磁通计就是根据这个原理设计的。

10.1.3　楞次定律

1834 年，楞次在大量实验事实的基础上，总结出了判断感应电流方向的规律：**闭合回路中产生的感应电流的方向，总是使得它所激发的磁场阻碍引起感应电流的磁通量的变化。这个规律称为楞次定律。**

应用楞次定律判断感应电流的方向时，应该注意：（1）回路绕行方向与回路正法线方向遵守右手螺旋法则；（2）回路中感应电动势的方向与回路绕行方向一致时，感应电动势取正值；相反时取负值。

如图 10-4（a）所示，取回路的绕行方向为顺时针方向，各匝线圈的正法线 $\vec{n}$ 的方向与磁感应强度 $\vec{B}$ 的方向一致，因此穿过线圈的磁通量为正值。当磁铁移近线圈时，穿过线圈的磁通量增加。由式（10-1）得感应电动势 ε_i 小于零，感应电动势 ε_i 方向应与回路绕行相反，故其方向如图所示，感应电流 I_i 与 ε_i 方向相同，感应电流产生的磁场的方向与磁铁磁场的方向相反，将阻碍磁铁向线圈运动。如果磁铁远离线圈时，如图 10-4（b）所示，穿过线圈的磁通量仍然为正值。当磁铁远离线圈时，磁感应强度 $\vec{B}$ 减小，穿过回路的磁通量将减小，由式（10-1）得感应电动势 ε_i 大于零，即感应电流 I_i、ε_i 都与回路绕行方向一致，I_i 产生的磁场方向与磁体磁场方向相同，将阻碍磁铁远离线圈的运动。

又如图 10-5 所示，在闭合回路中，导线运动切割磁场线时，回路绕行方向 $abcda$，$\vec{n}$ 与 $\vec{B}$ 反向，$\Phi < 0$。当 ab 向右滑动，即回路所围面积增大时，$\frac{d\Phi}{dt} < 0$，则 $\varepsilon_i = -\frac{d\Phi}{dt} > 0$，$I_i$、$\varepsilon_i$ 方向应与回路绕行方向一致。导线 ab 将受力 $\vec{F}_i$ 作用，方向向左，阻碍导线向右运动。因此，要移动导线，就要对外力做功，这样就把其他形式的能量转变为感应电流通过回路时所放出的焦耳热。

楞次定律是能量守恒定律在电磁感应现象上的具体体现。感应电流在闭合回路中流动时将释放焦耳热，根据能量守恒定律，这部分热量只能从其他形式的能量转化而来。法拉第电磁感应定律中的负号，正表明了感应电动势的方向和能量守恒定律之间的内在联系。从前面的讨论可知，把磁棒插入线圈或从线圈中拔出，必须克服斥力或引力做机械功。实际上，正

是这部分机械功转化成了感应电流所释放的焦耳热。

图 10-4 感应电动势的方向的确定 图 10-5 导体切割磁场线

10.2 动生电动势

根据法拉第电磁感应定律我们知道，只要穿过一个闭合回路的磁通量发生了变化，在回路中就会有感应电动势产生。但引起磁通量变化的原因可以不同，分为两种情况：一是导体或导体回路在恒定磁场中运动，导体或导体回路内产生感应电动势，这样产生的电动势称为**动生电动势**。二是导体或导体回路不动，由于磁场随时间变化，穿过它的磁通量也会发生变化，这样回路中也会产生感应电动势，这种电动势称为**感生电动势**。本节只讨论动生电动势。

如图 10-6 所示，一矩形导体回路，可动的边为长 l 的导体棒，在磁感应强度为 $\vec{B}$ 的均匀磁场中，以速度 $\vec{v}$ 向右运动，且速度 $\vec{v}$ 与 $\vec{B}$ 的方向垂直。某时刻，穿过回路面积的磁通量为

$$\Phi = BS = Blx$$

当 ab 运动时，回路所围面积扩大，则回路中的磁通量发生变化，由法拉第电磁感应定律可知，回路中感应电动势的大小为

$$\left|\varepsilon_{i}\right| = \frac{\mathrm{d}\Phi}{\mathrm{d}t} = \frac{\mathrm{d}(Blx)}{\mathrm{d}t} = Bl\frac{\mathrm{d}x}{\mathrm{d}t} = Blv$$

感应电动势的方向，由楞次定律可知为逆时针。由于只是 ab 运动，其他边均不动，所以，动生电动势应归于导体棒 ab 的运动，所以动生电动势集中于 ab 段内，这一段可视为整个回路的电源。棒 ab 中的动生电动势的方向由 a 指向 b，所以在棒上，b 点电势高于 a 点的电势。

在前面的一章中我们已经知道，电动势是非静电力作用的表现，那么引起动生电动势的非静电力是什么呢？

当导体棒 ab 以速度 $\vec{v}$ 在磁场中运动时，导体棒中的自由电子也以速度 $\vec{v}$ 随着棒一起向右运动，因而每个自由电子所受的洛伦兹力为

$$\vec{F}_{\mathrm{m}} = -e\vec{v} \times \vec{B}$$

式中，$-e$ 为电子所带的电量，$\vec{F}_{\mathrm{m}}$ 的方向由 b 指向 a，如图 10-7（a）所示。在洛伦兹力的作用下，自由电子沿 $b \to a$ 方向运动，即电流沿 $a \to b$ 方向。自由电子的运动结果，是使棒 ab 两端出现了电荷积累，a 端带负电，b 端带正电。这两种电荷在导体中产生自 b 指向 a 的静电场，其电场强度为 $\vec{E}$，所以，电子还要受到一个与洛伦兹力方向相反的静电力 $\vec{F}_{\mathrm{e}} = -e\vec{E}$ 的作用，此静电力随电荷的累积而增大，当静电力的大小增大到等于洛伦兹力的大小时，即 $F_{\mathrm{m}} = F_{\mathrm{e}}$ 时，ab 两端保持稳定的电势差。这时，导体棒 ab 相当于一个有一定电动势的电源，如图 10-7（b）所示。洛伦兹力是使在磁场中运动的导体棒维持恒定电势差的根本原因，即洛伦兹力是

非静电力。若以$\vec{E}_k$表示非静电场强，则有

$$\vec{E}_k = \frac{\vec{F}_m}{-e} = \vec{v} \times \vec{B} \qquad (10-5)$$

图 10-6　动生电动势　　　　　图 10-7　动生电动势与洛伦兹力

由电动势的定义，可知在磁场中运动的导体棒 ab 上产生的动生电动势为

$$\varepsilon_i = \int_a^b \vec{E}_k \cdot d\vec{l} = \int_a^b \left(\vec{v} \times \vec{B}\right) \cdot d\vec{l} \qquad (10-6)$$

如图 10-7 所示，由于$\vec{v}$、$\vec{B}$ 和 $d\vec{l}$ 三者相互垂直，式（10-6）积分的结果为

$$\varepsilon_i = \int_0^l vB\,dl = Bvl$$

对于一个任意形状的导线，在非均匀磁场中做任意运动时，导线中的自由电子在随导线运动时，同样会受到洛伦兹力的作用，导线内就会有$\vec{E}_k$，且产生动生电动势，整个导线上的动生电动势应该是各导线元的动生电动势之和。设导线 ab 中的一段导线元 $d\vec{l}$，以速度$\vec{v}$ 运动，则在导线元中产生的动生电动势为

$$d\varepsilon_i = \vec{E} \cdot d\vec{l} = \left(\vec{v} \times \vec{B}\right) \cdot d\vec{l}$$

导线 ab 上产生的总的动生电动势为

$$\varepsilon_i = \int_a^b d\varepsilon_i = \int_a^b \vec{E}_k \cdot d\vec{l} = \int_a^b \left(\vec{v} \times \vec{B}\right) \cdot d\vec{l}$$

如果整个导体回路 L 都在恒定磁场中运动，则闭合回路中产生的动生电动势为

$$\varepsilon_i = \oint_L d\varepsilon_i = \oint_L \left(\vec{v} \times \vec{B}\right) \cdot d\vec{l} \qquad (10-7)$$

通过导体在磁场中运动时产生动生电动势的原因可以看出，动生电动势是由于导体中自由电子受到洛伦兹力作用的结果。如果导体与外电路组成闭合回路，则在闭合回路中将有感应电流，电动势是要做功的。但是我们知道洛伦兹力与电荷运动方向垂直，对运动电荷不做功。这里似乎就产生了矛盾。这种情况可以通过下面的分析加以解释。

如图 10-8 所示，随同导线运动的自由电子，在洛伦兹力的作用下，以速度$\vec{u}$沿导线运动，可知，此时电子同时参与了两个运动，其合速度为$\vec{v}+\vec{u}$，其中$\vec{v}$为电子随导体运动的牵连速度，$\vec{u}$为电子相对导体的定向移动速度。因此电子所受的总的洛伦兹力为

$$\vec{F} = -e(\vec{v}+\vec{u}) \times \vec{B}$$

因为$\vec{F}$垂直于$(\vec{v}+\vec{u})$，所以总的洛伦兹力对电子不做功。然而$\vec{F}$的一个分力

$$\vec{f} = -e(\vec{v} \times \vec{B})$$

却对电子做正功，形成动生电动势；而另一个分力

$$\vec{f}' = -e(\vec{u} \times \vec{B})$$

方向沿 $-\vec{v}$ 方向，阻碍导体运动，因而做负功。可以证明两个分力所做功的代数和等于零。因此，洛伦兹力本身并不提供能量，而只是传递能量，即外力克服阻力 $\vec{f}'$ 而做的功，通过另一分力 $\vec{f}$ 转化为感应电流的能量，即把机械能转化为电能。

【**例 10-1**】　一根长度为 L 的铜棒，在磁感应强度为 $\vec{B}$ 的均匀的磁场中，以角速度 ω 在与磁场方向垂直的平面上绕棒的一端 O 做匀速转动（如图 10-9 所示），试求铜棒两端之间产生的感应电动势的大小。

图 10-8　洛伦兹力不做功

图 10-9　例 10-1

解： 这是一个动生电动势问题，可以用动生电动势计算公式求解，也可以用法拉第电磁感应定律求解。

解法 1：按动生电动势计算公式求解。

在铜棒上距 O 为 l 处取一线元 $\mathrm{d}\vec{l}$，其运动速度的大小为 $v = \omega l$，并且 $\vec{v}$、$\vec{B}$、$\mathrm{d}\vec{l}$ 互相垂直，则线元上的动生电动势为

$$\mathrm{d}\varepsilon_i = (\vec{v} \times \vec{B}) \cdot \mathrm{d}\vec{l} = Bv\,\mathrm{d}l = B\omega l\,\mathrm{d}l$$

整个铜棒上的总动生电动势为

$$\varepsilon_i = \int \mathrm{d}\varepsilon_i = \int_0^L B\omega l\,\mathrm{d}l = \frac{1}{2}B\omega L^2$$

电动势的方向是由 O 指向 P，表明 O 点电势低，P 点电势高。

解法 2：用法拉第电磁感应定律求解。

用法拉第电磁感应定律求解时，首先要求出磁通量。取任意扇形回路 $OPP'O$，设铜棒 OP 在 $\mathrm{d}t$ 时间内转过的角度为 $\mathrm{d}\theta$，扫过的扇形面积元为 $\mathrm{d}S = \frac{1}{2}L^2\mathrm{d}\theta$，则通过扇形面积元的磁通量为

$$\mathrm{d}\varPhi = B\,\mathrm{d}S = \frac{1}{2}BL^2\,\mathrm{d}\theta$$

由法拉第电磁感应定律，可得铜棒中的动生电动势为

$$\varepsilon_i = -\frac{\mathrm{d}\varPhi}{\mathrm{d}t} = -\frac{1}{2}B\omega L^2$$

感应电动势的方向为由 O 指向 P。

推广： 若将铜棒转为圆盘，则相当于无数根铜棒的并联。用此方法可形成一个圆盘发电机。

【例 10-2】 无限长直载流导线，电流为 I，长为 L 的导体细棒 ab 与长直导线共面，导体棒 ab 以速率 v 沿平行于长直导线的方向运动，且与之垂直，如图 10-10 所示，a 端到长直导线的距离为 d，求导体棒 ab 中的动生电动势，并判断哪端电势较高。

图 10-10 例 10-2

解： 此题仍然可以用两种方法求解。

解法 1：在导体棒 ab 所在区域，长直导线在距其 r 处的磁感应强度 $\vec{B}$ 大小为

$$B = \frac{\mu_0 I}{2\pi r}$$

$\vec{B}$ 的方向为垂直纸面向外。可见棒是在非均匀磁场中运动。在导体棒 ab 上距长直导线 r 处取一线元 $\mathrm{d}\vec{r}$，方向向右，因 $\vec{v} \times \vec{B}$ 方向也向右，所以该线元中产生的电动势为

$$\mathrm{d}\varepsilon_i = \left(\vec{v} \times \vec{B}\right) \cdot \mathrm{d}\vec{r} = vB\,\mathrm{d}r = \frac{\mu_0 Iv}{2\pi r}\,\mathrm{d}r$$

故导体棒 ab 上的总动生电动势为

$$\varepsilon_{ab} = \int\mathrm{d}\varepsilon_i = \int_d^{d+L}\frac{\mu_0 Iv}{2\pi r}\,\mathrm{d}r = \frac{\mu_0 Iv}{2\pi}\ln\frac{d+L}{d}$$

由于 $\varepsilon_{ab} > 0$，表明电动势的方向由 a 指向 b，a 端电势低，b 端电势高。

解法 2：应用法拉第电磁感应定律计算。

假想一个 U 形导体框与 ab 组成一个闭合回路，先计算出回路的感应电动势，由于 U 形框不运动，不会产生动生电动势，因而，回路的总感应电动势就是导体棒 ab 在磁场中运动时所产生的动生电动势。

设某时刻导体棒 ab 到 U 形框底边的距离为 y，取顺时针方向为回路的正方向，则该时刻通过回路的磁通量

$$\Phi = \int\vec{B}\cdot\mathrm{d}\vec{S} = \int_d^{d+L}-\frac{\mu_0 I}{2\pi r}y\,\mathrm{d}r = -\frac{\mu_0 I}{2\pi}y\ln\frac{d+L}{d}$$

回路中的电动势

$$\varepsilon_i = -\frac{\mathrm{d}\Phi}{\mathrm{d}t} = -\frac{\mathrm{d}}{\mathrm{d}t}\left(-\frac{\mu_0 I}{2\pi}y\ln\frac{d+L}{d}\right) = \frac{\mu_0 I}{2\pi}v\ln\frac{d+L}{d}$$

$\varepsilon_i > 0$ 表示动生电动势方向与所选回路正方向相同，即沿顺时针方向，因此在导体棒 ab 上，电动势由 a 指向 b，b 端电势高。这个结果与解法 1 完全相同。

【例 10-3】交流发电机原理。

如图 10-11 所示，$abcd$ 是一单匝线圈，它可以固定转轴在磁极 N、S 所激发的均匀磁场（磁场方向由 N 指向 S）中匀速转动，转动的角速度为 ω，线圈在转动过程中线圈的法线方向总和磁场方向变化，试求：A、B 间的电动势；

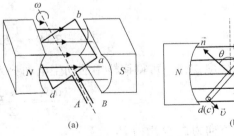

图 10-11 交流发电机原理

解： 此题仍然可以用两种方法求解。

解法 1：设线圈 ab 和 bc 的边长为 l_1，bc 和 da 的边长为 l_2，则线圈的面积 $S= l_1l_2$。若在瞬时线圈处于如图 10-11（b）所示的位置，此时线圈平面的法线方向 $\vec{n}$ 与竖直方向的夹角为 θ，则在 ab 边中产生的感应电动势为

$$\varepsilon_{ab} = \int_a^b (\vec{v} \times \vec{b}) \cdot \mathrm{d}\vec{l} = \int_a^b vB \sin\left(\frac{\pi}{2} + \theta\right) \mathrm{d}l = vBl_1 \cos\theta$$

同理，则在 ab 边中产生的感应电动势为

$$\varepsilon_{cd} = \int_a^b (\vec{v} \times \vec{b}) \cdot \mathrm{d}\vec{l} = \int_c^d vB \sin\left(\frac{\pi}{2} + \theta\right) \mathrm{d}l = vBl_1 \cos\theta$$

由于在线圈回路中这两个电动势方向相同，则整个回路中的感应电动势为

$$\varepsilon = \varepsilon_{ab} + \varepsilon_{cd} = \omega Bl_1 \cos\omega t$$

设线圈的角速度为 ω，并取线圈平面处于水平位置时作为计时零点，则上式中的 v 和 θ 为

$$v = \frac{l_2}{2} \cdot \omega \qquad \theta = \omega t$$

代入上式得

$$\varepsilon = 2\frac{l_2}{2} \omega Bl_1 \cos\omega t = BS\omega \cos\omega t$$

式中的 B 为磁极间的磁感应强度。

解法 2：我们从穿过线圈的磁通量的变化来考虑，当线圈处于如图 10-11（b）所示的位置时，通过线圈的磁通量为

$$\Phi = BS \cos\left(\theta + \frac{\pi}{2}\right) = BS \sin\theta = -BS \sin\omega t$$

则

$$\varepsilon = \frac{\mathrm{d}\Phi}{\mathrm{d}t} = BS\omega \cos\omega t$$

两种方法计算的结果相同。

从计算的结果看，感应电动势随时间变化的曲线是余弦曲线，这种电动势叫做简谐交变电动势，简称交流电。

10.3　感生电动势

下面讨论由于磁场随时间变化而产生的电动势——感生电动势。

10.3.1　感生电场　感生电动势

一个闭合回路静止放置于磁场中，当磁场变化时，穿过它的磁通量要发生变化，这时在回路中也产生感应电流，因而在闭合回路中产生感应电动势。这样产生的感应电动势称为感生电动势。由于导体回路静止，所以产生感生电动势的非静电力不可能是洛伦兹力。那么产生感生电动势的非静电力是什么？

英国著名物理学家麦克斯韦分析了一些电磁感应现象以后，提出了假设：变化的磁场在

其周围空间要激发一种电场，这种电场称为感生电场或涡旋电场，它就是产生感应电动势的"非静电场"。后来的大量实验证实了麦克斯韦假设的正确性。

以 $\vec{E}_k$ 表示感生电场，由电动势定义可知，由于磁场的变化，在一个导体回路 L 中产生的感生电动势为

$$\varepsilon_i = \oint_L \vec{E}_k \cdot d\vec{l} \qquad (10\text{-}8)$$

根据法拉第电磁感应定律

$$\varepsilon_i = \oint_L \vec{E}_k \cdot d\vec{l} = -\frac{d\Phi}{dt} = -\frac{d}{dt}\iint_S \vec{B} \cdot d\vec{S} = -\iint_S \frac{\partial \vec{B}}{\partial t} \cdot d\vec{S}$$

当导体回路不动，仅考虑磁场 $\vec{B}$ 随时间变化时，则有

$$\varepsilon_i = \oint_L \vec{E}_k \cdot d\vec{l} = -\frac{d\Phi}{dt}$$

即

$$\oint_L \vec{E}_k \cdot d\vec{l} = -\frac{d}{dt}\iint_S \vec{B} \cdot d\vec{S} = -\iint_S \frac{\partial \vec{B}}{\partial t} \cdot d\vec{S} \qquad (10\text{-}9)$$

式（10-9）中面积分区间 S 是以回路 L 为周界的曲面。式（10-9）表明在变化的磁场中，感生电场对任意闭合路径 L 的线积分等于这一闭合路径所包围的面积上的磁通量的变化率。

若闭合路径 L 的绕行方向与其所包围面积的正法线方向满足右手螺旋法则，则由式（10-9）可知，$\vec{E}_k$ 线的方向与 $\frac{\partial \vec{B}}{\partial t}$ 的方向之间满足左手螺旋法则，如图 10-12 所示。

图 10-12　左手螺旋

感生电场与静电场相同点是对电荷都有作用力；感生电场与静电场的不同之处是：一方面场源不同，静电场的场源是静止电荷，而感生电场的场源是变化的磁场；另一方面静电场的电场线起源于正电荷，终止于负电荷，不闭合，而感生电场的电场线是闭合的，感生电场不是非保守场。

在一般情况下，空间的电场既有静电场，又有感生电场，空间总电场 $\vec{E}$ 是静电场 $\vec{E}_s$ 和感生电场 $\vec{E}_k$ 的叠加，即

$$\vec{E} = \vec{E}_s + \vec{E}_k$$

而 $\oint_L \vec{E}_s \cdot d\vec{l} = 0$，所以，由式（10-9）可得

$$\oint_L \vec{E} \cdot d\vec{l} = -\iint_S \frac{\partial \vec{B}}{\partial t} \cdot d\vec{S} \qquad (10\text{-}10)$$

式（10-10）是电磁学的基本方程之一。

【例 10-4】　一半径为 R 的长直螺线管内通以变化的电流，则磁感应强度也将随之变化。设磁感应强度 $\vec{B}$ 随时间以恒定速率 $\frac{\partial B}{\partial t}$ 变化时，如图 10-13 所示，求涡旋电场的分布。

解：根据磁场分布的轴对称性及感生电场的电场线呈闭

图 10-13　例 10-4

合曲线特点，可知回路上感生电场的电场线处在垂直于轴线的平面内，它们是以轴为圆心的一系列同心圆，同一同心圆上任一点的感生电场的 E_k 大小相等，并且方向必然与回路相切。取以 r 为半径的圆形闭合回路 L，选取 L 的绕行方向为逆时针方向，则沿闭合回路 L 的 $\overline{E}_k$ 的线积分为

$$\oint_L \overline{E}_k \cdot \mathrm{d}\vec{l} = E_k 2\pi r$$

当 $r < R$ 时，式（10-10）为

$$\oint_L \overline{E}_k \cdot \mathrm{d}\vec{l} = \pi r^2 \frac{\mathrm{d}B}{\mathrm{d}t}$$

因此得到

$$E_k 2\pi r = \pi r^2 \frac{\mathrm{d}B}{\mathrm{d}t}$$

所以

$$E_k = \frac{r}{2} \frac{\mathrm{d}B}{\mathrm{d}t}$$

当 $r \geqslant R$ 时，回路面积上只有 πR^2 面积中有磁通量的变化，于是有

$$E_k 2\pi r = \pi R^2 \frac{\mathrm{d}B}{\mathrm{d}t}$$

所以得

$$E_k = \frac{R^2}{2r} \frac{\mathrm{d}B}{\mathrm{d}t}$$

E_k 随 r 的变化规律如图 10-12 所示。

10.3.2　*电子感应加速器

电子感应加速器是利用感生电场对电子加速的设备。其结构原理如图 10-14 所示。在电磁铁的两磁极间放一个真空室，电磁铁受交变电流激励，在两磁极间产生交变磁场。当磁场发生变化时，两极间任意闭合回路的磁通发生变化，就会产生感生电场，射入其中的电子在感生电场的作用下就不断加速，同时电子还要受到磁场的洛伦兹力作用，使其在环形真空室内沿圆形轨道运动。为了使电子稳定在半径为 R 的圆形轨道上运动，则产生向心力的洛伦兹力应满足

$$evB_R = m\frac{v^2}{R}$$

即

$$B_R = \frac{mv}{eR}$$

式中，B_R 是电子轨道上的磁感应强度，R 为轨道半径，v 为电子运动速度。

设轨道平面上的平均磁感应强度为 $\overline{B}$，则通过轨道面积的磁通量为

$$\Phi = \overline{B}S = \overline{B}\pi R^2$$

由式（10-10）可得

$$\oint_L \overline{E}_k \cdot \mathrm{d}\vec{l} = E_k 2\pi R = -\frac{\mathrm{d}\Phi}{\mathrm{d}t} = -\pi R^2 \frac{\mathrm{d}\overline{B}}{\mathrm{d}t}$$

(a)　　　　　　　　　　　(b)

图 10-14　电子感应加速器

所以得

$$E_k = -\frac{R}{2}\frac{\mathrm{d}\overline{B}}{\mathrm{d}t}$$

作用在电子上的切向力的大小为

$$eE_k = \frac{eR}{2}\frac{\mathrm{d}\overline{B}}{\mathrm{d}t}$$

根据牛顿第二定律，有

$$F_e = \frac{\mathrm{d}}{\mathrm{d}t}(mv) = \frac{\mathrm{d}}{\mathrm{d}t}(eRB_R) = eR\frac{\mathrm{d}B_R}{\mathrm{d}t}$$

所以

$$\frac{\mathrm{d}B_R}{\mathrm{d}t} = \frac{1}{2}\frac{\mathrm{d}\overline{B}}{\mathrm{d}t}$$

即只要 $B_R = \dfrac{\overline{B}}{2}$，被加速的电子就可稳定在半径为 R 的圆形轨道上运动。

　　小型电子感应加速器可将电子加速几十万电子伏特，大型的电子感应加速器可达数百万电子伏特。电子感应加速器是近代物理研究的重要装置，用加速后具有较高能量的电子束去轰击各种靶，可得到穿透能力很强的 X 射线。利用这些 X 射线，可研究某些核反应和制备一些放射性同位素。电子在加速时，由于要辐射能量，所以限制了加速能量的进一步提高。

10.3.3　*涡电流

　　前面讨论了变化的磁场在导体回路中产生感生电流的情形。当大块导体在磁场中运动或者放在变化的磁场中时，由于感应电场力的作用，导体中就会有感应电流产生，这种在大块导体内产生的感应电流称为**涡电流**，简称**涡流**。由于导体的电阻率很小，涡电流可以很大，就会产生大量的热量。

　　涡电流的热效应可以利用，如在冶金工业中，用高频感应炉熔化活泼或难熔的金属（见图 10-15）。在制造显像管、电子管时，在做好后要抽气封口，可以利用涡电流加热。一边加热，一边抽气，然后封口，避免氧化与沾污。

图 10-15　工频感应炉

涡电流还可以起阻尼作用，当一块金属制成的摆置于电磁铁的两极之间，当电磁铁的线圈没通电时，两极间没有磁场，摆要停下来需要很长的时间。在电磁铁的线圈中通电后，两极间有了磁场，由于电磁阻尼，摆很快就会停下来。在一些电磁仪表中如检流计，常利用电磁阻尼来使摆动的指针迅速地停在平衡位置处。

有时涡电流发热是有害的，在这些情况下要尽量减少涡电流。如在变压器、电机中，铁芯都不是整块，而是一片片彼此绝缘的硅钢片叠合而成。这样虽然穿过整个铁芯的磁通量不变，但对每一片来说，产生的感应电动势就小，涡电流就减小了。减小涡电流的另一种方法是选用电阻率较高的材料做铁芯。

10.4 自感与互感

当一个导体回路中的电流发生变化时，此电流所产生的通过回路本身所围面积的磁通量也发生变化，从而此回路中会产生感应电动势，这种由于回路中的电流发生变化，而在自身回路中引起感应电动势的现象称为**自感现象**，产生的电动势称为**自感电动势**。

当一个线圈中的电流发生变化时，将在其周围空间产生变化的磁场，从而使在它附近的另一个线圈中产生感应电动势，这种现象称为**互感现象**，这种电动势称为**互感电动势**。

10.4.1 自感系数 自感电动势

设闭合回路中，电流为 I，根据毕奥—萨伐尔定律，电流 I 所产生磁场的磁感应强度与电流 I 成正比，因此穿过回路所围面积的磁链也与 I 成正比，即

$$\Psi_{m} = LI \qquad (10\text{-}11)$$

式中，比例系数 L 称为回路的自感系数，简称自感，它取决于回路的几何形状、大小、线圈的匝数以及周围磁介质的磁导率。

在国际单位制中，自感的单位为亨利，用 H 表示。

由法拉第电磁感应定律，自感电动势为

$$\varepsilon_{L} = -\frac{d\Psi_{m}}{dt} = -\frac{d}{dt}(LI) = -L\frac{dI}{dt} - I\frac{dL}{dt}$$

如果回路的几何形状、大小、线圈匝数及周围介质的磁导率都不随时间变化，则 L 为一恒量，$\frac{dL}{dt} = 0$，因而

$$\varepsilon_{L} = -L\frac{dI}{dt} \qquad (10\text{-}12)$$

式（10-12）中的负号是楞次定律的表示，即自感电动势将反抗回路中电流的变化，即电流增加时，自感电动势与原来的电流方向相反；电流减小时，自感电动势与原来的电流方向相同。注意，自感电动势所反抗的是电流的变化，而不是反抗电流本身。

在相同电流变化的条件下，回路的自感系数越大，产生的自感电动势越大，即阻碍作用越强，回路中的电流越不容易改变。因而回路的自感有使回路的电流保持不变的性质，与力学中物体的惯性有些相似，故称为电磁惯性；自感系数就是回路电磁惯性的量度。

【例 10-5】 有一长直螺线管，长为 l，横截面积为 S，线圈总匝数为 N，管中磁介质的磁导率为 μ，试求其自感系数。

解： 对于长直螺线管，当有电流 I 通过时，可以把管内的磁场看作是均匀的，管内磁感应强度的大小为

$$B = \mu n I = \frac{\mu N I}{l}$$

磁感应强度的方向与螺线管的轴线平行，因此穿过每匝线圈的磁通量为

$$\Phi = BS = \frac{\mu N I S}{l}$$

长直螺线管是由 N 匝圆线圈组成的，所以通过长直螺线管的磁链为

$$\Psi_{m} = N\Phi = \frac{\mu N^2 I S}{l}$$

由自感系数的定义得螺线管的自感系数为

$$L = \frac{\Psi_{m}}{I} = \frac{\mu N^2 S}{l} = \mu n^2 V$$

式中，$V = Sl$，为螺线管的体积。可见：自感系数只与螺线管本身的形状、大小及周围磁介质有关，而与螺线管中的电流无关。

增大自感 L 的方法：可增大单位长度的匝数，也可在螺线管中插入磁介质。

10.4.2　互感系数　互感电动势

如图 10-16 所示，设 Ψ_{21} 表示回路 1 中电流 I_1 激发的磁场在回路 2 中的磁链，当两个回路的形状、相对位置及周围介质的磁导率都不变时，根据毕奥-萨伐尔定律，Ψ_{21} 与 I_1 成正比，即

$$\Psi_{21} = M_{21} I_1 \qquad (10\text{-}13)$$

式中，比例系数 M_{21} 称为回路 1 对回路 2 的互感系数，简称互感，它与线圈几何形状、大小、匝数、回路的相对位置及周围介质的磁导率有关，与回路中的电流无关。

图 10-16　互感

当电流 I_1 发生变化时，在回路 2 中产生的互感电动势为

$$\varepsilon_{21} = -\frac{\mathrm{d}\Psi_{21}}{\mathrm{d}t} = -M_{21}\frac{\mathrm{d}I_1}{\mathrm{d}t} \qquad (10\text{-}14)$$

同理，回路 2 中的电流 I_2 激发的磁场在回路 1 中的磁链表示为 Ψ_{12}，Ψ_{12} 与 I_2 成正比，即 $\Psi_{12} = M_{12} I_2$。

当电流 I_2 发生变化时，在回路 1 中产生的互感电动势为

$$\varepsilon_{12} = -\frac{\mathrm{d}\Psi_{12}}{\mathrm{d}t} = -M_{12}\frac{\mathrm{d}I_2}{\mathrm{d}t} \qquad (10\text{-}15)$$

式中，M_{12} 称为回路 2 对回路 1 的互感系数，理论与实验都证明 M_{21} 与 M_{12} 总是相等的，一般用 M 表示，即

$$M_{21} = M_{12} = M$$

式中，M 为两个回路间的互感系数，简称互感，M 与回路的几何形状、大小、匝数、回路的

相对位置及周围介质的磁导率有关，在国际单位制中，M 的单位是亨利，用 H 表示。

互感现象在电子技术、电子测量等方面都有广泛的应用，如各种变压器利用互感现象可以把一个电路储存的能量或信号传递到另一个电路；有时互感也会带来电路间的相互干扰，在电路设计时要设法减小这种干扰。

【例 10-6】 如图 10-17 所示，一长直螺线管长为 l，横截面积为 S，密绕有 N_1 匝线圈，在其中部再绕 N_2 匝线圈，螺线管内磁介质的磁导率为 μ，试计算这两个共轴螺线管的互感系数。

解： 设长直螺线管 1 中通有电流 I_1，它所产生的磁感应强度为

$$B_1 = \mu \frac{N_1}{l} I_1$$

电流 I_1 的磁场穿过螺线管 2 的磁链为

$$\Psi_{21} = N_2 B_1 S = \frac{\mu N_1 N_2}{l} I_1 S$$

根据互感系数的定义可得

$$M = \frac{\Psi_{21}}{I_1} = \frac{\mu N_1 N_2}{l} S$$

图 10-17 例 10-6

【例 10-7】 如图 10-18 所示，两圆形线圈共面，半径依次为 R_1、R_2，$R_1 \gg R_2$，匝数分别为 N_1、N_2。求互感系数。

解： 设大线圈通有电流 I_1，在其中心处产生磁场 $\overline{B}$ 的大小为

$$B_1 = \frac{\mu_0 I_1 N_1}{2R_1}$$

因为 $R_1 \gg R_2$，所以小线圈可视为处于均匀磁场中，通过小线圈的磁链为

$$\Psi_{21} = N_2 B_1 S_2 = \frac{\mu_0 I_1 N_1 N_2}{2R_1} \pi R_2^2$$

由互感的定义 $M = \dfrac{\Psi_{21}}{I_1}$ 有

$$M = \frac{\mu_0 N_1 N_2}{2R_1} \pi R_2^2$$

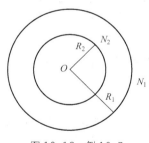

图 10-18 例 10-7

本题中如果用 $\Psi_{12} = MI_2$ 求解，由于求 Ψ_{12} 困难，则互感系数不易求出。

10.5 磁场的能量

图 10-19 RL 回路

与电场类似，凡存在磁场的地方必具有磁场能量。研究图 10-19 所示的实验，开关 K 合上后，由于存在自感电动势，回路中的电流要经历一个从零到稳定值的暂态过程。与此同时，电流所激发的磁场也从零达到恒定分布。在这个过程中，电源对外做功分为两个部分：一部分是为回路中产生的焦耳热提供能量而做功；另一部分则是为克服自感电动势提供能量而做功，这个功转化为线圈磁场的能量，即磁能。

对于如图 10-19 所示的电路，根据欧姆定律可得

$$\varepsilon - L\frac{dI}{dt} = RI \tag{10-16}$$

将式（10-16）两边同乘以 $I\,dt$，则有

$$\varepsilon I\,dt = LI\,dI + RI^2\,dt$$

积分得

$$\int_0^t \varepsilon I\,dt = \int_0^I LI\,dI + \int_0^t RI^2\,dt$$

这就是一个功能转换关系。其中，$\int_0^t \varepsilon I\,dt$ 是电源电动势所做的功，$\int_0^t RI^2\,dt$ 是回路中负载放出的焦耳热，$\int_0^I LI\,dI$ 是电源反抗自感电动势所做的功，这部分功就等于线圈中储存的能量。

线圈储存的磁场为

$$W_m = \int_0^I LI\,dI = \frac{1}{2}LI^2 \tag{10-17}$$

可以看出，式（10-17）与第 7 章中电容器储存的电场能量 $W_e = \frac{1}{2}CU^2$ 相类似。

电场能量密度为 $w_e = \frac{1}{2}\varepsilon E^2$，表明电场能量是储存在电场中的，对于磁场能量也可以引入磁场能量密度的概念。我们以长直螺线管为例来讨论。

长直螺线管自感系数为

$$L = \mu n^2 V$$

当螺线管中的电流为 I 时，利用式（10-17）可得其磁能为

$$W_m = \frac{1}{2}LI^2 = \frac{1}{2}\mu n^2 V I^2$$

由于长直螺线管内的磁场 $B = \mu nI$，代入上式得

$$W_m = \frac{B^2}{2\mu}V$$

在螺线管内磁场是均匀分布的，因此螺线管内的磁场能量密度为

$$w_m = \frac{W_m}{V} = \frac{B^2}{2\mu} \tag{10-18}$$

对于各向同性均匀介质，由于 $B = \mu H$，上式又可以写成

$$w_m = \frac{B^2}{2\mu} = \frac{1}{2}\mu H^2 = \frac{1}{2}BH \tag{10-19}$$

式（10-19）是由螺线管这一特例导出的，但可以证明它是普遍成立的。对于任意磁场所储存的总能量为

$$W_m = \iiint_v w_m\,dV = \iiint_v \frac{1}{2}BH\,dV$$

式中的积分遍及整个磁场分布的空间。

【例 10-8】 用磁场能量的方法证明两个线圈互感系数相等，即 $M_{12} = M_{21}$。

证明：设两线圈最初状态为断路。

先接通线圈 1，使电流由 0 增大到 I_{10}，则线圈 1 中的磁能为 $\frac{1}{2}L_1 I_{10}^2$，其中 L_1 为线圈 1 的自感系数。

在接通线圈 1 后，再接通线圈 2，使其电流由 0 增大 I_{20}，则其磁能为 $\frac{1}{2}L_2 I_{20}^2$，其中 L_2 为线圈 2 的自感系数。

由于 2 接通时，线圈 1 中会产生互感电动势，为了保持线圈 1 中电流 I_{10} 不变，故线圈中必须有附加能量来克服这一互感电动势 $\varepsilon_{12} = M_{12}\dfrac{\mathrm{d}I_2}{\mathrm{d}t}$，其中 M_{12} 是线圈 2 对线圈 1 的互感系数，所以附加的磁能为

$$\int_0^t \varepsilon_{12} I_{10}\,\mathrm{d}t = \int_0^t M_{12}\frac{\mathrm{d}I_2}{\mathrm{d}t}I_{10}\,\mathrm{d}t = \int_0^{I_{20}} M_{12} I_{10}\,\mathrm{d}I_2 = M_{12}I_{10}I_{20}$$

故两线圈组成的系统中，总磁能为

$$W_{\mathrm{m}} = \frac{1}{2}L_1 I_{10}^2 + \frac{1}{2}L_2 I_{20}^2 + M_{12}I_{10}I_{20} \qquad ①$$

当先在线圈 2 中产生电流 I_{20}，后在线圈 1 中产生 I_{10} 时，按上述讨论，同样可得出

$$W_{\mathrm{m}} = \frac{1}{2}L_1 I_{10}^2 + \frac{1}{2}L_2 I_{20}^2 + M_{21}I_{10}I_{20} \qquad ②$$

其中，M_{21} 为线圈 1 对线圈 2 的互感系数。因为系统的能量与电流的先后无关，比较①与②两式，可得 $M_{12} = M_{21}$。

10.6 位移电流 麦克斯韦电磁场理论

麦克斯韦于 1865 年，在前人的基础上总结了电磁学的全部定律，提出了有旋电场和位移电流的概念，并把全部电磁学规律概括成一组方程，即麦克斯韦方程组，建立了完整的电磁场理论，并预言了以光速传播的电磁波的存在。过后不久，赫兹便从实验中证实了这个预言，实现了电、磁、光的统一。本节介绍位移电流及麦克斯韦方程组。

10.6.1 位移电流 全电流定理

问题的提出：

稳恒电流的磁场遵从安培环路定理

$$\oint_L \vec{H} \cdot \mathrm{d}\vec{l} = \sum_i I_i$$

式中的电流是穿过以闭合曲线 L 为边界的任意曲面 S 的传导电流。对于非稳恒电流的情形，例如在有电容器的电路中，传导电流不连续，即 I 是非稳恒电流，安培环路定理是否还适用呢？

如图 10-20 所示，在电容器放电过程中，导线中的电流 I 随时间而变化，这是一个不稳恒的过程。若在 A 板附近，取一个闭合回路 L，以 L 为边界作曲面 S_1 和 S_2，其中 S_1 与导线

图 10-20　位移电流

相交，而 S_2 穿过两极板之间，不与导线相交。当把安培环路定理应用于曲面 S_1 和 S_2 之上时，对于曲面 S_1 来说，由于传导电流穿过该面，所以有

$$\oint_L \vec{H} \cdot d\vec{l} = I$$

而对于曲面 S_2 来说，则没有传导电流穿过该面，因此有

$$\oint_L \vec{H} \cdot d\vec{l} = 0$$

结果表明，在非稳恒磁场中，把安培环路定理应用到以同一闭合路径 L 为边界的不同曲面时，得到不同的结果。上面的矛盾说明，在非稳恒电流的磁场中，安培环路定理不再适用，必须要找新的规律来代替它。

麦克斯韦认为上述矛盾的出现是由于传导电流的不连续，传导电流在电容器两极板间中断了。他注意到，在电容器充电（或放电）的情况下，电容器极板间虽无传导电流，但是电容器极板上的电荷是随时间不断变化的，因而在极板间存在随时间变化的电场。

以电容器放电为例，设平行板电容器极板的面积为 S，在某时刻，极板 A 上电荷为 q，极板上电荷面密度为 σ，导线中传导电流等于电容器极板上电荷对时间的变化率，即

$$I = \frac{dq}{dt}$$

而传导电流密度等于极板上电荷面密度对时间的变化率，即

$$j = \frac{d\sigma}{dt}$$

电容器两极板间无电流，对整个电路来说，传导电流不连续。

由第 8 章内容可知，两极板间的电位移矢量的大小为 $D = \sigma$，所以穿过极板的电位移通量为 $\Phi_D = DS = \sigma S$。于是电位移通量 Φ_D 随时间的变化率为

$$\frac{d\Phi_D}{dt} = \frac{d(\sigma S)}{dt} = \frac{dq}{dt} = I \tag{10-20}$$

由上式可知，电位移通量随时间的变化率 $\frac{d\Phi_D}{dt}$ 在数值上等于板内的传导电流。考虑方向，当放电时，极板上电荷面密度减少，两板间电场减小，$\frac{d\vec{D}}{dt}$ 与场的方向相反，即 $\frac{d\vec{D}}{dt}$ 与传导电流密度 $\vec{j}$ 的方向一致。因此，可以设想，如果以 $\frac{d\vec{D}}{dt}$ 表示某种电流密度，那么它就可以代替两极板间中断了的传导电流密度，从而保持了电流的连续性，如图 10-21 所示。充电时的情况也可说明这一点，请读者自证。

图 10-21　电流的连续性

于是，麦克斯韦提出位移电流假设，位移电流定义为：通过电场中某一点的位移电流密

度 $\vec{j}_d$，等于该点的电位移矢量对时间的变化率，通过电场中某一曲面的位移电流 I_d 等于通过该曲面的电位移通量 Φ_D 对时间的变化率，即

$$\vec{j}_d = \frac{\mathrm{d}\vec{D}}{\mathrm{d}t}, \quad I_d = \frac{\mathrm{d}\Phi_D}{\mathrm{d}t} \tag{10-21}$$

引入位移电流后，在电容器极板处中断的传导电流就被位移电流接替，保持了电流的连续性。传导电流 I_c 和位移电流 I_d 之和称为全电流，用 I_S 表示，即

$$I_S = I_c + I_d$$

对任何电路，全电流是保持连续的。

此时，安培环路定理可修正为

$$\oint_L \vec{H} \cdot \mathrm{d}\vec{l} = I_S = I_c + \frac{\mathrm{d}\Phi_D}{\mathrm{d}t} = \iint_S \left(\vec{j}_c + \frac{\mathrm{d}\vec{D}}{\mathrm{d}t} \right) \cdot \mathrm{d}\vec{S} \tag{10-22}$$

式（10-22）称为**全电流安培环路定理**，简称**全电流定理**。

位移电流本质上是一种变化着的电场，变化的电场可以激发磁场。应该注意，位移电流 I_d 和传导电流 I_c 是两个截然不同的概念，它们只是在产生磁场方面是等效的，故都称为电流，但在其他方面存在着根本的区别。首先，位移电流 I_d 与电场的变化率有关，与电荷运动无关；而传导电流则是电荷的定向运动。其次，传导电流在通过导体时会产生焦耳热，而位移电流则不会产生焦耳热。

【**例 10-9**】 如图 10-22 所示，半径为 $R=5.0\mathrm{cm}$ 的两块圆板，构成平行板电容器，以匀速充电使电容器极板间的电场强度的时间变化率为 $\mathrm{d}E/\mathrm{d}t = 2.0\times10^{13}\ \mathrm{V} \cdot \mathrm{m}^{-1} \cdot \mathrm{s}^{-1}$。求：（1）两极板间的位移电流；（2）两极板间磁感应强度的分布及极板边缘的磁感应强度。

图 10-22 例 10-9

解：（1）由式（10-21）得两极板间的位移电流为

$$I_d = \frac{\mathrm{d}\Phi_D}{\mathrm{d}t} = S\frac{\mathrm{d}D}{\mathrm{d}t} = \pi R^2 \varepsilon_0 \frac{\mathrm{d}E}{\mathrm{d}t} = 1.4\ \mathrm{A}$$

（2）由于两极板间的电场对圆形平板具有轴对称性，所以磁场对两极板的中心连线也具有对称性，以两极板中心连线为轴，在平行于平板的平面上做半径为 r 的圆形回路为积分回路，由对称性可知，在此积分回路上磁感应强度的大小相等，磁感应线的方向沿回路的切线方向，且与电流的方向符合右手螺旋定则。由全电流安培环路定理得

$$\oint_L \vec{H} \cdot \mathrm{d}\vec{l} = \frac{B}{\mu_0} 2\pi r = \frac{\mathrm{d}\Phi_D}{\mathrm{d}t} = \pi r^2 \varepsilon_0 \frac{\mathrm{d}E}{\mathrm{d}t}$$

所以

$$B = \frac{\mu_0 \varepsilon_0}{2} r \frac{\mathrm{d}E}{\mathrm{d}t}$$

当 $r = R$ 时

$$B = \frac{\mu_0 \varepsilon_0}{2} R \frac{\mathrm{d}E}{\mathrm{d}t} = 5.6\times10^{-6}\ \mathrm{T}$$

结果表明，虽然位移电流已经很大，但它所产生的磁场是很弱的，在一般实验中不易测量到。但是在超高频情况下，将会获得较强的位移电流产生的磁场。

10.6.2　麦克斯韦方程组的积分形式　电磁场

前面我们分别介绍了麦克斯韦涡旋电场和位移电流这两个假设。涡旋电场假设指出除静止电荷产生的无旋电场外，变化的磁场产生涡旋电场；位移电流假设指出变化的电场和传导电流一样将产生涡旋磁场。这两个假设揭示了电场和磁场之间的相互联系，即变化的电场和磁场不是彼此孤立的，而是相互联系、相互激发的，在变化电场的空间必然存在变化磁场；同样，在变化磁场的空间也必然存在变化电场，变化电场与变化的磁场相互激发组成一个统一的整体，即电磁场。

前面几章我们研究了静电场和稳恒磁场，得到了下面的规律。

（1）静电场的高斯定理

$$\oiint_S \vec{D} \cdot \mathrm{d}\vec{S} = q = \iiint_V \rho \mathrm{d}V$$

（2）静电场的环路定理

$$\oint_L \vec{E} \cdot \mathrm{d}\vec{l} = 0$$

（3）磁场的高斯定理

$$\oiint_S \vec{B} \cdot \mathrm{d}\vec{S} = 0$$

（4）稳恒磁场的安培环路定理

$$\oint_L \vec{H} \cdot \mathrm{d}\vec{l} = \sum_i I_i$$

对一般电磁场情况，在麦克斯韦引入涡旋电场和位移电流两个重要概念后，将静电场的环路定理改为

$$\oint_L \vec{E} \cdot \mathrm{d}\vec{l} = -\frac{\mathrm{d}\Phi}{\mathrm{d}t} = -\iint_S \frac{\partial \vec{B}}{\partial t} \cdot \mathrm{d}\vec{S}$$

将稳恒磁场的安培环路定律改为

$$\oint_L \vec{H} \cdot \mathrm{d}\vec{l} = I_S = \iint_S \left(\vec{j}_c + \frac{\mathrm{d}\vec{D}}{\mathrm{d}t} \right) \cdot \mathrm{d}\vec{S}$$

麦克斯韦还认为，静电场的高斯定理与稳恒磁场的高斯定理也可适用于一般的电磁场。麦克斯韦把电场与磁场统一为电磁场，得到电磁场满足的基本分程，即

$$\oiint_S \vec{D} \cdot \mathrm{d}\vec{S} = q = \iiint_V \rho \mathrm{d}V \tag{10-23}$$

$$\oiint_S \vec{B} \cdot \mathrm{d}\vec{S} = 0 \tag{10-24}$$

$$\oint_L \vec{E} \cdot \mathrm{d}\vec{l} = -\frac{\mathrm{d}\Phi}{\mathrm{d}t} = -\iint_S \frac{\partial \vec{B}}{\partial t} \cdot \mathrm{d}\vec{S} \tag{10-25}$$

$$\oint_L \vec{H} \cdot d\vec{l} = I_S = \iint_S \left(\vec{j}_c + \frac{d\vec{D}}{dt} \right) \cdot d\vec{S} \qquad (10\text{-}26)$$

这 4 个方程就是麦克斯韦方程组的积分形式。

下面简要说明方程组中各方程的物理意义。

（1）式（10-23），是电场的高斯定理，说明电场强度与电荷的关系，穿过任意封闭曲面的电位移通量，等于该封闭曲面内自由电荷的代数和。

（2）式（10-24），是磁场的高斯定理，说明磁感应线都是闭合的，因此在任何磁场中，通过任意封闭曲面的磁通量总是等于零。

（3）式（10-25），是法拉第电磁感应定律，说明变化的磁场和电场的联系。

（4）式（10-26），是全电流安培环路定理，说明电流及变化的电场和磁场的联系。

麦克斯韦电磁场理论最卓越的成就，不仅在于全面揭示了电磁场的规律，而且预言了电磁波的存在，并证明了光是一种电磁波。1887 年德国物理学家赫兹首先以实验证实了电磁波的存在。麦克斯韦理论是物理学史上最伟大的成就之一，它奠定了经典电动力学的基础，也为无线电技术的进一步发展开辟了广阔的前景。

麦克斯韦方程组在实际应用中，还必须考虑介质的实际情况，因此，加上 3 个物理方程作为麦克斯韦方程组的辅助方程。在各向同性介质中，介质方程为

$$\vec{D} = \varepsilon_r \varepsilon_0 \vec{E}$$

$$\vec{B} = \mu_0 \mu_r \vec{H}$$

$$\vec{j} = \sigma \vec{E}$$

在非均匀介质中，还要考虑电磁场量在介质分界面上的边值关系，以及具体问题中的初值条件。

由电磁场量满足的边界条件和已知的初始条件，根据麦克斯韦方程组及 3 个辅助方程，就可确定介质中某一点在任一时刻的电磁场分布。这正如牛顿方程能完全描述质点的动力学过程一样，麦克斯韦方程组能完全描述电磁场的动力学过程。

复 习 题

一、思考题

1. 在磁场变化的空间里，如果没有导体，那么，在这个空间是否存在电场，是否存在感应电动势？

2. 在电磁感应定律 $\varepsilon_i = -d\Phi/dt$ 中，负号的意义是什么？如何根据负号来确定感应电动势的方向？

3. 试证：平行板电容器的位移电流可写成 $I_d = C \dfrac{dU}{dt}$。
式中 C 为电容器的电容，U 是电容器两极板的电势差。如果不是平板电容器，以上关系还适用吗？如图 10-23 所示。

4. 如何设计一个自感较大的线圈？

5. 互感电动势与哪些因素有关？要在两个线圈间获得较大的互感，应该用什么办法？

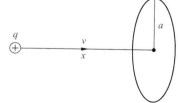

图 10-23　思考题 3

6. 什么是位移电流？位移电流与传导电流有什么异同？

7. 如何理解"麦克斯韦电磁场 4 个积分方程是电磁场的基本积分方程"这一说法？

二、习题

1. 一半径 $r=10$cm 的圆形回路放在 $B=0.8$T 的均匀磁场中，回路平面与 $\vec{B}$ 垂直。当回路半径以恒定速率 $\dfrac{\mathrm{d}r}{\mathrm{d}t}=80$cm·s^{-1} 收缩时，求回路中感应电动势的大小。

2. 一对互相垂直的相等的半圆形导线构成回路，半径 $R=5$cm，如图 10-24 所示。均匀磁场 $B=80\times10^{-3}$T，B 的方向与两半圆的公共直径（在 Oz 轴上）垂直，且与两个半圆构成相等的角 α。当磁场在 5ms 内均匀降为零时，求回路中的感应电动势的大小及方向。

3. *如图 10-25 所示，一根导线弯成抛物线形状，放在均匀磁场中，导线形状满足抛物线方程为 $y=ax^2$。$\vec{B}$ 与 xOy 平面垂直，细杆 CD 平行于 x 轴并以加速度 a 从抛物线的底部向开口处作平动，求 CD 距 O 点为 y 处时回路中产生的感应电动势。

图 10-24　习题 2　　　　　　　图 10-25　习题 3

4. 如图 10-26 所示，载有电流 I 的长直导线附近，放一导体半圆环 MeN 与长直导线共面，且端点 MN 的连线与长直导线垂直。半圆环的半径为 b，环心 O 与导线相距 a。设半圆环以速度 v 平行于导线平移，求半圆环内感应电动势的大小和方向及 MN 两端的电压 U_M-U_N。

5. 如图 10-27 所示，在两平行载流的无限长直导线的平面内有一矩形线圈。两导线中的电流方向相反、大小相等，且电流以 $\dfrac{\mathrm{d}I}{\mathrm{d}t}$ 的变化率增大，求：

（1）任一时刻线圈内所通过的磁通量；

（2）线圈中的感应电动势。

图 10-26　习题 4　　　　　　　图 10-27　习题 5

6. 如图 10-28 所示，用一根硬导线弯成半径为 r 的一个半圆。令这半圆形导线在磁场中以频率 f 绕图中半圆的直径旋转。整个电路的电阻为 R，求：感应电流的最大值。

7. 如图 10-29 所示，长直导线通以电流 I=5A，在其右方放一长方形线圈，两者共面。线圈长 b=0.06m，宽 a=0.04m，线圈以速度 v=0.03m·s^{-1} 垂直于直线平移远离。求：d=0.05m 时线圈中感应电动势的大小和方向。

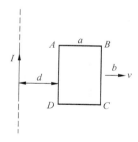

图 10-28　习题 6

图 10-29　习题 7

8. 长度为 l 的金属杆 ab 以速率 v 在导电轨道 $abcd$ 上平行移动。已知导轨处于均匀磁场 $\vec{B}$ 中，$\vec{B}$ 的方向与回路的法线成 60° 角（如图 10-30 所示），$\vec{B}$ 的大小为 $B=kt$（k 为常数）。设 t=0 时杆位于 cd 处，求：任一时刻 t 导线回路中感应电动势的大小和方向。

9. 一矩形导线框以恒定的加速度向右穿过一均匀磁场区，$\vec{B}$ 的方向如图 10-31 所示。取逆时针方向为电流正方向，画出线框中电流与时间的关系（设导线框刚进入磁场区时 t=0）。

图 10-30　习题 8

10. 导线 ab 长为 l，绕过 O 点的垂直轴以匀角速度 ω 转动，$aO=\dfrac{l}{3}$，磁感应强度 B 平行于转轴，如图 10-32 所示。试求：

（1）ab 两端的电势差；

（2）a，b 两端哪一点电势高？

图 10-31　习题 9

图 10-32　习题 10

11. 如图 10-33 所示，长度为 $2b$ 的金属杆位于两无限长直导线所在平面的正中间，并以速度 $\vec{v}$ 平行于两直导线运动。两直导线通以大小相等、方向相反的电流 I，两导线相距 $2a$。试求：金属杆两端的电势差及其方向。

12. 磁感应强度为 $\vec{B}$ 的均匀磁场充满一半径为 R 的圆柱形空间，一金属杆放在图 10-34 中位置，杆长为 $2R$，其中一半位于磁场内、另一半在磁场外。当 $\dfrac{\mathrm{d}B}{\mathrm{d}t}>0$ 时，求：杆两端的感应电动势

图 10-33　习题 11

的大小和方向。

13. 半径为 R 的直螺线管中，有 $\dfrac{\mathrm{d}B}{\mathrm{d}t}>0$ 的磁场，一任意闭合导线 $abca$，一部分在螺线管内绷直成 ab 弦，a，b 两点与螺线管绝缘，如图 10-35 所示。设 $ab=R$，试求：闭合导线中的感应电动势。

图 10-34　习题 12

图 10-35　习题 13

14. 如图 10-36 所示，在垂直于直螺线管管轴的平面上放置导体 ab 于其直径位置，另一导体 cd 在一弦上，导体均与螺线管绝缘。当螺线管接通电源的一瞬间管内磁场如图示方向。试求：

（1）ab 两端的电势差；

（2）cd 两点电势高低的情况。

15. 一无限长的直导线和一正方形的线圈如图 10-37 所示放置（导线与线圈接触处绝缘）。求：线圈与导线间的互感系数。

图 10-36　习题 14

图 10-37　习题 15

16. 一矩形线圈长为 $a=20\mathrm{cm}$，为 $b=10\mathrm{cm}$，由 100 匝表面绝缘的导线绕成，放在一无限长导线的旁边且与线圈共面，如图 10-38 所示。求：图 10-37（a）和图 10-37（b）两种情况下，线圈与长直导线间的互感。

17. 如图 10-39 所示，两根平行长直导线，横截面的半径都是 a，中心相距为 d，两导线属于同一回路。设两导线内部的磁通可忽略不计，证明：这样一对导线长度为 l 的一段自感为

$$L=\frac{\mu_0 l}{\pi}\ln\frac{d-a}{a}$$

图 10-38　习题 16

图 10-39　习题 17

18．两线圈顺串联后总自感为 1.0H，在它们的形状和位置都不变的情况下，反串联后总自感为 0.4H。试求：它们之间的互感。

19．一矩形截面的螺线环如图 10-40 所示，共有 N 匝。试求：

（1）此螺线环的自感系数；

（2）若导线内通有电流 I，环内磁能为多少？

20．无限长圆柱形直导线，其截面各处的电流密度相等，总电流为 I。求：导线内部单位长度上所储存的磁能。

21．圆柱形电容器内、外导体截面半径分别为 R_1 和 R_2（$R_1 < R_2$），中间充满介电常数为 ε 的电介质。当两极板间的电压随时间的变化 $\dfrac{\mathrm{d}U}{\mathrm{d}t} = k$ 时（k 为常数），求介质内距圆柱轴线为 r 处的位移电流密度。

22．如图 10-41 所示，设平行板电容器内各点的交变电场强度 $E = 720\sin 10^5 \pi t$ V·m^{-1}，正方向向右。试求：

（1）电容器中的位移电流密度；

（2）电容器内距中心联线 $r = 10^{-2}$m 的一点 P，当 $t = 0$ 和 $t = \dfrac{1}{2} \times 10^{-5}$ s 时磁场强度的大小及方向（不考虑传导电流产生的磁场）。

图 10-40 习题 19

图 10-41 习题 22

23．半径为 $R = 0.10$m 的两块圆板构成平行板电容器，放在真空中。现对电容器匀速充电，使两极板间电场的变化率为 $\dfrac{\mathrm{d}E}{\mathrm{d}t} = 1.0 \times 10^{13}$V·m^{-1}·s^{-1}。求两极板间的位移电流，并计算电容器内距离两圆板中心连线为 r（$r < R$）处的磁感应强度 B_r 以及 $r = R$ 处的磁感应强度 B_R。

复习题答案

模块 1　力　　学

第 1 章

1．C　　　2．B　　　3．D　　　4．D　　　5．C

6．$3y + 4x - 5 = 0$。

7．（1）$8t\vec{j} + \vec{k}$，$8\vec{j}$；（2）$x = 1$，$y = 4z^2$。

8．（1）$(3t + 5)\vec{i} + (0.5t^2 + 3t + 4)\vec{j}$；

　　（2）$\approx 7.6\text{m/s}$，速度与 x 方向的夹角为 $66.8°$。

9．a 直线的斜率为速度

$$v_{ax} - 1.732(\text{m/s});\ t = 0,\ x_0 = 20\text{m};\ x = 0, \frac{20}{t\big|_{x=0}} = \tan 60°,\ t\big|_{x=0} = 20/\sqrt{3}(\text{s})$$

b 直线的斜率为速度

$$v_{bx} = 0.577(\text{m/s});\ t = 0,\ x_0 = 10(\text{m});\ \frac{10}{-t\big|_{x=0}} = \tan 30°,\ t\big|_{x=0} = -17.331(\text{s})$$

c 直线的斜率为速度

$$v_{cx} = 1(\text{m/s});\ t = 0,\ x_0 = -25(\text{m});\ t\big|_{x=0} = 25(\text{s})$$

10．$x = \dfrac{1}{b}\ln(bv_0 t + 1)$。

11．$v_{n\tau} = \dfrac{1}{2}n(n+2)a_0\tau$；$s_{n\tau} = \dfrac{1}{6}n^2(n+3)a_0\tau^2$。

12．$a = -0.747(\text{m/s}^2)$。

13．（1）$\dfrac{h}{h-l}v_0$；（2）$\dfrac{l}{h-l}v_0$。

*14．$v_x = \dfrac{\sqrt{h^2 + x^2}}{x}(-v_0)$；$a_x = -\dfrac{h^2}{x^3}(v_0{}^2)$。

当 $x=s$ 时，$a_x = -\dfrac{h^2}{s^3}(v_0{}^2)$，$v_x = \dfrac{\sqrt{h^2 + s^2}}{s}(-v_0)$。

15．$\vec{v} = (4.0\text{m/s})\vec{i} + (8.0\text{m/s})\vec{j}$；$\vec{a} = 16\text{m}\cdot\text{s}^{-2}\vec{j}$。

16．（1）$a_n\big|_{t=2\text{s}} = r\omega^2 = 2.30\times10^2\,\text{m}\cdot\text{s}^{-2}$，$a_t\big|_{t=2\text{s}} = r\dfrac{\text{d}\omega}{\text{d}t} = 4.80\text{m}\cdot\text{s}^{-2}$；

　　（2）$\theta = 2\text{rad} + (4\text{rad}\cdot\text{s}^{-3})t^3 = 3.15\text{rad}$；（3）$t = 0.55\text{s}$。

17.（提示：物体运动总时间为加速时间 t_1 及减速时间 t_2，利用所设最高速度 v，可求其运动总路程。）

18.（1）$s = 2v_0^2 \sin(\theta - \alpha)\cos\theta / (g\cos^2\alpha)$；

     （2）当 $\theta = \pi/4 + \alpha/2$ 时，s 有极大值，其值为 $v_0^2(1 - \sin\alpha)/(g\cos^2\alpha)$。

19.（1）$\omega = 3770\,\text{rad} \cdot \text{s}^{-1}$；（2）$v = 188.5\,\text{m} \cdot \text{s}^{-1}$。

20.（1）$x = h \cdot \tan(\omega t)$；（2）$v\dfrac{h\omega}{\cos^2\omega t}$，$a = \dfrac{2h\omega^2 \sin\omega t}{\cos^3\omega t}$。

21.（提示：物体做抛体运动时，其水平运动距离由其水平速度决定。）

22.（1）0，$\left|v_{\text{雨对车}}\right| = 10\,\text{m/s}$；（2）$\left|v_{\text{雨对地}}\right| = 17.3\,\text{m/s}$，$\left|v_{\text{雨对车}}\right| = 20\,\text{m/s}$。

23.（提示：本题利用"绝对速度等于相随速度和牵连速度得矢量和"这一方法，求出每一种情况中飞机的绝对速度，由于路程一定，则时间可求。）

第 2 章

1. A　　　2. D　　　3. B　　　4. D　　　5. D

6.（1）8；（2）0；（3）4；（4）向左。

7. $a_1 = \dfrac{1}{5}g = 1.96(\text{m/s}^2)$；$a_2' = \dfrac{2}{5}g = 3.92(\text{m/s}^2)$；

   $a_2 = \dfrac{1}{5}g = 1.96(\text{m/s}^2)$；$a_3 = \dfrac{3}{5}g = 5.88(\text{m/s}^2)$；

   $T_1 = 0.16g = 1.568(\text{N})$；$T_2 = 0.08g = 0.784(\text{N})$。

8.（1）$v = \dfrac{1}{\dfrac{1}{v_0} + \dfrac{k}{m}t}$；（2）$x = \dfrac{m}{k}\ln(1 + \dfrac{k}{m}v_0 t)$；（3）$v = v_0 e^{-\frac{k}{m}x}$。

9. $x_{\max} = mv_0/K$。

10. $v = \dfrac{F_0}{m}t - \dfrac{k}{2m}t^2$；$x = \dfrac{F_0}{2m}t^2 - \dfrac{k}{6m}t^3$。

11.（提示：利用 $F = ma = m\dfrac{\mathrm{d}v}{\mathrm{d}t}$ 的关系，得 $\dfrac{\mathrm{d}v}{\mathrm{d}t} = -\dfrac{k}{mx^2}$，即 $\dfrac{\mathrm{d}x}{\mathrm{d}x}\dfrac{\mathrm{d}v}{\mathrm{d}t} = -\dfrac{k}{mx^2}$，消去 t，本题可解。）

12. $v = \sqrt{v_0^2 + 2gl(\cos\theta - 1)}$；$T = m\left(\dfrac{v_0^2}{l} - 2g + 3g\cos\theta\right)$。

13. $v = \sqrt{\dfrac{2\rho gl - \rho' gl}{\rho}}$。

14. 14.2m。

15.（提示：先对任意时刻轴两端的绳子分别用牛顿第二定律，求出其共同加速度 a，再利用关系：$a = \dfrac{\mathrm{d}v}{\mathrm{d}t}$，分离变量求解。）

16.（提示：本题解法与上题类似。）

17. $R\left(1-\dfrac{g}{R\omega^2}\right)$。

第 3 章

1. C   2. A   3. D   4. D   5. C

6. （1）$\sqrt{2}mv_0$；（2）$-2mv_0$；（3）$\sqrt{2}mv_0$；（4）0。

7. （1）（图略）；（2）3×10^{-3}s；（3）0.6N·s；（4）0.2×10^{-3}kg。

8. 2.22×10^3N。

9. 14.1N。

10. 1×10^4N。

11. 1.2m。

12. $v=\dfrac{3(v_0-gt)}{2\sin\alpha}$。

13. （1）-9J；（2）-9J。

14. 0.41cm。

15. $v=\sqrt{\dfrac{g}{l}(l^2-a^2)}$。

16. $mga\sin\theta+\dfrac{1}{2}ka^2\theta^2$。

17. $E_k=mgh+m^2g^2/2k$。

18. $x=mv_0\sqrt{\dfrac{M}{k(M+m)(2M+m)}}$。

19. （1）$v_1=\sqrt{\dfrac{2MgR}{m+M}}=M\sqrt{\dfrac{2gR}{(m+M)M}}$，$v_2=-m\sqrt{\dfrac{2gR}{(m+M)M}}$；

    （2）$3mg+\dfrac{2m^2g}{M}$。

20.（提示：设中子的初速度为 v_1，利用动量守恒求出其末速度 v_2，即末动能为 $E=\dfrac{1}{2}mv_2$，与初动能的差值即为损失动能。）

21.（提示：本题的关键在选取合适的零势能点，然后利用动量守恒及机械能守恒求解。）

22. 12.5m/s^2。

23. $v=m\cos\alpha\sqrt{\dfrac{2gh}{(M+m)(m\sin^2\alpha+M)}}$。

24. 36m/s^2。

第 4 章

1. （1）$\alpha=-\dfrac{\pi}{6}$ rad·s^{-2}，37.5r；（2）4π rad·s^{-1}；

    （3）$v=2.5$ m·s^{-1}，$a_t=-0.105$ m·s^{-2}，$a_n=31.6$ m·s^{-2}。

2. $\dfrac{1}{2}\mu mgL$。

3. 314(N)。

4. $J\omega_0\left(\dfrac{1}{t_1}+\dfrac{1}{t_2}\right)$。

5. $\dfrac{2F(R-r)}{m_1R^2+m_2r^2}$。

6. $\dfrac{2mg\sin\theta}{2m+M}$。

7. $1.26\times10^3\,\mathrm{N}\cdot\mathrm{m}$。

8. （1） $a=\dfrac{m_1-\mu m_2}{m_1+m_2+\dfrac{J}{r^2}}\cdot g$ ； $T_1=\dfrac{m_2+\mu m_2+\dfrac{J}{r^2}}{m_1+m_2+\dfrac{J}{r^2}}\cdot m_1 g$ ；

$$T_2=\dfrac{m_1+\mu m_1+\mu\dfrac{J}{r^2}}{m_1+m_2+\dfrac{J}{r^2}}\cdot m_2 g$$

（2） $T_1=\dfrac{m_2+\dfrac{J}{r^2}}{m_1+m_2+\dfrac{J}{r^2}}\cdot m_1 g=\dfrac{\left(m_2r^2+J\right)m_1 g}{m_1r^2+m_2r^2+J}$ ；

$$T_2=\dfrac{m_1}{m_1+m_2+\dfrac{J}{r^2}}\cdot m_2 g=\dfrac{m_1r^2\cdot m_2 g}{m_1r^2+m_2r^2+J}$$

*9. $T=\dfrac{1}{4}mg$。

10. $v=\dfrac{(3m-M)v_0}{M+3m}$ ， $\omega=\dfrac{6mv_0}{(M+3m)l}$。

11. $\omega_0=\dfrac{\sqrt{2gh}}{2R}\cos\theta$ ， $\omega=\dfrac{1}{2R}\sqrt{\dfrac{g}{2}\left(h+4\sqrt{3}R\right)}$ ， $\alpha=\dfrac{g}{2R}$。

12. $a=\dfrac{\mathrm{d}v}{\mathrm{d}t}=\dfrac{4}{13}g$。

13. $\alpha_1<\alpha_2$。

*14. $R_x=-\left(1-\dfrac{3y}{2l}\right)F$ ， $R_y=mg+\dfrac{9F^2y^2(\Delta t)^2}{2l^3m}$。

15. （1） $\alpha=39.2\left(\mathrm{rad/s^2}\right)$ ；（2） $E_k=490(\mathrm{J})$ ；（3） $\alpha=21.8\left(\mathrm{rad/s^2}\right)$。

16. $a=\dfrac{2g}{3R}$ ， $T=\dfrac{mg}{6}$。

17. $t=5\mathrm{s}$。

*18. $v_A=2\sqrt{gR}$。

19. $\omega_2 = \dfrac{(J_0 + 2mr_1^2)}{(J_0 + 2mr_2^2)}\omega_1$，　$\Delta E_k = \dfrac{1}{2}(J_0 + 2mr_2^2)\omega_1^2\left\{\dfrac{(J_0 + 2mr_1^2)}{(J_0 + 2mr_2^2)} - 1\right\}$。

20. $t = \dfrac{2m(v_1 + v_2)}{\mu Mg}$。

21. （1）$H = \dfrac{R^2\omega^2}{2g}$；

　　（2）$\omega' = \omega$，$L' = J'\omega' = \left(\dfrac{1}{2}MR^2 - mR^2\right)\omega$，

　　　$E_k' = \dfrac{1}{2}J'\omega'^2 = \dfrac{1}{2}\left(\dfrac{1}{2}MR^2 - mR^2\right)\omega^2$。

22. $E = -\dfrac{Gm_1m_2}{r_1 + r_2}$。

23. 2.68m/s。

模块 2　热　　学

第 5 章

1．B　　　　2．C　　　　3．C　　　　4．C　　　　5．D

6．1.16×10^7 K。

7．（提示：本题利用 $pV = \nu RT$，得 $\nu T = \dfrac{pV}{R}$，$\dfrac{pV}{R}$ 不变，因此 νT 为常量，因此内能不变。）

8．$\Delta p = 2p_1$，　$\Delta \bar{\varepsilon}_k = 3.11 \times 10^{-21}$ J。

9．（1）$\Delta T = 6.4$ K；（2）$\Delta p = 6.64 \times 10^4$ Pa；（3）$\Delta E = 2.0 \times 10^3$ J；
　　（4）$\Delta \bar{\varepsilon}_k = 1.32 \times 10^{-22}$ J。

10．（1）1；（2）2；（3）10:3。

11．$v_p = 395$m/s，$\bar{v} = 446$m/s，$\sqrt{\overline{v^2}} = 483$m/s。

12．（1）28，N_2 或 CO；（2）$\sqrt{\overline{v^2}} = 493$m·s^{-1}。

13．（1）表示速率小于 $2v_0$ 的分子数占总分子数的比率；
　　（2）$2N/3v_0$；（3）$7N/12$；（4）$31mv_0^2/36$。

14．（1）$1/v_0$；（2）$v_0/2$。

15．0.27。

16．1956m。

17．1.34×10^{-7}m，2.52×10^{-10}m。

18．1.27×10^{-5} Pa·s。

第 6 章

1．B　　2．D　　3．B　　4．C　　5．D　　6．D　　7．A

8. （1） $p = \dfrac{p_0}{V_0} V$ ，$V^2 = \dfrac{V_0}{p_0} RT$ ；（2） $\dfrac{3}{2} p_0 V_0$ ；（3） $\dfrac{7}{2} R$ 。

9. （1） $2.09 \times 10^3 \text{J}$ ；（2） $3.34 \times 10^2 \text{J}$ 。

10. （1） 683J；（2） 957J。

11. $v_1 : v_2 = 3$ 。

12. 单原子气体为 1.26 倍，双原子气体为 1.15 倍。

13. 双原子气体氮。

14. 系统向外界放热；-252J 。

15. （1） 266J；（2） -308J 。

16. （1） $5.0 \times 10^4 \text{J}$ ；（2） $563 \text{m} \times \text{s}^{-1}$ 。

17. （1） $2.02 \times 10^3 \text{J}$ ；（2） $1.29 \times 10^4 \text{J}$ 。

18. （1） 15.1%；（2） 略。

19. （1） $W_{12} = \dfrac{1}{2} RT_1$ ，$\Delta E_{12} = \dfrac{5}{2} RT_1$ ，$Q_{12} = 3RT_1 > 0$ ，

$W_{23} = \dfrac{5}{2} RT_1 = -\Delta E_{23}$ ，$Q_{23} = 0$ ，$W_{31} = -RT_1 \ln 8 = Q_{31} < 0$ ，$\Delta E_{31} = 0$ ；

（2） 30.6%。

20. $\eta = 1 - \dfrac{T_3}{T_2}$ ；不是卡诺循环。

21. （1） 0.72；（2） $1.67 \times 10^4 \text{J}$ 。

22. （1） A：6.72K, 139J；B：6.72K, 196J；（2） A：11.5K, 335J；B：0, 0。

23. （1） AB 吸热；BC 放热；（2） $\nu RT_1 V_1^{\gamma-1} / V_2^{\gamma}$ ，V_2 ，$\left(\dfrac{V_1}{V_2} \right)^{\gamma-1} T_1$ ；

（3） 不是卡诺循环；（4） $\eta = 1 - \left[1 - \left(\dfrac{V_1}{V_2} \right)^{\gamma-1} \right] \Big/ \left[(\gamma - 1) \ln \dfrac{V_2}{V_1} \right]$ 。

24. 32.2kJ，32.2W。

25. $1.194 \times 10^7 \text{cal}$ 。

26. （1） $-1.72 \times 10^4 \text{J} \cdot \text{K}^{-1}$ ；（2） $2.02 \times 10^4 \text{J} \cdot \text{K}^{-1}$ ；（3） $3 \times 10^3 \text{J} \cdot \text{K}^{-1}$ 。

27. $\Delta S = C_V \ln \dfrac{p_2 V_2}{p_1 V_1} + R \ln \dfrac{V_2}{V_1}$ 。

28. $2.43 \text{J} \cdot \text{K}^{-1}$ 。

模块 3　电　磁　学

第 7 章

1. （1） $q = l \sin \theta \sqrt{4 \pi \varepsilon_0 mg \tan \theta}$ 。

2. （提示：分别求出 $+q$ 以及 $-q$ 在 P 点的场强后，沿 r 方向及垂直 r 方向分解求之。）

3. （1） $E_P = 6.74 \times 10^2 \text{N} \cdot \text{C}^{-1}$ 方向水平向右；

（2）$E_Q = 14.96 \times 10^2\,\text{N} \cdot \text{C}^{-1}$，方向沿 y 轴正向。

4. $E = \dfrac{\lambda}{2\pi\varepsilon_0 R}$，方向沿 x 轴正向。

5. $E_P = \dfrac{qr}{4\pi\varepsilon_0\left(r^2 + \dfrac{l^2}{4}\right)\sqrt{r^2 + \dfrac{l^2}{2}}}$，方向沿 $\overline{OP}$。

6. （1）$\Phi_e = \dfrac{q}{6\varepsilon_0}$；

（2）对于边长 a 的正方形，如果它不包含 q 所在的顶点，则 $\Phi_e = \dfrac{q}{24\varepsilon_0}$，如果它包含 q 所在顶点，则 $\Phi_e = 0$；

（3）$\Phi = \dfrac{q_0}{\varepsilon_0}\dfrac{S}{4\pi(R^2 + x^2)} = \dfrac{q}{2\varepsilon_0}\left[1 - \dfrac{x}{\sqrt{R^2 + x^2}}\right]$。

7. $\vec{E} = 0$；$E = \dfrac{\rho\dfrac{4\pi}{3}\left(r^3 - r_{内}^2\right)}{4\pi\varepsilon_0 r^2} \approx 3.48 \times 10^4\,\text{N} \cdot \text{C}^{-1}$，方向沿半径向外；

$E = \dfrac{\rho\dfrac{4\pi}{3}\left(r_{外}^3 - r_{内}^3\right)}{4\pi\varepsilon_0 r^2} \approx 4.10 \times 10^4\,\text{N} \cdot \text{C}^{-1}$，沿半径向外。

8. （1）$r < R_1$，$E = 0$；（2）$R_1 < r < R_2$，$E = \dfrac{\lambda}{2\pi\varepsilon_0 r}$，沿径向向外；

（3）$r > R_2$，$E = 0$。

9. 两面间，$\vec{E} = \dfrac{1}{2\varepsilon_0}(\sigma_1 - \sigma_2)\vec{n}$；$\sigma_1$ 面外，$\vec{E} = -\dfrac{1}{2\varepsilon_0}(\sigma_1 + \sigma_2)\vec{n}$；

σ_2 面外，$\vec{E} = \dfrac{1}{2\varepsilon_0}(\sigma_1 + \sigma_2)\vec{n}$；$\vec{n}$：垂直于两平面由 σ_1 面指为 σ_2 面。

10. （1）O 点电场 $\vec{E}_0 = \dfrac{r^3\rho}{3\varepsilon_0 d^3}\overline{OO'}$；（2）$O'$ 点电场 $\vec{E}_{0'} = \dfrac{\rho}{3\varepsilon_0}\overline{OO'}$。

11. $M_{max} = 2.0 \times 10^{-4}\,\text{N} \cdot \text{m}$。

12. $A' = -6.55 \times 10^{-6}\,\text{J}$。

13. $A = q_0(U_O - U_C) = \dfrac{q_0 q}{6\pi\varepsilon_0 R}$。

14. $U_O = \dfrac{\lambda}{2\pi\varepsilon_0}\ln 2 + \dfrac{\lambda}{4\varepsilon_0}$。

15. $\lambda = 12.5 \times 10^{-13}\,\text{C} \cdot \text{m}^{-1}$。

16. （1）$\vec{E} = -\dfrac{\partial U}{\partial r}\vec{r}_0 = \dfrac{q}{4\pi\varepsilon_0 r^2}\vec{r}_0$　$\vec{r}_0$ 为 r 方向单位矢量；

（2）$\vec{E} = -\dfrac{\partial U}{\partial x}\vec{i} = \dfrac{qx}{4\pi\varepsilon_0\left(R^2 + x^2\right)^{3/2}}\vec{i}$；

（3）$E_r = -\dfrac{\partial U}{\partial r} = \dfrac{p\cos\theta}{2\pi\varepsilon_0 r^3}$ $E_\theta = -\dfrac{1}{r}\dfrac{\partial U}{\partial \theta} = \dfrac{p\sin\theta}{4\pi\varepsilon_0 r^3}$。

第 8 章

1．（提示：先设两导体板四个面的电荷面密度为 σ_1、σ_2、σ_3、σ_4，利用静电平衡时导体内部任一点场强矢量和为零求解。）

2．（1）$q_C = -2\times10^{-7}\,\text{C}$，$q_B = -1\times10^{-7}\,\text{C}$；

（2）$U_A = 2.3\times10^3\,\text{V}$。

3．$\sigma = -\dfrac{1}{2\pi}\dfrac{Q}{d^2+r^2}\dfrac{d}{\sqrt{d^2+r^2}}$。

4．（1）外表面带电为 $+q$，$U = \dfrac{q}{4\pi\varepsilon_0 R}$；（2）$U = 0$；（3）$U_B = \dfrac{(R_1-R_2)q}{4\pi\varepsilon_0 R_2^2}$。

5．$q' = -\dfrac{q}{3}$。

6．（1）$F_1 = \dfrac{3}{8}F_0$；（2）$F_2 = \dfrac{4}{9}F_0$。

7．$U_C = \dfrac{1}{2}\left(U + \dfrac{qd}{2\varepsilon_0 S}\right)$。

8．（1）介质内 $(R_1 < r < R_2)$ 场强 $\vec{E}_{内} = \dfrac{Q\vec{r}}{4\pi\varepsilon_0\varepsilon_r r^3}$，

介质外 $(r < R_2)$ 场强 $\vec{E}_{外} = \dfrac{Q\vec{r}}{4\pi\varepsilon_0 r^3}$；

（2）介质外 $(r > R_2)$ 电势 $U = \dfrac{Q}{4\pi\varepsilon_0 r}$，

介质内 $(R_1 < r < R_2)$ 电势 $U = \dfrac{Q}{4\pi\varepsilon_0\varepsilon_r}\left(\dfrac{1}{r} + \dfrac{\varepsilon_r - 1}{R_2}\right)$；

（3）金属球的电势 $U = \dfrac{Q}{4\pi\varepsilon_0\varepsilon_r}\left(\dfrac{1}{R_1} + \dfrac{\varepsilon_r - 1}{R_2}\right)$。

9．（1）$D = \dfrac{\lambda_0}{2\pi r}$，$E = \dfrac{\lambda_0}{2\pi\varepsilon_r\varepsilon_0 r}$，$P = (\varepsilon_r - 1)\dfrac{\lambda_0}{2\pi\varepsilon_r r}$；

（2）$\sigma'_{R_2} = (\varepsilon_r - 1)\dfrac{\lambda_0}{2\pi\varepsilon_r R_2}$。

10．$\dfrac{\sigma_2}{\sigma_1} = \dfrac{D_2}{D_1} = \varepsilon_r$。

11．（1）薄壳中 $\text{d}W = \dfrac{Q^2\text{d}r}{4\pi\varepsilon rl}$；（2）电介质中总电场能量 $W = \dfrac{Q^2}{4\pi\varepsilon l}\ln\dfrac{R_2}{R_1}$；

（3）$C = \dfrac{Q^2}{2W} = \dfrac{2\pi\varepsilon l}{\ln(R_2/R_1)}$。

12．（1）$q_1 = \dfrac{C_2(C_1-C_2)}{C_1+C_2}U$；（2）电场能量损失 $\Delta W = \dfrac{2C_1C_2}{C_1+C_2}U^2$。

13．（1）$W = 1.82\times10^{-4}\,\text{J}$；（2）$W = 1.01\times10^{-4}\,\text{J}$；

（3）电容器电容 $C = 4.49\times10^{-12}\,\text{F}$。

14. （1） $Q_1 = 1.28 \times 10^{-3}(\text{C})$， $Q_2 = 1.92 \times 10^{-3}(\text{C})$；

  （2） $W_0 = 1.28(\text{J})$， $W' = 0.512(\text{J})$ 。

第9章

1. （1） $\Phi_1 = 0.24\text{Wb}$ ；（2） $\Phi_2 = 0$ ；（3） $\Phi_3 = 0.24\text{Wb}$ 。

2. $B_0 = \dfrac{\mu_0 I}{2\pi R}\left(1 - \dfrac{\sqrt{3}}{2} + \dfrac{\pi}{6}\right)$ ，方向垂直向里。

3. （1） $B_A = 1.2 \times 10^{-4}\text{T}$ ；（2） $r = 0.1\text{m}$ 。

4. $\vec{B}_0 = 0$ 。

5. $\vec{B} = 6.37 \times 10^{-5}\vec{i}\,\text{T}$ 。

6. $P_m = 9.2 \times 10^{-24}\text{A} \cdot \text{m}^2$ 。

7. （1） $B_A = 4 \times 10^{-5}\text{T}$ ，方向垂直纸面向外；（2） $\Phi = 2.2 \times 10^{-6}\text{Wb}$ 。

8. $\Phi_m = \dfrac{\mu_0 I}{4\pi} = 10^{-6}\text{Wb}$ 。

9. （1）在各条闭合曲线上，各点 $\vec{B}$ 的大小不相等；

  （2）在闭合曲线 C 上各点 $\vec{B}$ 不为零，只是 $\vec{B}$ 的环路积分为零而非每点 $\vec{B} = 0$ 。

10. $B = \dfrac{\mu_0 I}{2\pi(b^2 - a^2)} \dfrac{r^2 - a^2}{r}$ 。

11. （1） $r < a$ $B = \dfrac{\mu_0 I r}{2\pi R^2}$ ；（2） $a < r < b$ $B = \dfrac{\mu_0 I}{2\pi r}$ ；

  （3） $b < r < c$ $B = \dfrac{\mu_0 I(c^2 - r^2)}{2\pi r(c^2 - b^2)}$ ；（4） $r > c$ $B = 0$ 。

12. （1）圆柱轴线上的 O 点 B 的大小： $B_0 = \dfrac{\mu_0 I r^2}{2\pi a(R^2 - r^2)}$ ；

  （2）空心部分轴线上 O' 点 B 的大小： $B'_0 = \dfrac{\mu_0 I a}{2\pi(R^2 - r^2)}$ 。

13. $F_{AB} = \dfrac{\mu_0 I_1 I_2 a}{2\pi d}$ ，方向垂直 AB 向左；

   $F_{AC} = \dfrac{\mu_0 I_1 I_2}{2\pi}\ln\dfrac{d+a}{d}$ ，方向垂直 AC 向下；

   $F_{BC} = \dfrac{\mu_0 I_1 I_2}{\sqrt{2}\pi}\ln\dfrac{d+a}{d}$ ，方向垂直 BC 向上。

14. $\vec{F}_{ab} = I\overrightarrow{ab} \times \vec{B}$ ；方向 $\perp \overrightarrow{ab}$ 向上，大小 $F_{ab} = BI\overline{ab}$ 。

15. （1） $F_{CD} = 8.0 \times 10^{-4}\text{N}$ ， $F_{FE} = 8.0 \times 10^{-5}\text{N}$ ， $F_{CF} = 9.2 \times 10^{-5}\text{N}$ ，

    $F_{ED} = F_{CF} = 9.2 \times 10^{-5}\text{N}$ ；

  （2） $F = 7.2 \times 10^{-4}\text{N}$ ， $\overline{M} = 0$ 。

16. （1） $\vec{F}_{bc} = 0$ ； $F_{ab} = 0.866\text{N}$ ，方向垂直纸面向外；

  $F_{ca} = 0.866\text{N}$ ，方向垂直纸面向里；

  （2） $M = 4.33 \times 10^{-2}\text{N} \cdot \text{m}$ ；（3） $A = 4.33 \times 10^{-2}\text{J}$ 。

17. $T = \dfrac{2\pi}{\omega} = 2\pi\sqrt{\dfrac{J}{Na^2 IB}}$ 。

18. $M = 3.6 \times 10^{-6}\,\text{N} \cdot \text{m}$ ，方向垂直纸面向外。

19. （提示：将圆盘分成许多同心圆环来考虑。）

20. $v = 3.7 \times 10^{7}\,\text{m} \cdot \text{s}^{-1}$ ；$E_k = 6.2 \times 10^{-16}\,\text{J}$ 。

21. （1） $v = 7.57 \times 10^{6}\,\text{m} \cdot \text{s}^{-1}$ ；

　　（2）磁场 $\overline{B}$ 的方向沿螺旋线轴线，或向上或向下，由电子旋转方向确定。

22. （1） $v = 6.7 \times 10^{-4}\,\text{m} \cdot \text{s}^{-1}$ ；（2） $n = 2.8 \times 10^{29}\,\text{m}^{-3}$ 。

23. 曲线 Ⅱ 是顺磁质，曲线 Ⅲ 是抗磁质，曲线 Ⅰ 是铁磁质。

24. （1） $B_0 = 2.5 \times 10^{-4}\,\text{T}$ ；（2） $H = 200\,\text{A} \cdot \text{m}^{-1}$ ， $B = 1.05\,\text{T}$ ；

　　（3）由磁化电流产生的 $B' \approx 1.05\,\text{T}$ 。

25. （1） $H = 2 \times 10^{4}\,\text{A} \cdot \text{m}^{-1}$ ；（2） $M \approx 7.76 \times 10^{5}\,\text{A} \cdot \text{m}^{-1}$ ；

　　（3） $x_m = \dfrac{M}{H} \approx 38.8$ ；（4）相对磁导率 $\mu_r = 1 + x_m = 39.8$ 。

26. （1） $B = 2 \times 10^{-2}\,\text{T}$ ；（2） $H = 32\,\text{A} \cdot \text{m}^{-1}$ 。

第 10 章

1. $\varepsilon = 0.40\,\text{V}$ 。

2. $\varepsilon = -8.89 \times 10^{-2}\,\text{V}$ ，方向与 $cbadc$ 相反，即顺时针方向。

3. $\varepsilon_i = -By\sqrt{\dfrac{8a}{\alpha}}$ ， ε_i 实际方向沿 ODC 。

4. ε_{MeN} 沿 NeM 方向，大小为 $\dfrac{\mu_0 Iv}{2\pi}\ln\dfrac{a+b}{a-b}$ ； $U_M - U_N = \dfrac{\mu_0 Iv}{2\pi}\ln\dfrac{a+b}{a-b}$ 。

5. （1） $\varPhi_m = \dfrac{\mu_0 Il}{2\pi}\left[\ln\dfrac{b+a}{b} - \ln\dfrac{d+a}{d}\right]$ ；（2） $\varepsilon = \dfrac{\mu_0 l}{2\pi}\left[\ln\dfrac{d+a}{d} - \ln\dfrac{b+a}{b}\right]\dfrac{\mathrm{d}I}{\mathrm{d}t}$ 。

6. $I = \dfrac{\varepsilon_m}{R} = \dfrac{\pi^2 r^2 Bf}{R}$ 。

7. $\varepsilon = 1.6 \times 10^{-8}\,\text{V}$ ，方向沿顺时针。

8. $\varepsilon = -klvt$ ，沿 $abcd$ 方向顺时针方向。

9. 。

10. （1） $\varepsilon_{ab} = \dfrac{1}{6}B\omega l^2$ ；（2） b 点电势高。

11. $U_{AB} = \dfrac{\mu_0 Iv}{\pi}\ln\dfrac{a+b}{a-b}$ 。

12. $\varepsilon_{ac} = \left(\dfrac{\sqrt{3}R^2}{4} + \dfrac{\pi R^2}{12}\right)\dfrac{\mathrm{d}B}{\mathrm{d}t}$ ， ε 方向从 $a \to c$ 。

13. $\varepsilon_i = -\left(\dfrac{\pi R^2}{6} - \dfrac{\sqrt{3}}{4} R^2\right)\dfrac{dB}{dt}$，感应电动势沿 $acba$，即逆时针方向。

14. （1）$U_a = U_b$；（2）$U_d - U_c < 0$，即 $U_c > U_d$。

15. $M = \dfrac{\mu_0 a}{2\pi}\ln 2$。

16. （a）$M = 2.8 \times 10^{-6}\text{H}$；（b）$M = 0$。

17. （提示：取 $dS = l\,dr$，则

$$\Phi = \int_a^{d-a}\left(\dfrac{\mu_0 I}{2r\pi} + \dfrac{\mu_0 I}{2\pi(d-r)}\right)l\,dr = \dfrac{\mu_0 Il}{2\pi}\int_a^{d-a}\left(\dfrac{1}{r} - \dfrac{1}{r-d}\right)dr = \dfrac{\mu_0 Il}{2\pi}\left(\ln\dfrac{d-a}{a} - \ln\dfrac{d}{d-a}\right)$$

$$= \dfrac{\mu_0 Il}{\pi}\ln\dfrac{d-a}{a}，则 L 可求。）$$

18. $M = 0.15\text{H}$。

19. （1）$L = \dfrac{\mu_0 N^2 h}{2\pi}\ln\dfrac{b}{a}$；（2）$W_m = \dfrac{\mu_0 N^2 I^2 h}{4\pi}\ln\dfrac{b}{a}$。

20. $W = \dfrac{\mu_0 I^2}{16\pi}$。

21. $j = \dfrac{\varepsilon k}{r\ln\dfrac{R_2}{R_1}}$。

22. （1）$j_D = 720 \times 10^5 \pi\varepsilon_0\cos 10^5\pi t\,\text{A}\cdot\text{m}^{-2}$；

（2）$t = 0$ 时 $H_P = 3.6 \times 10^5\pi\varepsilon_0\,\text{A}\cdot\text{m}^{-1}$；$t = \dfrac{1}{2}\times 10^{-5}\text{s}$ 时，$H_P = 0$。

23. （1）$I_D \approx 2.8\text{A}$；（2）$B_r = \dfrac{\mu_0\varepsilon_0 r}{2}\dfrac{dE}{dt}$；当 $r = R$ 时，$B_R = 5.6 \times 10^{-6}\text{T}$。

参 考 文 献

[1] 马文蔚. 物理学（第五版）. 北京：高等教育出版社，2006.
[2] 张三慧. 大学物理（第二版）. 北京：清华大学出版社，2001.
[3] 程守洙，江之永. 普通物理学（第五版）. 北京：高等教育出版社，1998.
[4] 陈治，陈祖刚，刘志刚. 大学物理（上、下）. 北京：清华大学出版社，2007.
[5] 刘钟毅，宋志怀，倪忠强. 大学物理学活页作业. 北京：高等教育出版社，2007.